Thomas Bähren

Die Bewerbung zur Ausbildung

Anschreiben, Lebenslauf, Online-Bewerbung
– die besten Bewerbungsmuster für über 40 Berufe

AUSBILDUNGS Park

Thomas Bähren
Die Bewerbung zur Ausbildung
Anschreiben, Lebenslauf, Online-Bewerbung – die besten Bewerbungsmuster für über 40 Berufe

Ausgabe 2014

1. Auflage

Herausgeber: Ausbildungspark Verlag,
Gültekin & Mery GbR, Offenbach, 2014.

Umschlaggestaltung: s.b.design
Konzept und Gestaltung: s.b.design

Lektorat: Virginia Kretzer, Andreas Mohr

Bildnachweis:
© Fotostudio Pfeiffer, Offenbach; 49/240, 78, 88, 93, 97, 102, 111, 115, 119, 124, 128, 132, 136, 140, 144, 148, 152, 157, 166, 171, 185, 196, 201, 209, 217, 221, 236, 244
© Gina Sanders – Fotolia.com, New York; 48
© von Lieres – Fotolia.com, New York; 48
© Robert Kneschke – Fotolia.com, New York; 48, 68
© Picture-Factory – Fotolia.com, New York; 49/176, 107, 231
© Sinnlichtarts – Fotolia.com, New York; 49
© westfotos.de – Fotolia.com, New York; 73
© Ingo Bartussek – Fotolia.com, New York; 83
© Dan Race – Fotolia.com, New York; 162
© klickerminth – Fotolia.com, New York; 180
© Jeanette Dietl – Fotolia.com, New York; 191, 213
© mars – Fotolia.com, New York; 205
© Janina Dierks – Fotolia.com, New York; 226
© Georg Kipp FotoDesign, Köln; 245

Bibliografische Information der Deutschen Nationalbibliothek –
Die Deutsche Nationalbibliothek verzeichnet diese Publikation in der Deutschen Nationalbibliografie; detaillierte bibliografische Daten sind im Internet über http://dnb.dnb.de abrufbar.

Gedruckt auf chlorfrei gebleichtem Papier

Lübecker Straße 4, 63073 Offenbach
Printed in Germany

Satz: bitpublishing, Schwalbach
Druck: Flyeralarm, Würzburg / Frankfurt

ISBN 978-3-95624-017-1

1171 – AP BB – 4d28

Inhaltsverzeichnis

Kapitel 1

Die Vorbereitung der Bewerbung

Mühe, Überzeugungskraft und der erste Eindruck

Aus der Sicht des Unternehmens

Was passiert eigentlich in einem Unternehmen, das einen Auszubildenden sucht? Eine ganze Menge! Schon lange bevor die Stellenausschreibung erscheint, wird firmenintern geplant, geprüft, kalkuliert und gerechnet. Schließlich stehen wichtige Entscheidungen an: Für welche Berufe sollen überhaupt Lehrstellen angeboten werden? Wie groß ist der Personalbedarf, wie hoch sind die Kosten? Welche Mitarbeiter können die Azubis einarbeiten und unterstützen? Wie viele Arbeitsplätze, wie viele Computer und Maschinen stehen zur Verfügung? Welche Qualifikationen sollten die Bewerber mitbringen? An diesen Überlegungen sind oft viele Akteure beteiligt: in großen Unternehmen zum Beispiel der Chef, der Ausbildungsleiter, die Ausbilder, die Personalabteilung, die Buchhaltung und andere Fachressorts.

Wenn alles geklärt wurde, müssen Stellenanzeigen geschaltet werden, was meist nicht gerade billig ist. Und selbst dann steht der Großteil der Arbeit erst noch bevor, nämlich das gesamte Auswahlverfahren: Bewerbungsunterlagen wollen gesichtet, Einladungen (und Absagen) geschrieben, Einstellungstests organisiert, Vorstellungsgespräche geführt und schließlich – irgendwann – Ausbildungsverträge abgeschlossen werden. Während der gesamten Prozedur arbeiten die Unternehmen außerdem mit Arbeitsagenturen, Kammern, Berufsschulen und anderen Einrichtungen zusammen. Am Ende dient der gesamte Aufwand einem einzigen Ziel: geeignete Nachwuchskräfte zu finden und sie fachmännisch auszubilden.

Eine Stelle – viele Bewerber

In die Suche nach passenden Kandidaten investieren Unternehmen also viel Zeit und Geld. Im Gegenzug wird erwartet, dass sich auch die Stelleninteressenten etwas Mühe geben. Ein Personalverantwortlicher – also ein Mitarbeiter der Personalabteilung, ein Betriebsleiter oder ein Ausbilder – erkennt sehr schnell, wie viel Engagement hinter einer Bewerbung steckt. Fehlerhafte Anschreiben, lieblos zusammengeschusterte Lebensläufe, abgetippte Mustervorlagen und nichtssagende Formulierungshülsen können sein Interesse nicht wecken: Er wird die betreffende Bewerbung schnell beiseitelegen.

Fast immer können die Personaler zwischen mehreren Kandidaten wählen. In den populärsten Branchen gehen pro Ausbildungsplatz manchmal sogar über 100 Bewerbungen ein. Verständlicherweise kann (und will) kaum ein Unternehmen auch genauso viele Einstellungstests auswerten und Vorstellungsgespräche führen. Daher muss der Personalverantwortliche anhand der Bewerbungsunterlagen eine verantwortungsvolle Vorauswahl treffen: Lohnt es sich, den jeweiligen Kandidaten oder die jeweilige Kandidatin näher kennen zu lernen?

Der erste Eindruck zählt

Ein bekanntes englisches Bewerbermotto lautet: „You never get a second chance to make a first impression!" – für den ersten Eindruck gibt es keine zweite Chance! In diesem kleinen Satz liegt das ganze Geheimnis erfolgreicher Bewerbungen: Das Zauberwort heißt Überzeugungskraft! Meist hat der Personaler sein (vorläufiges) Urteil schon nach ein bis spätestens zwei Minuten gefällt. Die Bewerbungsunterlagen sollten ihn daher gleich auf den ersten Blick überzeugen, und zwar formal wie inhaltlich.

Formal überzeugend heißt:

- ordentliche Bewerbungsmappe, saubere und vollständige Unterlagen, leserliches Schriftbild, übersichtliche Gliederung, aussagekräftiges Bewerbungsfoto, gute Zeugniskopien

Inhaltlich überzeugend bedeutet:

- klare Aussagen, individuelle Formulierungen, passende Informationen, eindeutiger Bezug zu den beruflichen und betrieblichen Anforderungen

Eine gute Bewerbung erlaubt es dem Personaler, die folgenden Kernfragen schnell zu beantworten:

- Über welche Kenntnisse, Erfahrungen und Stärken verfügt der Bewerber / die Bewerberin?
- Welchen Schulabschluss wird der Bewerber / die Bewerberin erlangen?
- Welche schulischen Leistungen zeigt der Bewerber / die Bewerberin?
- Was interessiert den Bewerber / die Bewerberin am gewählten Beruf?

Die entsprechenden Informationen sollten bereits im Anschreiben und im Lebenslauf klar herausgestellt werden: Diese beiden Dokumente liest der Personaler bestimmt – ob er danach auch noch alle Zeugnisse und Zertifikate studiert, weiß man nie. Die „Eins" in Mathematik oder hervorragende Praktika helfen aber oft wenig, wenn sich die Angaben lediglich weit hinten in den mitgeschickten Anlagen finden.

Der richtige Ausbildungsberuf

Wohin soll es gehen?

„Und, für welchen Beruf interessierst du dich?" Mit dieser Frage wird wohl jeder im Laufe der Schulzeit konfrontiert. Die Antwort fällt nur wenigen wirklich leicht. Bei aller Schwierigkeit, angesichts der Vielzahl an Berufswegen den richtigen einzuschlagen, sollten Sie eines bedenken: Der Entschluss prägt zwar den Start ins Arbeitsleben, aber entscheidet nicht über Ihre gesamte Karriere. Berufe ändern sich mit der Zeit, Ansprüche auch, durch Weiterbildungen kann man fortwährend neue Qualifikationen erwerben und Jobwechsel sind längst nichts Seltenes mehr. Im Gespräch mit Eltern oder Großeltern hört man oft, dass man sich eine möglichst „sichere" Tätigkeit suchen sollte. Doch wer kann heute schon genau sagen, welcher Arbeitsplatz dauerhaft sicher ist? Und was nutzt ein scheinbar sicherer Beruf, wenn er einem keinen Spaß macht?

Herauszufinden, welcher Beruf einem liegt, kann eine ganz schön knifflige Aufgabe sein. Ein wichtiger Schritt dabei ist, sich umfassend zu informieren, um einen guten Überblick über das weite Feld der Ausbildungsmöglichkeiten zu bekommen. Beginnen sollte man jedoch bei den eigenen Interessen und Begabungen.

Stärken und Erfahrungen

Nehmen wir beispielsweise Matthias, der die 10. Klasse einer Gesamtschule besucht. Er hat früher schon gerne ausdauernd an seinem Fahrrad gebastelt, wenn etwas nicht funktioniert hat. Seit er einen Motorroller besitzt, beschäftigt er sich damit oft den ganzen Tag. Kleine Reparaturen durchführen, hier ein bisschen schrauben, da ein wenig umbauen – das kann er richtig gut. Deshalb hat sich Matthias für eine Ausbildung zum Zweiradmechaniker entschieden.

Katharina hingegen macht es unglaublichen Spaß, sich um ihre kleine Nichte zu kümmern. Außerdem verdient sie sich seit einem Jahr einen Zuschuss zum Taschengeld, indem sie bei Bekannten als Babysitterin einspringt. Sie merkt, dass sie gut mit Kindern umgehen kann und viele Ideen zum Spielen, Basteln oder Musik machen hat. Daher bemüht sie sich nun um ein Praktikum in einem Kindergarten, um herauszufinden, ob ihr der Beruf der Erzieherin liegen könnte.

Matthias und Katharina haben sich also an ihren Interessen orientiert, um eine berufliche Richtung einzuschlagen.

Bei Tim war es wiederum der Trainer im Basketballverein, der den Anstoß gab. Tim ist leidenschaftlicher Basketballspieler. Bei der Planung eines Jugendturniers war er von Anfang an begeistert zur Stelle: Er hat bei der Organisation geholfen, Einladungen entworfen, die Mannschaftskasse verwaltet und überschlagen, wie teuer das Turnier inklusive Pokalen und Publikumsverpflegung wohl werden würde. Sein Trainer war mit Tims Arbeit sehr zufrieden. Er hat ihm daher geraten, sich nach Betrieben umzuhören, die eine Ausbildung zum Sport- und Fitnesskaufmann anbieten. Tim hat schließlich ein Praktikum in einem großen Sport- und Freizeitcenter absolviert und hofft jetzt, dass er dort auch einen Ausbildungsplatz bekommen wird.

Was interessiert mich? Was kann ich?

Vielen fällt es schwer, ihre Interessen und beruflichen Vorstellungen klar zu formulieren. Um einen ersten Überblick zu erhalten, können Sie sich folgende Fragen stellen und die Antworten schriftlich festhalten:

- Was mache ich gerne in meiner Freizeit? Wie könnte ich das beruflich einbringen?
- Welche Schulfächer machen mir besonderen Spaß? In welchen Fächern erziele ich gute oder zumindest befriedigende Noten?
- Welche Tätigkeiten haben mir bei Ferienjobs oder Praktika gefallen? Welche Art von Aufgaben liegt mir besonders?
- In welchen Bereichen zeigen sich meine Interessen noch (Ehrenamt, Sportverein, AGs in der Schule …)?
- Worin bestehen meine besonderen Stärken: Kann ich mich gut ausdrücken, habe ich ein sicheres Zahlenverständnis, bin ich sprachbegabt, komme ich

leicht mit fremden Leuten ins Gespräch, kann ich mich intensiv mit einem bestimmten Thema beschäftigen, kenne ich mich mit technischen Belangen aus, bin ich handwerklich talentiert …?

Auch ehrliche Rückmeldungen aus dem näheren Umfeld geben Ihnen Aufschluss über Ihre Talente:

- Wie sehen mich meine Eltern, Geschwister, Freunde und Bekannten?
- Wie schätzen meine Lehrer meine Fähigkeiten ein?
- Welches Feedback habe ich von Betreuern, Kollegen oder Vorgesetzten bei meinen bisherigen Jobs oder Praktika erhalten?
- Welche weiteren Personen kennen mich so gut, dass sie mir weiterhelfen könnten (z. B. Trainer im Sportverein)?

Darüber hinaus empfiehlt es sich, die Berufsberater der Bundesagentur für Arbeit anzusprechen: Sie kennen die Anforderungen der verschiedenen Lehrberufe und den regionalen Stellenmarkt. Die Experten können Unentschlossenen wichtige Hilfestellung geben, zum Beispiel durch spezielle Berufswahltests.

Die Berufsrecherche

Welche Aufgaben und Tätigkeiten übernimmt man in den verschiedenen Branchen und Arbeitsfeldern? Welche Berufe passen zu Ihren Vorstellungen? Welche Alternativen gäbe es? Im Rahmen einer ausgiebigen Recherche finden Sie es heraus. Gute Informationsquellen sind:

- Die Berufsberatung der Agentur für Arbeit
- Die Berufsinformationszentren (BIZ), die den meisten Arbeitsagenturen angeschlossen sind
- Spezielle Angebote im Internet (z. B. www.berufenet.arbeitsagentur.de oder www.ausbildungspark.com)

Sehr wertvolle Einblicke können Sie auch dadurch gewinnen, dass Sie mit Menschen sprechen, die einen interessanten Beruf aus eigener Erfahrung kennen. Ihre Oma war früher Köchin, und Sie zieht es ebenfalls in die Gastronomie? Ihr Nachbar arbeitet im Feuerwehrdienst, mit dem auch Sie liebäugeln? Fragen Sie nach – die Berichte aus erster Hand bringen Sie bei der Berufswahl vielleicht den entscheidenden Schritt weiter.

Bevor es losgeht

To-do-Liste erstellen

Stellen Sie sich vor, Sie möchten rasch auf ein attraktives Stellenangebot reagieren – merken aber plötzlich, dass Sie noch gar nicht alle Unterlagen beisammen haben. Keine günstige Situation! Bereiten Sie Ihre Bewerbung daher gründlich vor, um für alle Fälle gerüstet zu sein. Erstellen Sie am besten eine To-do-Liste, damit Sie wichtige Angelegenheiten rechtzeitig erledigt haben.

Ihre Liste könnte ungefähr so aussehen:

- Adressen von Ausbildungsbetrieben recherchieren
- Bewerbungsfoto machen lassen (professionellen Fotografen suchen)
- Zeugnisse, Bescheinigungen und Referenzen sammeln und kopieren bzw. einscannen
- Bewerbungsmappen, Umschläge und Briefmarken kaufen
- Gespräch mit einem Berufsberater vereinbaren
- Erstattung der Bewerbungskosten bei der Berufsberatung/Bundesagentur für Arbeit beantragen
- Prüfen, ob alle Internetauftritte bewerbungstauglich sind
- Eventuell ein (weiteres) Praktikum absolvieren

Die Bewerbung managen

Mit einem guten Bewerbungsmanagement bleiben Sie jederzeit auf dem Laufenden. Erstellen Sie dazu eine Übersicht, in der Sie Ihre Aktivitäten lückenlos festhalten: Wann haben Sie sich bei welchen Unternehmen beworben, wen haben Sie angeschrieben, welche Rückmeldungen gab es? Dank Ihrer Notizen sehen Sie zum Beispiel sofort, wann Sie sich im Betrieb nach dem Stand des Bewerbungsverfahrens erkundigen sollten. Darüber hinaus können Sie so Ihre Bewerbungsaktivitäten mühelos bei der Arbeitsagentur nachweisen. In Ihrem Überblick könnten Sie folgende Punkte notieren:

- Datum und Quelle der Stellenausschreibung
- Datum und Gesprächspartner eventueller Telefonate
- Bewerbungsdatum und -art (postalisch oder online)
- Vollständige Adressen der angeschriebenen Firmen mitsamt den jeweiligen Kontaktpersonen

- Fortschritte der laufenden Bewerbungsverfahren (Zwischenbescheide, Einladungen zum Einstellungstest/Vorstellungsgespräch, Zu- oder Absagen)

Kopieren Sie außerdem Ihre Bewerbungsunterlagen vor dem Abschicken und heben Sie die Kopien zusammen mit der betreffenden Stellenanzeige auf: Die Dokumente helfen Ihnen bei der Vorbereitung auf eventuelle Vorstellungsgespräche.

Fristen und Termine beachten

Behalten Sie die Bewerbungsfristen unbedingt im Auge: Vor allem bei größeren Unternehmen sowie im öffentlichen Dienst liegt der Bewerbungsschluss oft ein volles Jahr vor dem Ausbildungsbeginn. Das bedeutet, dass Sie sich spätestens anfangs der 10. Klasse bewerben müssen, wenn Sie nach Abschluss dieser Klassenstufe in die Ausbildung starten möchten.

Die meisten Berufsausbildungen beginnen zum 1. August oder 1. September eines Jahres. Den Bewerbungsprozess haben die Lehrbetriebe größtenteils bis Ende Frühjahr abgeschlossen. Manche Unternehmen entscheiden sich wiederum sehr kurzfristig, Lehrstellen anzubieten. Gelegentlich kommt es dabei auch zu ziemlich ungewöhnlichen Einstiegsterminen. Informieren Sie sich dazu bei der Berufsberatung oder direkt bei den infrage kommenden Unternehmen.

Service- und Beratungsangebote nutzen

Denken Sie daran, sich bei Bedarf bei der Berufsberatung der Agenturen für Arbeit zu melden: Hier finden Sie nicht nur vielfältige Unterstützung bei der Stellensuche, die Agentur kann Ihnen auch einen Teil der Bewerbungsausgaben erstatten. Häufig ist dieser Posten nicht gerade klein – die Aufwendungen für Papier, Fotos, Mappen, Kopien und Porto steigen schnell in die Höhe. Ihr Ansprechpartner bei der Berufsberatung gibt Ihnen zu diesem Thema gern Auskunft.

Außerdem empfiehlt sich die Recherche bei der für die Ausbildung zuständigen Kammer: Je nach Beruf und Branche ist das die Industrie- und Handelskammer, Handwerkskammer, Landwirtschaftskammer, Ärztekammer, Rechtsanwaltskammer oder eine andere Stelle. Die Kammern veröffentlichen – meist auch auf ihren Internetseiten – regelmäßig Übersichten über das regionale Ausbildungsangebot.

Nicht zuletzt finden über das Jahr verteilt vielerorts Ausbildungsmessen statt. Dabei stellen sich verschiedene Lehrbetriebe vor, und Sie können Ihre Bewerbungsmappe direkt bei den Betriebsvertretern abgeben. Auch darüber wissen in der Regel die Kammern und Arbeitsagenturen Bescheid.

Zeugnisse und Nachweise sammeln

Fehlt Ihnen noch das Zeugnis zu Ihrem letzten Praktikum oder Ferienjob? Dann beantragen Sie den Beleg möglichst früh. Oft dauert es etwas länger, solche Nachweise nachträglich zu erhalten. Bitten Sie daher um eine zügige Bearbeitung und weisen Sie darauf hin, dass Sie das Dokument für Ihre Bewerbungen brauchen.

Prüfen Sie außerdem, welche weiteren Nachweise hilfreich wären. Falls Ihr letztes Schulzeugnis eher mittelmäßige Noten aufweist, könnten Sie beispielsweise einen Lehrer fragen, ob er Ihre Leistungsbereitschaft schriftlich bestätigt. Sie haben an einer Schul-AG teilgenommen, die für Ihre Bewerbung förderlich ist? Der AG-Leiter wird Ihnen sicher einen Teilnahmebeleg ausstellen. Auch Ihr Trainer im Sportverein kann Ihnen glaubwürdig Engagement und Teamfähigkeit bescheinigen. Solche Referenzen von dritter Seite können bei der Bewerbung ausschlaggebend sein, da sie – abseits von „sterilen" Zeugnisnoten – Ihre Stärken und Fähigkeiten sehr glaubwürdig und aussagekräftig illustrieren. Kümmern Sie sich so früh wie möglich darum, damit Ihrem Fürsprecher genügend Zeit bleibt, ein überzeugendes Schreiben aufzusetzen.

Facebook & Co: Das Internetprofil überprüfen

Nicht wenige Personaler suchen heutzutage online nach Informationen über ihre Bewerber. So mancher Kandidat hat sich durch seinen Webauftritt bereits gute Aussichten verbaut, weil der Personaler Fotos und Einträge von ihm für unpassend befunden hat. Durchleuchten Sie deshalb Ihre Internetexistenz. Haben Sie auf Facebook, in anderen Netzwerken oder in Foren Kommentare veröffentlicht, die ein Betriebsvertreter negativ bewerten könnte? Äußern Sie sich vielleicht sogar abfällig über frühere Praktikumsbetriebe oder Lehrer? Welche Ihrer Urlaubs- oder Partybilder sollte ein Arbeitgeber lieber nicht sehen? Sprechen Sie über pikante persönliche Probleme? Enthalten Ihre Blogeinträge vielleicht reihenweise Rechtschreibfehler, die Zweifel an Ihrem Sprachvermögen wecken könnten?

Kontrollieren Sie Ihren Onlineauftritt und löschen Sie unangemessene Informationen, die sich zu Ihrer Person zurückverfolgen lassen. Konfigurieren Sie sämtliche Profileinstellungen am besten so, dass niemand an vertrauliche Angaben kommt, der Sie nicht kennt.

Eventuell noch ein Praktikum absolvieren

Zur längerfristigen Planung gehört die Überlegung, ob es für Sie sinnvoll ist, sich vor der Bewerbung um ein (weiteres) Praktikum zu kümmern. Dadurch können Sie Ihre Chancen auf einen Ausbildungsplatz beträchtlich erhöhen: besonders dann, wenn Sie bislang noch keine oder sehr wenig ausbildungsrelevante Berufserfahrung gesammelt haben. Sollten Sie bereits einen bestimmten Lehrbetrieb im Auge haben, können Sie diesem in Ihrer Ausbildungsbewerbung anbieten, vor der Lehre ein Schnupperpraktikum zu absolvieren. Schlagen Sie dafür einen groben Zeitraum vor: Ginge es in den nächsten Ferien, während der Schulzeit an ein bis zwei Nachmittagen pro Woche oder vielleicht auf mehrere Samstage verteilt?

Die Stellenausschreibung

Lesen, Verstehen und Auswerten

Wer eine maßgeschneiderte Bewerbung verfassen will, sollte die entsprechende Stellenausschreibung genau analysieren: Sie enthält wichtige Informationen über die Anforderungen des Unternehmens und das Aufgabenfeld.

Die wesentlichen Inhalte einer Stellenanzeige sind:

Rahmendaten der Ausbildung: In welchem Beruf wird ausgebildet? Wie viele Lehrstellen werden angeboten? Wann soll die Ausbildung beginnen?

Angaben zum Unternehmen: Wie groß ist das Unternehmen? Welche Produkte oder Dienstleistungen bietet es an, mit welchen Waren handelt es?

Informationen zu Beruf und Ausbildungsablauf: Welche typischen Aufgaben und Tätigkeiten übernehmen die Azubis?

Anforderungen an die Bewerber: Über welche Qualifikationen, Kenntnisse und Eigenschaften sollten Stelleninteressenten verfügen?

Details zum Bewerbungsverfahren: Bis wann läuft die Bewerbungsfrist? Wer nimmt die Bewerbung entgegen, wer dient als Ansprechpartner? Auf welchen Wegen kann bzw. soll man sich bewerben (per Mail oder Post, evtl. mit Angabe einer Bewerbungskennziffer)?

Kontaktdaten des Unternehmens: Post- und meist auch Internetadresse, ggf. abweichender Arbeitsort

Drucken oder schneiden Sie sich die Stellenausschreibung am besten aus und markieren Sie die wichtigsten Angaben: So haben Sie immer vor Augen, worauf das Unternehmen Wert legt und auf welche Themen Sie besonders ausführlich eingehen könnten. Wenn Sie zum Beispiel einige der genannten Aufgabenbereiche bereits durch Praktika oder Ferienjobs kennen, ist das ein wichtiger Pluspunkt.

Die formalen Vorgaben sind als verbindlich zu betrachten: Verwenden Sie bei jeder Korrespondenz die korrekte Firmenbezeichnung und -anschrift, schicken Sie alle verlangten Zeugnisse und Bescheinigungen an den richtigen Ansprechpartner, halten Sie sich an Bewerbungswege und -fristen!

Bewahren Sie die Stellenanzeige gut auf, damit Sie die wichtigen Informationen bei Bedarf – etwa zur Vorbereitung eines Bewerbungsgesprächs – sofort wiederfinden.

Kann- und Muss-Anforderungen

Jedes Stellenangebot enthält einen mehr oder weniger kurzen Katalog an Voraussetzungen, die man als Bewerber erfüllen sollte. Dabei lassen sich Muss- und Kann-Anforderungen unterscheiden: Kann-Anforderungen sind wünschenswert, werden aber nicht zwingend vorausgesetzt. Erkennen kann man sie an Formulierungen wie:

¬ Vorteilhaft sind Kenntnisse in …

¬ Wünschenswert ist praktische Erfahrung in …

¬ Idealerweise verfügen Sie über …

Muss-Anforderungen sollte man hingegen unbedingt erfüllen. Viele Unternehmen sortieren Bewerbungen andernfalls häufig direkt aus. Die Pflichtkriterien verraten sich beispielsweise durch folgende Satzbausteine:

¬ Wir erwarten einen mittleren Schulabschluss …

¬ Unabdingbar sind gute Kenntnisse in …

¬ Sie verfügen über Erfahrungen in …

Wenn Sie nicht alle Muss-Voraussetzungen einhalten, überlegen Sie, welche weiteren nützlichen Fähigkeiten Sie mitbringen. Manchmal lassen sich fehlende Kenntnisse in einem Bereich durch andere Kompetenzen ausgleichen. Im Zweifel sollten Sie nicht zögern, den Ansprechpartner des Unternehmens anzurufen: Im Gespräch können Sie Ihre Fähigkeiten darstellen und erfragen, welche Aussichten Ihre Bewerbung hat, auch wenn Ihnen eine bestimmte Qualifikation fehlt.

Voraussetzungen und Qualifikationen abgleichen

Mithilfe der Stellenausschreibung können Sie klären, ob der angebotene Ausbildungsplatz zu Ihnen passt, wie gut Ihre Chancen stehen und welche Punkte Sie in Ihrer Bewerbung berücksichtigen sollten. Dazu ist es notwendig, alle Angaben sorgfältig zu prüfen und sie mit Ihren eigenen Vorstellungen und Qualifikationen abzugleichen.

Schauen wir uns zunächst ein ganz normales Stellenangebot an:

Wir sind ein international tätiges Unternehmen in der Druckvorstufen-Technik. Zu unseren Kunden zählen große Druckereien und führende Markenhersteller aus aller Welt. Zum 01.08.2014 suchen wir

Auszubildende (m/w) für den Beruf Mediengestalter für Digital und Print – Fachrichtung Beratung und Planung

Wir suchen Bewerber mit Fachhochschulreife, guten schulischen Leistungen in Deutsch und Mathematik und einem hohen technischen Verständnis. Sie bringen Kreativität und Lernbereitschaft mit und haben in Freizeit und Schule schon mit dem PC oder Mac gearbeitet. Wünschenswert sind gute Schulkenntnisse in Englisch sowie Grundkenntnisse in Französisch.

Wir bieten eine interessante und abwechslungsreiche Ausbildung in einem internationalen Arbeitsumfeld.

Bewerbung bitte per E-Mail oder auf dem Postweg bis zum 31.03.2014 an:

Creative Print GmbH, Frau Inge Hartwig, Cannstatter Weg 17, 70123 Stuttgart, inge.hartwig@creativeprint-gmbh.de, www.creativeprint-gmbh.de

Um die Schnittmengen zwischen Ihren Kompetenzen und den Anforderungen des Unternehmens zu ermitteln, erstellen Sie am besten eine tabellarische Übersicht. Notieren Sie sich dabei stichpunktartig, wie Sie die einzelnen Qualifikationen belegen könnten. Ein Beispiel:

Anforderungen aus dem Stellenangebot	voll / teilweise / nicht erfüllt	Belege / Bemerkungen
Fachhochschulreife	voll erfüllt	Abschluss nächsten Sommer
Gute Leistungen in Deutsch und Mathematik	teilweise erfüllt	Deutsch: letzte Zeugnisse jeweils „gut“, (Mathematik: „gut“ und „befriedigend“)
Hohes technisches Verständnis	voll erfüllt	Zusammenbau von PCs (Freizeit), Besuch der Technik AG (10. Klasse)
Kreativität	voll erfüllt	Im Praktikum Flyer erstellt
Lernbereitschaft	voll erfüllt	Freiwilliger PC-Kurs, gute Praktikumsbeurteilung
Praktische Erfahrung mit PC oder Mac	voll erfüllt	Im Praktikum mit PC gearbeitet (Word, Excel, CorelDraw), Mac-Grundlagen in Freizeit angeeignet

Gute Schulkenntnisse in Englisch (wünschenswert)	teilweise erfüllt	Letzte Zeugnisse: „gut" und „befriedigend"
Grundkenntnisse in Französisch (wünschenswert)	nicht erfüllt	Keine Kenntnisse, dafür Grundlagen in Spanisch

Der Überblick zeigt, dass sich die Bewerbung auf jeden Fall lohnen würde: Alle wesentlichen Anforderungen werden ganz oder zumindest teilweise erfüllt. Zeugnisnoten, Praktikumstätigkeiten, Freizeitaktivitäten und Computerkenntnisse bieten genügend Stoff für eine überzeugende Bewerbung. Lediglich bei den Kann-Kriterien – insbesondere in Bezug auf die Französischkenntnisse – wird der Bewerber den Erwartungen nicht gerecht: ein leichtes Defizit, das durch die vorhandenen Kompetenzen jedoch gut ausgeglichen wird.

Initiativbewerbungen

Bei weitem nicht alle freien Ausbildungsplätze werden öffentlich ausgeschrieben. Daher kann es einen Versuch wert sein, sich bei interessanten Firmen initiativ zu bewerben. Natürlich liegt Ihnen dafür keine Stellenanzeige vor, an der Sie sich orientieren können. Rufen Sie daher am besten vorab im Unternehmen an: Fragen Sie freundlich nach, ob der Betrieb im angestrebten Berufsfeld ausbildet und welche Voraussetzungen Sie dafür erfüllen sollten. Falls die Zeichen günstig stehen, lässt sich dabei auch direkt klären, wie der zuständige Ansprechpartner heißt und auf welchem Weg Sie ihn am geschicktesten kontaktieren können. Weitere Informationen, aus denen Sie treffende Argumente für Ihre Initiativbewerbung ableiten können, bieten Ihnen Berufsbeschreibungen im Internet (etwa auf www.ausbildungspark.com oder www.berufenet.de).

1

Die Stellenausschreibung

Kapitel 2

Die Bewerbungs-unterlagen

Die Gestaltung

Aufbau und Layout

Gängige Textverarbeitungsprogramme bieten etliche Mittel und Wege, sich gestalterisch auszuleben und einer Bewerbung eine individuelle Note zu verleihen. Schriftarten, Schriftgrößen, Farben, Unterstreichungen, Seitenränder, grafische Elemente – vieles ist möglich. Aber nicht alles vorbehaltlos empfehlenswert! Zum einen sind Bewerbungen „seriöse" Schriftstücke, und viele Personaler haben es lieber etwas konservativer. Zum anderen sollte das Dokumentlayout auch zur Bewerberpersönlichkeit passen.

Darüber hinaus spielt der angestrebte Beruf eine Rolle: Bewerber für Kaufmannsberufe müssen zum Beispiel oft vergleichsweise hohen Ansprüchen genügen, weil sie es auch im Arbeitsalltag mit allerlei Schriftverkehr zu tun bekommen. Die Bewerbung wird in diesem Sinne manchmal schon als Arbeitsprobe angesehen. Was im Umkehrschluss natürlich nicht bedeutet, dass man in anderen Berufsbereichen nachlässiger vorgehen darf.

Die Seitenränder

Generell ist eine Bewerbung formfrei, das heißt, Sie haben in Layoutfragen freie Hand. Allerdings ist es ratsam, das Anschreiben und den Lebenslauf an bewährten Vorgaben auszurichten. Eine gute Orientierung bietet die einschlägige DIN-Norm 5008, die Empfehlungen zur Textgestaltung sowie zur Einstellung der Seitenränder und Abstände gibt. Laut DIN 5008 eignen sich folgende Einstellungen für die Begrenzungen einer DIN-A4-Seite:

Linker Seitenrand: 2,41 cm

Rechter Seitenrand: mindestens 0,81 cm (je nachdem, wie viel Text Sie schreiben, können Sie den Seitenrand auch verkleinern oder vergrößern; bleiben Sie dabei aber im Bereich von 0,5 bis 2 cm)

Oberer und unterer Seitenrand: jeweils 1,69 cm

Absender und Empfänger

Im Prinzip ist ein Anschreiben nichts anders als die Spezialform eines Briefs. Und wie ein Geschäftsbrief aufgebaut sein sollte, erklärt die DIN-Norm 5008 bis ins Detail. In 5,1 Zentimetern Distanz zum oberen Seitenrand beginnt demnach das Adressfeld mit der Absenderanschrift, das Empfängerfeld folgt mit zwei Leerzeilen Abstand darunter. Eine nicht normgerechte, aber pragmatische Ausnahme: Wenn die Absenderangaben bereits in einem separaten Briefkopf stehen, sollte man sie nicht noch einmal in Blockform wiederholen, sondern im Kleinformat (Schriftgröße 8) einzeilig über dem Empfänger aufführen. Bei Post-Bewerbungen passen die Daten dann auch genau in das Sichtfenster des Briefumschlags und müssen nicht mehr handschriftlich auf dem Kuvert vermerkt werden.

Der Umfang des Empfängereintrags richtet sich nach den vorliegenden Informationen: Gehen die Unterlagen an eine bestimmte Abteilung und/oder einen bestimmten Ansprechpartner? Beispielhaft sieht die Empfängeranschrift so aus:

Müller & Co. GmbH	*Name und Rechtsform des Unternehmens*
Personalabteilung	*Abteilung*
Herrn Franz-Josef Meier	*Ansprechpartner*
Hugenottenstraße 123	*Straße und Hausnummer*
50789 Köln	*Postleitzahl und Ort*

Wenn keine Abteilung oder kein Ansprechpartner genannt wird, entfällt die entsprechende Zeile. Die folgenden Einträge rücken dann ein Stück nach oben.

Das Datum

Das Datum richten Sie rechtsbündig aus, also am rechten Seitenrand. Platzieren Sie den Eintrag entweder auf gleicher Höhe mit der oberen Zeile des Adressfelds oder direkt unterhalb der unteren. Der Monat kann in Ziffern oder ausgeschrieben wiedergegeben werden. Der Datumsangabe stellen Sie Ihren Wohnort voran, wobei das früher übliche Bindeglied „den" (München, den 07.08.2013) mittlerweile als veraltet gilt.

München, 15.10.2013

Die Betreffzeile

In der 24. Zeile des Anschreibens, ungefähr zehn bis elf Zentimeter vom oberen Blattrand entfernt, steht der Betreff. Er zeigt an, worum es in dem Schreiben geht:

Bewerbung um eine Ausbildung als Technischer Produktdesigner

Wer die Betreffzeile besonders hervorheben will, kann sie fett formatieren. Manchmal bietet es sich an, den Eintrag um eine weitere Zeile zu ergänzen: Hier kann man die Quelle des Stellenangebots nennen, eine vorgegebene Referenznummer erwähnen oder auf ein vorab geführtes Telefonat Bezug nehmen:

Bewerbung um eine Ausbildung zum Technischen Produktdesigner
Ihre Anzeige in der Bergischen Morgenpost vom 28.04.2014

Die Anrede

Zwei Zeilen unter dem Betreff folgt die Anrede. Wenn Sie wissen, wer Ihre Bewerbungsunterlagen entgegennimmt, dann sprechen Sie ihn persönlich an. In der Regel lässt sich der Name des Empfängers durch die Stellenanzeige, ein Telefonat oder eine schnelle Recherche auf der Firmenhomepage herausfinden. Falls es mehrere Adressaten gibt, führen Sie am besten alle auf:

Sehr geehrter Herr Meier,

Sehr geehrte Frau Schmidt, sehr geehrter Herr Hartmann,

Die allgemeine Anrede „Sehr geehrte Damen und Herren" sollten Sie nur als Notlösung verwenden, wenn Sie die zuständige Kontaktperson nicht in Erfahrung bringen können.

Bitte denken Sie daran, die Anrede mit einem Komma abzuschließen.

Der Textteil

Unter der Anrede fügen Sie eine Leerzeile ein, danach beginnt der Textteil. Weil Sie hier zunächst den in der Anrede eingeleiteten Satz fortsetzen, schreiben Sie das erste Wort klein. Es sei denn, der Textanfang besteht aus einem Wort, das standardmäßig großgeschrieben wird – etwa einem Substantiv (dazu zählen auch Eigennamen).

Damit Ihr Schreiben übersichtlich bleibt, gliedern Sie Ihren Text in mehrere Absätze, jeweils nicht länger als ungefähr fünf bis sechs Zeilen.

Der Abschluss

Auf das Ende des Textteils folgt eine Leerzeile, an die sich die Grußformel anschließt (üblicherweise „Mit freundlichen Grüßen"). Darunter kommt die (bei

Post-Bewerbungen obligatorische) eigenhändige Unterschrift. Im Abstand von zwei bis drei Leerzeilen unter der Grußformel können Sie Ihren Namen noch einmal computerschriftlich wiederholen. Nachdem Sie weitere drei Zeilen ausgelassen haben, verweisen Sie schließlich mit dem Wort „Anlagen" auf den Inhalt Ihrer Bewerbungsmappe (Lebenslauf, Zeugnisse, Nachweise). Die Dokumente werden heute nicht mehr einzeln aufgelistet. Bei Online- oder E-Mail-Bewerbungen entfällt der Anlagenvermerk.

Schriftart und Schriftbild

Textverarbeitungsprogramme wie Microsoft Word verfügen über ein schier endloses Repertoire an Schriftarten. Die DIN-Norm 5008 hält sich hier zwar mit Empfehlungen zurück, doch worauf es ankommt, ist aus der Praxis wohlbekannt: Die Schrift sollte vor allem leicht lesbar und nicht zu verspielt oder verschnörkelt sein. Für Bewerbungen eignen sich unter anderem Arial, Times New Roman, Verdana, Calibri, Century, Tahoma, Garamond, Cambria, Trebuchet, Bookman und Helvetica.

Der optimale Schriftgrad liegt in der Regel zwischen 10 und 12, abhängig von der Schriftart: Während sich Arial-Texte auch in Größe 10,5 oder 11 gut lesen lassen, sollte man Garamond-Schreiben eher eine Nummer größer formatieren.

Anschließend widmen Sie sich der Absatzformatierung: Stellen Sie sicher, dass Sie als Zeilenabstand „einfach" oder „einzeilig" ausgewählt haben, und richten Sie Ihren Text entweder linksbündig (Flattersatz) oder als Blocksatz aus. Der Flattersatz sieht etwas lebhafter aus, der Blocksatz dafür ein wenig ordentlicher. Damit die Wortabstände innerhalb einer Zeile nicht zu groß werden, können Sie die Silbentrennungsfunktion Ihrer Textverarbeitung aktivieren. Vermeiden Sie dabei jedoch häufige Worttrennungen am Zeilenende, die optisch wenig ansprechend wirken. Mit Fettsetzungen und anderen Hervorhebungen gilt es im Anschreiben überdies sparsam umzugehen (abgesehen von der Betreffzeile).

Briefköpfe

Als elegantes Gestaltungselement haben sich Briefköpfe etabliert, in denen man seinen Namen und alle wichtigen Kontaktdaten unterbringt (Postanschrift, Festnetz- und Mobiltelefon, E-Mail-Adresse). Die Bewerbungsbeispiele in Kapitel 3 geben Ihnen dafür eine Reihe von Anregungen. Wenn Sie die genutzte Software gut genug beherrschen und sehr kreativ sind, können Sie Ihren Ideen natürlich freien Lauf lassen – Hauptsache, Ihr Briefkopf passt zu Ihnen und lenkt nicht vom Wesentlichen ab: Bei allem Gestaltungsdrang steht der Inhalt immer im Vordergrund! Und um den Wiedererkennungswert zu erhalten, sollten Sie innerhalb einer Bewerbung stets den gleichen Briefkopf verwenden.

Deckblätter

Gelegentlich wird heute empfohlen, ein separates Deckblatt anzulegen. Grundsätzlich ist das keine schlechte Idee, da Deckblätter Aufmerksamkeit wecken können und besondere gestalterische Möglichkeiten bieten. Papierverschwendung wäre es allerdings, eine komplette DIN-A4-Seite für die lapidare Aufschrift „Bewerbungsunterlagen Maria Mustermann“ zu reservieren. Falls Sie ein Deckblatt anlegen möchten, bringen Sie darauf ein großformatiges Bewerbungsfoto unter, angereichert durch zusätzliche Inhalte: beispielsweise persönliche Daten, wichtige Qualifikationen oder besondere Kenntnisse. Post-Bewerber legen das Deckblatt an vorderster Stelle in die Bewerbungsmappe, E-Mail-Bewerber fügen es vor dem Lebenslauf in den Dateianhang ein.

Der letzte Schliff

Nachdem Sie Ihre Bewerbungsunterlagen verfasst haben, prüfen Sie noch einmal kritisch, ob das Schriftbild leserfreundlich ist! Falls Ihnen der Anschreibentext am Ende zu lang vorkommt, versuchen Sie zunächst inhaltlich zu kürzen: Welche Wörter, welche Formulierungen sind überflüssig oder wiederholen sich sogar? Keine gute Lösung: Schriftgrößen und Abstände so stark zu verkleinern, dass alles „irgendwie“ auf eine Seite passt – dadurch wird das Lesen sehr anstrengend.

Lebensläufe und Deckblätter bieten etwas mehr kreative Freiheit als das Bewerbungsschreiben. Doch achten Sie unbedingt darauf, dass Ihre Unterlagen am Ende einheitlich aussehen! Nutzen Sie für alle selbstverfassten Bewerbungsdokumente die gleichen Seitenränder und Schriftarten.

Viele Ideen für die Gestaltung Ihrer Unterlagen finden Sie bei den Bewerbungsbeispielen in Kapitel 3 dieses Buchs.

Der Lebenslauf

Daten, Zahlen und Informationen

Das Herzstück jeder Bewerbung besteht aus dem Anschreiben und dem Lebenslauf. Die Dokumente bilden immer eine Einheit: Der Lebenslauf liefert die Informationen, auf die sich die Argumente des Bewerbungsschreibens stützen. Wenn Sie Ihre Bewerbung verfassen, empfiehlt es sich daher, mit dem Lebenslauf zu beginnen. Auch die Personaler studieren ihn oft zuerst und entscheiden dann, ob sich der Blick in die restlichen Unterlagen lohnt.

Die Kapitelüberschrift spricht von „Daten, Zahlen und Informationen". Dass ein Lebenslauf Daten und Zahlen beinhaltet, liegt auf der Hand. Darüber hinaus bietet er jedoch viel Raum für weitere Angaben, die den Personaler interessieren. Bei Bedarf können Sie den Platz auch zur Entlastung Ihres Anschreibens nutzen, das sich auf einer Seite auf die wichtigsten Aspekte konzentrieren sollte.

Chronologisch, gegenchronologisch oder funktional?

Vom Aufbau her lassen sich drei Lebenslaufmodelle unterscheiden: die chronologische, die gegenchronologische und die funktionale Variante. Bevor Sie sich für eine Darstellungsform entscheiden, sollten Sie prüfen, welche Angaben aus Ihrer bisherigen Schul- und Berufsbiografie für Ihre Bewerbung besonders aussagekräftig sind. Danach können Sie gezielt den Gliederungstyp wählen, bei dem die relevanten Informationen am besten ins Auge fallen.

Der chronologische Lebenslauf

Diese Lebenslaufvariante beginnt bei der frühesten Station, in der Regel dem Schulbesuch. Alle weiteren Etappen folgen in zeitlicher Ordnung. Chronologische Lebensläufe lassen sich grundsätzlich sehr einfach lesen, da sie den Ablauf der Ereignisse konsequent nachvollziehen. Ein Nachteil besteht darin, dass relevante aktuelle Einträge zu Praktika, Nebenjobs oder zur Schulsituation in den Hintergrund geraten können.

Der gegenchronologische Lebenslauf

Hier wird die zeitliche Reihenfolge umgekehrt: Man beginnt mit der aktuellsten Station und arbeitet von dort aus rückwärts, so dass der früheste Eintrag (Schulbesuch) am Ende steht. Die gegenchronologische Variante empfiehlt sich vor allem dann, wenn die jüngsten biografischen Ereignisse für die angestrebte Ausbildung besonders bedeutend sind.

Falls mehrere Aktivitäten parallel verlaufen, zum Beispiel Schule und Nebenjob, zeigen rein chronologische bzw. gegenchronologische Gliederungen allerdings oft Schwächen. Als Alternative bieten sich funktionale Darstellungsformen an.

Der funktionale Lebenslauf

Funktionale Lebensläufe halten sich nicht stur an zeitliche Abfolgen, sondern orientieren sich an inhaltlichen Aspekten. So können verschiedene Stationen (etwa Nebentätigkeiten und Praktika) zu einem gemeinsamen Block (Praktische Erfahrung) zusammengefasst werden. Dies erlaubt es dem Personaler, die wichtigsten Informationen zu Schule, Fortbildung und Beruf schneller zu finden. Innerhalb der einzelnen Rubriken ordnet man die Einträge wieder in einem zeitlichen Verlauf (üblicherweise gegenchronologisch).

Die funktionale Variante bietet nicht nur Vorteile, wenn mehrere Etappen einander zeitlich überlappen: Sie eignet sich auch, um mögliche Schwachpunkte – etwa größere Zeitlücken, geringe Berufserfahrung oder mangelhafte Schulleistungen – zu kaschieren. In solchen Fällen kann man den Schwerpunkt auf andere relevante Kenntnisse und Erfahrungen legen.

Der ausführliche (ausgeschriebene) Lebenslauf

Ausführliche Lebensläufe werden heute nur noch äußerst selten verlangt. Dabei listet man die einzelnen Daten und Stationen nicht tabellarisch auf, sondern bringt den Werdegang aufsatzartig in einem durchgängigen Text zu Papier. Punkten kann man dabei vor allem durch eine gepflegte Ausdrucksweise, treffende und abwechslungsreiche Formulierungen und eine nachvollziehbare Struktur. In der Praxis werden Sie dazu allerdings kaum Gelegenheit haben. Den Personalern kommt es mittlerweile mehr auf einen schnellen Überblick an, wie ihn die Tabellenform erlaubt.

Persönliche Angaben

In der Regel sind Sie nicht verpflichtet, in Ihrer Bewerbung persönliche Angaben zu machen. Doch zumindest auf die normalerweise ungefährlichen Auskünfte zum Geburtsdatum und Geburtsort sollten Sie nicht verzichten. Überlegen Sie, aus welchen weiteren Informationen sich für Sie Vorteile ergeben könnten.

Eine häufige Bewerberfrage lautet, welche familiären Details nötig sind. Sie wollen Bankkaufmann werden, und Ihre Mutter ist Filialleiterin eines Kreditinstituts? Dann sollten Sie diese Information nicht unterschlagen. Arbeiten Familienangehörige in dem Unternehmen, bei dem Sie sich bewerben? Das können Sie meist ebenfalls bedenkenlos erwähnen. Einen Zwang dazu gibt es aber nicht. Auch die Angabe Ihrer eigenen Familiensituation (ledig, verheiratet, Kinder …) liegt ganz in Ihrer Hand.

Der Hinweis auf die Staatsbürgerschaft kann für den Personaler hilfreich sein, wenn Sie über eine ausländische Staatsangehörigkeit, zwei Nationalitäten oder einen ausländisch klingenden Namen verfügen. Falls aus Ihrem Namen und Geburtsort eindeutig hervorgeht, dass Sie deutscher Staatsbürger sind, können Sie auf diese Angabe getrost verzichten.

Die Religionszugehörigkeit ist selten relevant. Es sei denn, Sie möchten bei einem konfessionell gebundenen Arbeitgeber anheuern. Für angehende Erzieher in einem katholischen Kindergarten zum Beispiel ist die Nennung oft Pflicht.

Schulbildung

Der Abschnitt zur schulischen Qualifikation bildet einen zentralen Bestandteil Ihres Lebenslaufs. Jeder Eintrag enthält eine Zeitangabe, die sich (wie im gesamten Dokument) aus Monat und Jahr zusammensetzt. Daneben nennen Sie den Namen, den Ort und eventuell – insbesondere bei Berufskollegs oder ähnlichen Einrichtungen – den Schwerpunkt der Schule. Geben Sie außerdem den jeweils erworbenen beziehungsweise angestrebten Abschluss an:

08.2007 – 06.2013	Theodor-Heuss-Realschule, Aachen Abschluss: Fachoberschulreife
09.2010 – 07.2012	Ferdinand-Sauerbruch-Kollegschule, München Fachrichtung: Gesundheit und Sozialwesen, Abschluss: Fachhochschulreife

Wenn es sich anbietet, können Sie darüber hinaus weitere Informationen platzieren: etwa Schwerpunkt-, Lieblings- und Prüfungsfächer, Leistungskurse, besondere Schulleistungen, herausragende Zensuren, schulische Ämter (Klassensprecher, Schülersprecher) oder die Teilnahme an Arbeitsgemeinschaften, speziellen Kursen, Austauschprogrammen und besonderen Schulveranstaltungen. Diese Zusatzangaben stehen direkt unter den schulischen Pflichtdaten:

seit 08.2006	Albert-Einstein-Gymnasium, Gütersloh voraussichtlicher Abschluss: Abitur (2014) Leistungskurse: Englisch und Mathematik Teilnahme an der Informatik AG (Klasse 11) Streitschlichterin seit der 9. Klasse

Normalerweise ist es nicht nötig, den Grundschulbesuch aufzuführen. Manchmal kann man sich diese Information allerdings zunutze machen: zum Beispiel, um auf besondere Sprachkenntnisse zu verweisen, die man dank der Grundschulzeit im Ausland besitzt. Oder um zu dokumentieren, dass man bereits von Kindheit an in Deutschland lebt.

Praktische Erfahrungen

Ob Sie diese Rubrik „Praktische Erfahrungen", „Praktische Tätigkeiten", „Berufliche Erfahrung" oder ähnlich nennen, bleibt Ihnen überlassen. Inhaltlich haben Sie hier den Raum, alle Erfahrungen aufzulisten, die Sie bei Praktika, Nebentätigkeiten, Ferienjobs oder ehrenamtlichen Aktivitäten erworben haben. Standardmäßig besteht jeder Eintrag aus der Tätigkeitsbezeichnung und den Rahmendaten zur jeweiligen Organisation (Name, Rechtsform und Ort):

12.2011 – 06.2012	Mitarbeiter im Lager, Höller GmbH & Co. KG, Stralsund

Aufschlussreiche ergänzende Stichpunkte sind Ihre wesentlichen Aufgabengebiete und die Abteilungen, die Sie kennen gelernt haben. Bei einem schulbegleitenden Nebenjob können Sie außerdem den Umfang Ihrer Mitarbeit (in Wochenstunden) nennen:

10.2012 – 12.2012	Praktikantin in der Zahnarztpraxis Dr. Hansen, Köln Patientenempfang, Terminvergabe, Kennenlernen der Praxissoftware MedData
seit 01.2013	Ehrenamtliche Helferin, Deutsches Rotes Kreuz e. V., Tübingen Mitarbeit bei Altkleidersammlungen, 6 Wochenstunden

Auslandsaufenthalte

Um internationale Erfahrungen zu betonen, kann man eine spezielle Rubrik anlegen, etwa mit dem Titel „Auslandsaufenthalt". Darin lässt sich unter anderem das Schuljahr im Ausland unterbringen, das ansonsten im Bereich „Schulausbildung" landen und dort eventuell untergehen würde. Darüber hinaus finden hier längere Reisen oder Sprachkurse im Ausland ihren Platz. Dabei gilt grundsätzlich: Auslandsaufenthalte sind nur dann anzugeben, wenn sie über gewöhnliche Ferienreisen hinausgehen. Der zweiwöchige Strandurlaub in Spanien ist also nicht der Rede wert. Aussagekräftigere Erfahrungen in der Fremde sollte man jedoch unbedingt erwähnen, insbesondere wenn das anvisierte Unternehmen im bereisten Land geschäftlich aktiv ist.

Ein Beispiel:

07.2012 – 10.2012	Privatreise durch die USA, u. a. New York, Boston und Los Angeles, Vertiefung der Sprachkenntnisse

Mehrere kurze Touren in ein Land oder eine bestimmte Region kann man geschickt zusammenfassen, um Kultur- und Sprachkenntnisse zu verdeutlichen:

2004 – 2011	Regelmäßige Urlaubsreisen nach Frankreich, u. a. Paris, Lyon und Brest, Anwendung meiner Schulkenntnisse in Französisch

Jobs im Ausland sind wiederum meist im Bereich „Praktische Erfahrungen" besser aufgehoben – vor allem, wenn sie einen Bezug zur Ausbildung haben. In der Regel steht diese Praxisrubrik nämlich an einer prominenteren Stelle des Lebenslaufs, so dass die Einträge dem Personaler besser ins Auge fallen.

Bundeswehr und soziale Dienste

Sie haben nach der Schule einen freiwilligen Dienst absolviert (Bundesfreiwilligendienst, Freiwilliges Soziales Jahr, Freiwilliges Ökologisches Jahr, Freiwilliger Wehrdienst)? Dann können Sie dafür ebenfalls eine eigene Rubrik anlegen. Die Standardangaben bestehen wie gehabt aus dem Namen und Standort der Einrichtung, ergänzt durch die Aufgabenschwerpunkte bzw. Tätigkeitsbereiche.

Kurse und Zusatzqualifikationen

Kurse und Zusatzqualifikationen runden Ihr Kompetenzprofil ab. Insbesondere Fremdsprach- und PC-Fähigkeiten sind wichtige Auswahlkriterien, die Sie im Lebenslauf nicht einfach nur auflisten sollten: Geben Sie auch eine Einschätzung über das Beherrschungsniveau ab. Eine gängige Abstufung reicht beispielsweise von „Grundkenntnissen" über „fortgeschrittene Kenntnisse" und „gute Kenntnisse" bis hin zu „sehr guten Kenntnissen". Außerdem können Sie erwähnen, wie Sie Ihre Fähigkeiten erlernt haben und/oder praktisch anwenden.

PC-Kenntnisse	Microsoft Word (gute Kenntnisse, Nutzung beim Verfassen von Referaten), Microsoft PowerPoint (Erstellung einer Präsentation im Praktikum)
Sprachen	Englisch (7 Jahre Schulenglisch, letzte Note: gut), Spanisch (2 Jahre VHS-Kurs)

Wer in oder neben der Schule spezielle Kurse absolviert hat, kann damit zusätzlich punkten. Geben Sie an, wie die Lehrgänge hießen, wer sie veranstaltet hat und (gegebenenfalls) welchen Abschluss Sie erlangt haben. Stichpunkte zum Seminarinhalt sind hilfreich, wenn sich der Schwerpunkt nicht direkt aus dem Kurstitel ergibt.

08.2013	Grundlagenkurs MS-PowerPoint, Volkshochschule Solingen, Eigenständige Erstellung einer Präsentation

Falls Sie einen Führerschein besitzen, kann es vorteilhaft sein, dies ebenfalls anzugeben: So mancher Ausbildungsbetrieb sitzt in einem entlegenen Industriegebiet, das sich nur mit dem Auto gut erreichen lässt. In einigen Berufen (zum Beispiel mit Außendienstschwerpunkt) steht die Fahrerlaubnis sogar als Pflichtkriterium in der Stellenanzeige.

Hobbys und Interessen

Anhand der Freizeitaktivitäten möchte der Personaler Rückschlüsse auf die Persönlichkeit des Bewerbers ziehen: Mannschaftssportarten signalisieren Teamfähigkeit, soziale Ehrenämter stehen für Engagement und Sozialkompetenz, und wer als angehender Zweiradmechaniker emsig am Fahrrad tüftelt, zeigt Zielstrebigkeit. Konzentrieren Sie sich jedoch auf die drei wichtigsten Hobbys, und vermeiden Sie die blasse, allgemeine Wiedergabe weitverbreiteter Aktivitäten. Unter „Sport, Musik, Lesen" kann sich der Personaler wenig vorstellen. Wird der Kandidat selbst sportlich aktiv oder verfolgt er nur regelmäßig die „Sportschau" im Fernsehen? Spielt er ein Musikinstrument oder lässt er sich durch das Radio berieseln? Liest er gerne Zeitschriften (welche?) oder lieber Krimis? Nennen Sie Details!

Interessen	Fußball (seit 2007 aktiv beim TuS Neunkirchen)
Freizeitaktivitäten	Reparatur von Computern im Bekanntenkreis, Installation von Programmen

Der Abschluss

Am Ende des Lebenslaufs stehen – wie auch im Anschreiben – der Ort und das aktuelle Datum. Wenn die Unterlagen per Post verschickt werden sollen, unterschreibt man das Dokument in der folgenden Zeile handschriftlich. Unterhalb der Signatur kann der Name nochmals computerschriftlich wiederholt werden:

Nürnberg, 25.10.2013

Max Müller

Max Müller

Wie umfangreich sollte der Lebenslauf sein?

Die optimale Länge des Lebenslaufs hängt davon ab, was man als Bewerber zu bieten hat. Selbstverständlich sind gute Lebensläufe kurz, knapp und sachlich gehalten und enthalten keine weitschweifigen Ausführungen. Doch wichtige Informationen sollten nicht aus Platzgründen unter den Tisch fallen. Dass ein Lebenslauf maximal eine Seite lang sein darf, wie oft behauptet, stimmt definitiv nicht: Wenn es sinnvoll ist, können Sie ohne Weiteres zwei Seiten anlegen, damit alle Praktika, Fortbildungen, Zusatzkenntnisse und ausbildungsrelevanten Nebenjobs gebührend berücksichtigt werden können.

Das Anschreiben

Stärken, Interessen und überzeugende Argumente

Ein gutes Bewerbungsmanagement vorausgesetzt, verfügen Sie bereits über genügend geeignetes Rohmaterial, bevor Sie Ihr Anschreiben in Angriff nehmen: Zum einen haben Sie Ihre Qualifikationen mit den Anforderungen der Stellenanzeige abgeglichen (vgl. Kapitel 1 dieses Buchs), zum anderen haben Sie auch schon Ihren Lebenslauf verfasst. Auf die Ergebnisse dieser Vorarbeit können Sie sich nun stützen.

Argumente sammeln und gewichten

Im Anschreiben schlagen Sie (mit Bedacht) die Werbetrommel für sich. Hier zeigen Sie dem Personaler, warum gerade Sie zum Vorstellungsgespräch eingeladen werden sollten. Bevor Sie mit dem Schreiben beginnen, tragen Sie am besten erst einmal alle wichtigen Punkte zusammen, auf die Sie im Text eingehen möchten (Schulfächer und -noten, praktische Erfahrungen, Kenntnisse, Kurse, Freizeitinteressen, Informationen über den Beruf und das Unternehmen …). Anschließend strukturieren Sie die Inhalte: Aus welchen Fähigkeiten und Qualifikationen lassen sich treffende Bewerbungsargumente schmieden? Welche Aspekte könnten Sie im Bewerbungsschreiben sinnvollerweise herausstellen, welche stehen eher im Hintergrund?

Interesse wecken

Schriftsteller kennen das Problem: Wie gelingt der erste Satz? Oft entscheidet der Leser schon nach wenigen Worten, wie viel Wohlwollen er dem Text entgegenbringt – bei einer Bewerbung ist das nicht anders. Interesse wecken, heißt die Devise! Als Bewerber sollte man daher auf nichtssagende Satzbausteine verzichten, die wohl jeder Personaler schon tausende Male gelesen hat, etwa „hiermit bewerbe ich mich um …" oder „mit großem Interesse habe ich gelesen, dass Sie einen Ausbildungsplatz … anbieten". Der Informationsgehalt dieser Floskeln geht gegen Null: Dass es sich um eine Bewerbung handelt, ist offensichtlich, und dass der Kandidat großes Interesse mitbringt, erklärt sich von selbst. Würde er sich sonst bewerben?

Wie beginnt man nun am besten? Dafür gibt es eine Reihe von Möglichkeiten. Grundsätzlich gilt: Ein wichtiges Argument sollte direkt am Anfang stehen. Verlangt die Stellenanzeige beispielsweise nach guten Zensuren in Deutsch und Mathematik, kann man darauf gleich im ersten Satz eingehen:

Sehr geehrte Frau Heinemann,

im kommenden Sommer werde ich die Herrmann-Gmeiner-Gesamtschule mit der Fachoberschulreife erfolgreich abschließen. In Mathematik und Deutsch erziele ich sehr gute Leistungen.

Ebenso können Sie praktische Erfahrungen nennen, die für den Ausbildungsberuf bedeutend sind:

Sehr geehrter Herr Kaiser,

bereits in meinem dreiwöchigen Schulpraktikum in der Kfz-Werkstatt Günter & Söhne habe ich einen ersten Einblick in die Reparatur von Fahrzeugen und die Wartung von Bremsanlagen erhalten. Zu meinen Aufgaben gehörten ...

Im Einstiegssatz lassen sich auch mehrere Qualifikationen gebündelt ansprechen, bevor sie im Folgenden detaillierter ausgeführt werden. Im folgenden Beispiel geht die Bewerberin auf Schulleistungen, praktische Erfahrungen und wichtige Kenntnisse ein:

Sehr geehrte Frau Dr. Majakowski,

gute Noten in Mathematik, erste praktische Erfahrungen in einem Konstruktionsbüro und grundlegende Kenntnisse in AutoCAD qualifizieren mich für eine Ausbildung zur Bauzeichnerin.

Informationen und Beispiele liefern

Die eingangs angeschnittenen Argumente können in den nächsten Zeilen vertieft werden. Der Kern des Anschreibens besteht aus zwei bis drei Absätzen, in denen Bewerber ein umfassendes Bild über ihre Erfahrungen, Kenntnisse und Qualifikationen geben.

Einige Formulierungsvarianten:

Zu meinen Aufgaben zählten ...

Innerhalb meines Praktikums lag mein Schwerpunkt in ...

In der Werkstatt war ich für ... zuständig

In mein Aufgabengebiet bei der Young Fashion GmbH fiel ...

Einen guten Einblick in ... erhielt ich während meines Nebenjobs bei ... Dort war ich für die eigenständige Bearbeitung von ... verantwortlich.

Bei ... lernte ich in der Abteilung ... die Bearbeitung von ... kennen. Außerdem arbeitete ich bei ... mit.

Entscheidend sind konkrete Informationen. Konkret bedeutet: Sie nennen Einzelheiten zu den angesprochenen Aufgaben, Leistungen oder Fähigkeiten. Allgemeine Aussagen („Im Praktikum lernte ich alle wesentlichen Aufgaben eines Industriemechanikers kennen") reichen nicht! Gehen Sie ins Detail, beispielsweise so:

Zu meinen wesentlichen Aufgaben im Praktikum gehörte das Erfassen von Kundendaten mit MS-Excel, die Mitarbeit bei der Anfertigung einer Verkaufsstatistik sowie die Erstellung und Ablage von Rechnungen.

Oder so:

Meine besonderen Stärken auf der Handelsschule lagen im kaufmännischen Rechnen, in Betriebswirtschaftslehre und im Fach Informationswirtschaft, in dem ich mir gute Kenntnisse in Word und Excel aneignete.

Um zwei Absätze miteinander zu verbinden und einen durchgängigen Lesefluss zu gewährleisten, können Sie Überleitungen einsetzen. Dadurch wird deutlich, dass die betreffenden Abschnitte inhaltlich zusammengehören und wichtige Informationen folgen:

Weiterhin habe ich …

Außerdem bin ich …

Darüber hinaus sammelte ich Erfahrungen in …

Zusätzliche Kenntnisse in … eignete ich mir bei … an.

Stärken belegen

Im weiteren Verlauf des Anschreibens lassen sich zusätzliche Fähigkeiten erwähnen, die Ihr Profil ergänzen. Aber Vorsicht! Viele Bewerber neigen dazu, diverse positiv besetzte Adjektive recht wahllos aneinanderzureihen. Das klingt dann häufig so: „Ich bin sehr zuverlässig, teamfähig, flexibel, verantwortungsbewusst und kann gut organisieren". Solche Aufzählungen wirken wenig überzeugend, denn die Eigenschaften werden nicht belegt. Besser ist es, Stärken gezielt auszuwählen und durch konkrete Beispiele zu untermauern. Wer also sein Organisationstalent vermitteln möchte, sollte nicht einfach schreiben, dass er gut organisieren kann, sondern einschlägige Erfahrungen schildern:

Im letzten Jahr war ich im Organisationsteam der Pablo-Picasso-Gesamtschule und habe mitgeholfen, das Schulfest zum 50-jährigen Jubiläum vorzubereiten. Ich war für die Planung des Abendprogramms und die Gestaltung der Aula zuständig.

Im folgenden Beispiel nutzt die Kandidatin eine berufliche Gegebenheit, um ihr Verantwortungsbewusstsein zu betonen:

Im Rahmen meiner Nebentätigkeit im Jeans Fashion Store habe ich als Kassiererin gearbeitet. Die Arbeit umfasste den verantwortungsvollen Umgang mit großen Geldbeträgen und die korrekte Abrechnung der Tageseinnahmen.

Natürlich kann man Stärken nicht nur im Kontext von Jobs und Praktika, sondern auch mithilfe von Freizeitaktivitäten herausstellen:

Als Mannschaftskapitän der B-Jugend des FC Grün-Weiß Dresden bin ich absoluter Teamplayer und sehr erfolgsorientiert.

Nicht zuletzt kann man sich auf das Urteil von Lehrern oder (ehemaligen) Vorgesetzten stützen. Nehmen wir an, im Praktikumszeugnis einer Bewerberin fände sich die Passage „Frau Schmitz zeigte stets sehr viel Eigeninitiative, hohes Verantwortungsbewusstsein und eine ausgeprägte Zielorientierung". In diesem Fall hat der Praktikumsbetrieb Frau Schmitz bestimmte Stärken schwarz auf weiß bestätigt. Darauf dürfte sie sich in ihrer Bewerbung guten Gewissens beziehen:

Mein Praktikumsbetrieb bescheinigt mir ein hohes Maß an Eigeninitiative sowie eine verantwortungsvolle und zielstrebige Arbeitsweise.

Auch hier geht Qualität vor Quantität: Da sich in Arbeitszeugnissen und ähnlichen Bewertungen oft sehr viele Eigenschaften finden, sollten Sie sich auf die zwei bis drei wichtigsten Punkte beschränken.

Eventuell können Sie eine Referenzperson nennen, die etwas Positives über Ihre Kompetenzen zu berichten weiß. Klären Sie im Vorfeld, wer dazu bereit wäre: Infrage kommen zum Beispiel Lehrer, Vorgesetzte aus Nebenjobs, Betreuer im Ehrenamt oder Vereinstrainer. Geben Sie den Namen, die Funktion und die Kontaktdaten Ihres Fürsprechers an.

Gerne bestätigt Ihnen Herr Josef Römer, erster Vorsitzender des Hilfsprojekts „Human Rights", mein hohes Engagement und meine ausgeprägte Teamfähigkeit im Rahmen meiner ehrenamtlichen Mitarbeit. Sie erreichen ihn unter der Telefonnummer 06121 – 11 22 33.

Motivation zeigen

Die Ausbildungsmotivation bildet einen weiteren Baustein, auf den Sie im Anschreiben zurückgreifen können. Helfen Sie dem Personaler auf die Sprünge: Was hat Sie bei Ihrer Lehrstellenwahl angetrieben, warum finden Sie ausgerechnet den anvisierten Ausbildungsplatz attraktiv?

Ich habe mich für eine Ausbildung zum Kaufmann im Groß- und Außenhandel entschieden, da dieser Beruf vielfältige Aufgabengebiete in den Bereichen Ein- und Verkauf, Lagerhaltung, Rechnungswesen und Logistik bietet.

Wenn Sie sich besonders gründlich über den betreffenden Betrieb und/oder den Beruf informiert haben, sollten Sie dieses Engagement nicht verschweigen. Nennen Sie Details: Wie haben Sie erfahren, was während der Ausbildung im betreffenden Unternehmen auf Sie zukommt? Hatten Sie – etwa bei einer Ausbildungsmesse – schon einmal Kontakt zu einem Mitarbeiter?

Das interessante Gespräch mit Ihrem Ausbildungsleiter Herrn Sonneborn, das ich auf der IHK-Messe „Ausbildungsoffensive 2014" geführt habe, hat mich zusätzlich motiviert, mich bei Ihnen zu bewerben.

Nicht weniger erwähnenswert wäre es, wenn Verwandte oder gute Bekannte im anvisierten Ausbildungsbetrieb arbeiten:

Bei meinem Vater, Herrn Peter Weiß, der in Ihrem Unternehmen als Sachbearbeiter im Einkauf arbeitet, habe ich mich ausführlich über die qualifizierte Ausbildung der Krämer GmbH informiert.

Der Ausbildungsbeginn

Ab wann können oder wollen Sie die angestrebte Ausbildung beginnen? Diese Information lässt sich entweder im Textteil oder bereits in der Betreffzeile unterbringen:

Bewerbung um eine Ausbildung zum Industriemechaniker ab 2015

Falls Sie dem Betrieb anbieten möchten, vorab ein Schnupperpraktikum zum gegenseitigen Kennenlernen zu absolvieren, nennen Sie dafür Zeitraum und Dauer:

Gerne können Sie mich in den kommenden Osterferien in einem zweiwöchigen Praktikum näher kennen lernen.

Ihr Ziel: Das Vorstellungsgespräch

Am Ende des Anschreibentexts steht die obligatorische Bemerkung, für ein Bewerbungsgespräch bereitzustehen. Geschickt formuliert, wird aus dieser Passage mehr als eine bloße Höflichkeitsfloskel – Sie können damit auch Ihre Entschlossenheit ausdrücken. Sie schreiben Ihre Bewerbung schließlich nicht aus Langeweile, sondern haben klare Ziele vor Augen: langfristig den Ausbildungsplatz, kurzfristig das Vorstellungsgespräch!

Ich freue mich auf ein Gespräch mit Ihnen.

Gerne überzeuge ich Sie in einem Gespräch von meiner Eignung für die Ausbildung zum Koch. Ich freue mich auf Ihre Einladung.

Gerne stelle ich mich bei Ihnen persönlich vor.

Die Tonart: Positiv und aktiv

Formulieren Sie positiv! Das bedeutet: Betonen Sie das, was für Sie als Bewerber spricht, und nicht das, was gegen Sie spricht. Statt „Ich habe nur wenige Kenntnisse in Excel" schreiben Sie also besser „Ich habe mir bereits grundlegende Kenntnisse in Excel angeeignet".

Aktive Formulierungen betonen wiederum Ihre Eigeninitiative. Aussagen wie „Im Praktikum war ich in der Verkaufsabteilung tätig" oder „Im Praktikum lernte ich die Abläufe in der Verkaufsabteilung kennen" zeugen von Interesse und Engagement. Setzt man das Verb dagegen in die Passivform, tritt die Aktivität des Bewerbers nicht hervor: „Im Praktikum wurde ich in der Verkaufsabteilung eingesetzt".

Konjunktive, das heißt Möglichkeitsformen, gilt es ebenfalls zu vermeiden: Sie wirken oft schwammig und unsicher. So klingt ein zaghaftes „Ich könnte ab Mai ein Praktikum absolvieren" wesentlich unentschlossener als die Feststellung „Ich kann ab Mai ein Praktikum absolvieren".

Die Einstellung: Selbstbewusst und realistisch

Nur mit einer positiven Grundhaltung können Sie den Personaler von Ihren Fähigkeiten überzeugen. Pflegen Sie daher am besten einen durchgehend optimistischen und selbstbewussten Ton, wie Sie ihn in den zahlreichen Formulierungsbeispielen dieses Kapitels kennen gelernt haben. Achten Sie aber darauf, dass alles, was Sie schreiben, zu Ihrer Person passt. Unwahrheiten oder Übertreibungen sind fehl am Platze: Schließlich folgt auf eine überzeugende Bewerbung in der Regel ein Vorstellungsgespräch, in dem Ungereimtheiten schnell ans Tageslicht kommen. Bleiben Sie daher bei der Wahrheit, konzentrieren Sie sich auf das Positive und zeigen Sie sich so von Ihrer besten Seite.

Der Inhalt: Auf einer Seite auf den Punkt

Für die Länge des Anschreibens gibt es eine klare Vorgabe: **Schreiben Sie möglichst nicht mehr als eine DIN-A4-Seite!** Dieser Umfang ist übersichtlich und hat sich bewährt. Falls Ihr Text länger ausfällt, heißt es Nacharbeiten: Welche Kernpunkte sind wirklich wichtig, welche weiterführenden Informationen finden im Lebenslauf schon genug Platz? Nicht vergessen: Das Anschreiben liefert keine lückenlose Nacherzählung Ihres Werdegangs, sondern bringt bewerbungsrelevante Argumente bündig auf den Punkt. Wenn Sie unsicher sind, ob Sie eine

Aussage wirkungsvoll transportieren oder vielleicht doch zu viele Phrasen verwenden, hilft eine bewährte Kontrollmethode: Markieren Sie mit einem Farbstift alle wichtigen Fakten (Abschlüsse, Schulfächer und -noten, weiterführende Kurse, praktische Erfahrungen, besondere Leistungen ...). Anschließend prüfen Sie die unmarkierten Stellen kritisch – was ist überflüssig und kann weggelassen werden?

Versuchen Sie, möglichst abwechslungsreich zu schreiben. Die Thesaurus-Funktion der Textverarbeitung oder der Blick in ein Synonym-Wörterbuch hilft, sinnverwandte Wörter zu finden und Wiederholungen zu vermeiden. Nachdem Sie Ihren Text fertiggestellt haben, gehen Sie ihn in Ruhe noch einmal durch. Achten Sie auf Rechtschreibung und Zeichensetzung, überschaubare und klare Sätze, flüssige und treffende Formulierungen und eine nachvollziehbare Struktur.

Zum Schluss lassen Sie Ihr Bewerbungsschreiben am besten von Eltern, Lehrern, Berufsberatern oder Freunden gegenlesen, damit kein Fehler unentdeckt bleibt und das bestmögliche Ergebnis herauskommt.

Schwierige Fälle

Schwachpunkte finden und beheben

Häufig wissen Bewerber nicht, wie sie bestimmte Schwachpunkte in ihren Unterlagen handhaben sollen. Wie geht man mit schlechten Schulnoten, fehlenden Qualifikationen, fachfremden Nebenjobs, nicht vorhandenen Praktika oder Zeitlücken im Werdegang um? Wie lässt sich ein Schul-, Ausbildungs- oder Studienabbruch erklären? Oberste Maxime: Auch wenn der Werdegang nicht ganz makellos ist, folgt die Bewerbung einem durchgängig positiven Grundtenor. Rücken Sie die vorhandenen Qualifikationen in den Vordergrund! Für Rechtfertigungen oder Entschuldigungen ist eine Bewerbung denkbar ungeeignet. Ebenso Tabu: der Schule, der Lehrerin, dem Praktikumsbetrieb oder ehemaligen Vorgesetzten die Schuld für schlechte Beurteilungen in die Schuhe zu schieben.

Bei allen „schwierigen Fällen" sollten Sie gezielt Argumente hervorheben, die für Sie sprechen. Denken Sie beispielsweise an praktische Erfahrungen, spezielle Kenntnisse, besondere Schulleistungen, Ehrenämter oder Weiterbildungen. Einen guten Eindruck hinterlassen außerdem Auskünfte von Referenzpersonen: Erkundigen Sie sich vorab bei Lehrern, Ausbildern, Trainern oder Vorgesetzten, ob sie Ihre Talente schriftlich oder mündlich bezeugen würden.

Schlechte Noten

Maja möchte Bürokauffrau werden. In ihrem letzten Zeugnis finden sich reihenweise mittelmäßige bis schlechte Noten, darunter eine „Fünf" in Mathematik. Weil Mathe ein Schlüsselfach für kaufmännische Ausbildungen ist, muss Maja die schlechte Zensur unbedingt relativieren. Dazu kann sie beispielsweise auf Fortschritte im aktuellen Schuljahr hinweisen:

Meine Leistungen in Mathematik liegen in diesem Schuljahr im befriedigenden Bereich.

In diesem Schuljahr habe ich mich insbesondere in Mathematik deutlich verbessert.

Die letzten Noten in Mathematik spiegeln nicht meinen wahren Leistungsstand wider. Aktuell erziele ich dort befriedigende Noten.

Alternativ könnte Maja spezielle Fähigkeiten im betreffenden Fach betonen, die sich nicht in der Gesamtnote niederschlagen:

Meine besonderen Stärken liegen in der Prozent- und Zinsrechnung.

Als weitere Option bietet es sich an, auf andere relevante Fächer auszuweichen, in denen Maja besser steht:

In Deutsch und Englisch erziele ich gute Leistungen.

Entsprechende Berufserfahrung vorausgesetzt, könnte Maja ihre Mathekenntnisse auch anhand von Jobs und Praktika dokumentieren:

Während meines Praktikums lagen meine Schwerpunkte in der Berechnung von Preisrabatten sowie in der Aufbereitung von Verkaufszahlen in Excel.

Innerhalb des Praktikums habe ich meine Mathematikkenntnisse umfassend erweitert. Eine meiner Aufgaben lag in der Erstellung von Excel-Statistiken zur Entwicklung der Einkaufspreise sowie in der sachlichen Prüfung von Eingangsrechnungen.

Vom Praktikumsunternehmen erhielt ich ein sehr positives Feedback zu meinem guten Zahlenverständnis und meiner engagierten Mitarbeit in der Debitorenbuchhaltung.

Schulabbruch

Manche Berufseinsteiger haben bereits einen Abschluss erworben, den angestrebten weiterführenden Abschluss aber nicht mehr erreicht. Ein typisches Szenario: Ein Kandidat mit Mittlerer Reife scheitert eingangs der gymnasialen Oberstufe und verlässt daraufhin die Schule. In seiner Bewerbung sollte derjenige nun nicht den Oberstufenabbruch in den Vordergrund stellen, sondern das bisher Erreichte – den mittleren Abschluss, die praktischen Erfahrungen und weitere Qualifikationen. Ungeachtet des frühen Abgangs könnte er außerdem erwähnen, welche ausbildungsförderlichen Kenntnisse er in der Oberstufe erworben hat. Zu guter Letzt lässt sich der Schulabbruch durch eine starke Neigung zur praktischen Arbeit abfedern:

Zurzeit besuche ich die Einführungsphase der gymnasialen Oberstufe. Ab dem kommenden Sommer möchte ich jedoch eine praxisorientierte Ausbildung absolvieren, bei der ich meine besonderen Stärken in der Arbeit mit Kunden umsetzen kann.

Eine Bewerbung ganz ohne Schulabschluss ist ein schwieriges Unterfangen. Schulabbrecher sollten zunächst alles daran setzen, nachträglich noch einen Abschluss zu erwerben. Möglich ist das unter anderem per Fernkurs, bei Abendschulen und Volkshochschulen, an „normalen" Schulen oder in anderen Bildungseinrichtungen. Hilfestellung geben neben den jeweiligen Anbietern auch die Berater des Job-Centers.

Fehlende Praxiserfahrung

Sie haben noch kein Praktikum absolviert, keinen Nebenjob ausgeübt und sind auch nicht ehrenamtlich tätig? Dann bieten Sie dem anvisierten Lehrbetrieb am besten an, dort vor der Ausbildung ein Praktikum zu absolvieren. Des Weiteren leiten Sie Ihre Fähigkeiten, Kenntnisse und Interessen aus den Bereichen Schule und Freizeit ab. Ein Beispiel für den kaufmännischen Bereich:

Auf der Höheren Handelsschule erziele ich gute Leistungen in Betriebswirtschaftslehre und im kaufmännischen Rechnen. In meiner Freizeit lese ich zudem regelmäßig das Handelsblatt und halte mich über aktuelle Entwicklungen im Wirtschaftsleben auf dem Laufenden.

Im Folgenden demonstriert ein IT-Bewerber anhand von Hobbys und privaten Hilfsdiensten, dass er vertiefte PC-Kenntnisse besitzt:

Ich unterstütze Familienmitglieder und Bekannte bei der Installation von Programmen, bei der Einrichtung kleinerer Heimnetzwerke und bei PC-Störungen. Außerdem habe ich eine private Homepage mithilfe von PHP und CSS erstellt.

Falsche Praxiserfahrung

Sie haben ein Praktikum im Logistikbereich absolviert, möchten aber mittlerweile lieber Kfz-Mechatroniker werden? Ihre einzige praktische Erfahrung ist ein Ferienjob als Prospektzusteller, doch nun bewerben Sie sich um eine Gastronomieausbildung? Dann belegen Sie Ihre Eignung anhand von passenden Aktivitäten aus Schule und Freizeit. Abgesehen davon kann man natürlich auch in fachfremden Berufsbereichen viel Nützliches lernen. Haben Sie vielleicht bewiesen, dass Sie sich gut in Teams einfügen, ordentlich arbeiten und Aufträge termingerecht erledigen können? Kennen Sie nun grundlegende betriebliche Abläufe und Mittel zur Arbeitsorganisation? Wenn möglich, greifen Sie auf Feedbacks und Beurteilungen Ihrer bisherigen Arbeitgeber zurück. Versuchen Sie gegebenenfalls, vor der Bewerbung noch ein passendes Praktikum zu machen.

Ausbildungsabbruch

Eine abgebrochene Ausbildung sollte man weder verschweigen noch umständlich rechtfertigen. Begründen Sie den Abbruch und vor allem den Schwenk zum aktuellen Ausbildungsziel sinnvoll. Finden Sie heraus, was die Berufe gemeinsam haben, und konzentrieren Sie sich auf diese Schnittmenge.

Stellen Sie sich vor, Sie haben nach der Schule eine Lehre zum Hotelfachmann begonnen, aber nach einiger Zeit gemerkt, dass Sie damit gründlich falsch lagen. Nun möchten Sie lieber eine Ausbildung zum Kaufmann für Tourismus und Freizeit aufnehmen. In diesem Fall könnten Sie ungefähr so argumentieren:

Ich habe letztes Jahr bereits eine Ausbildung zum Hotelfachmann im Hotel am Barbarossaplatz begonnen. Diese habe ich jedoch auf eigenen Wunsch beendet, da der Beruf doch nicht in allen Bereichen meinen Vorstellungen und Fähigkeiten entsprach. Der Ausbildungsleiter, Herr Meurer, ist gerne bereit, Ihnen nähere Auskünfte über mein sehr gutes Arbeitsverhalten und meine Lernbereitschaft zu geben. Da ich mein gutes Zahlenverständnis und mein Interesse für betriebswirtschaftliche Zusammenhänge in einem kaufmännischen Beruf besser umsetzen kann, habe ich mich für die Ausbildung zum Kaufmann für Tourismus und Freizeit entschieden. Dabei werde ich auch von meinen Kenntnissen aus der Hotellerie und der Betreuung von Touristengruppen bei Bankettveranstaltungen profitieren.

Sehr wichtig: Weisen Sie darauf hin, dass der frühere Ausbildungsbetrieb Ihnen gute Arbeitsleistungen bescheinigt. Andernfalls könnte der Personaler spekulieren, dass es für den Ausbildungsabbruch andere Gründe gab als die genannten. Können Sie sich nicht auf Referenzen stützen, dann verweisen Sie gegebenenfalls auf gute Bewertungen im Ausbildungszeugnis oder in der Berufsschule.

Abgebrochenes Studium

Sie haben nach dem Abitur ein Studium begonnen, aber schnell festgestellt, dass das wissenschaftliche Arbeiten nicht Ihr Fall ist? Ebenfalls kein Grund, den Kopf in den Sand zu stecken. Versuchen Sie, die Studieneindrücke für Ihre Bewerbungszwecke zu nutzen. Wer etwa ein Semester lang Elektrotechnik auf Bachelor studiert hat, kann davon bei einer Elektronikerausbildung mit Sicherheit profitieren: Er kennt über die Grundbegriffe hinaus bestimmt bereits einige kompliziertere fachliche Zusammenhänge. Selbstverständlich sollte er auch dann nicht als überqualifizierter Bewerber auftreten, der im Studium schon das meiste gelernt hat. Theorie und Praxis sind immer sehr unterschiedlich zu bewerten.

Zurzeit studiere ich im zweiten Semester Elektrotechnik an der Hochschule Fulda. Ich habe jedoch festgestellt, dass mir das theoretische Arbeiten dauerhaft nicht liegt. Lieber möchte ich meine Kenntnisse in der Praxis anwenden und praktische Fertigkeiten in der Einrichtung und Bedienung rechnergesteuerter Industrieanlagen erwerben. Im Studium habe ich meine Kenntnisse in Mathematik, Physik und Informatik erweitert und mir grundlegendes Wissen in der Automatisierungstechnik angeeignet. Nun möchte ich gerne eine Ausbildung in Ihrem Unternehmen absolvieren, da Sie sich auf die Entwicklung von Automatisierungslösungen für die Elektroindustrie spezialisiert haben.

Abgesehen vom Fachlichen könnte man hier auch persönliche Stärken betonen, die man während des Studiums (weiter)entwickelt hat:

Bei der selbstständigen Anfertigung von Hausarbeiten habe ich im Studium meine Kompetenzen in der Informationsrecherche erweitert und gelernt, Präsentationen vor größeren Studentengruppen zu halten.

Wechsel des Ausbildungsbetriebs

Der eine oder andere ist schon mit großem Engagement in seine Traumausbildung gestartet, bevor die Ernüchterung folgte: Es gibt keinen festen Ansprechpartner, niemand bringt einem etwas bei, man übernimmt nur banale Hilfsarbeiten und wichtige Ausbildungsinhalte kommen viel zu kurz. Manchmal bringt auch ein Gespräch mit den Verantwortlichen keine Besserung. In derart verfahrenen Situationen hilft oft nur ein Betriebswechsel, um die Ausbildung andernorts fortzusetzen.

Wer sein Glück bei einem neuen Lehrbetrieb finden will, muss sich wohl oder übel erneut bewerben. Der Schlüssel zum Erfolg liegt dabei in einer diplomatischen Vorgehensweise: Selbst wenn der alte Arbeitgeber seinen Ausbildungspflichten unzureichend oder gar nicht nachgekommen ist, sollte man ihn in der Bewerbung nicht schlechtmachen. Offene Kritik wirft aus Personalersicht zuerst immer ein schlechtes Licht auf den Kritiker. Konzentrieren Sie sich also auf positive Aspekte wie Ihre bisherigen Tätigkeiten im Ausbildungsbetrieb, das Feedback für gute Arbeitsleistungen, die praktische Anwendung Ihrer PC- und Fachkenntnisse oder überdurchschnittliche Berufsschulnoten.

Doch natürlich müssen Sie daneben auch auf Ihre Wechselambitionen eingehen. Geschickterweise bringen Sie dabei erst einmal Ihre Überzeugung zum

Ausdruck, im „neuen" Ausbildungsbetrieb mehr lernen und die eigenen Stärken besser entfalten zu können. Beziehen Sie sich auf konkrete Tätigkeitsfelder, die elementarer Bestandteil des Ausbildungsberufs sind.

Mir macht die Arbeit großen Spaß, aber der Ausbildungsbetrieb bietet keine Möglichkeit, weitere Aufgabenbereiche kennen zu lernen und wichtige Ausbildungsinhalte vertieft zu vermitteln. Daher suche ich nun einen Betrieb, in dem ich meine hohe Lernbereitschaft und mein Interesse an Buchführungsaufgaben stärker umsetzen kann.

Wer sich gut über das angeschriebene Unternehmen informiert hat, kann natürlich auch an besondere betriebliche Schwerpunkte anknüpfen.

Meine besonderen Stärken und Interessen sehe ich in der sorgfältigen Fertigung von Metallteilen und in der Arbeit mit computergesteuerten Maschinen. Ich bin überzeugt, dass ich in einem größeren Betrieb mit eigener Fertigungswerkstatt eine qualifizierte Ausbildung erhalten und ein breiteres Spektrum an Aufgaben durchführen kann.

Im Notfall bleibt Ihnen schließlich noch die Möglichkeit, diplomatisch auf die Missstände im Ausbildungsbetrieb hinzuweisen:

In meiner Ausbildung ist es mir besonders wichtig, dass ich von erfahrenen Mitarbeitern viel lernen kann. Jedoch wird bei meinem derzeitigen Ausbildungsbetrieb eine ordnungsgemäße Ausbildung nicht gewährleistet, so dass ich überwiegend ausbildungsfremde Tätigkeiten ausübe.

Falls Sie einen Unternehmenswechsel planen, kontaktieren Sie vorab die Ansprechpartner interessanter Alternativbetriebe: Schildern Sie ihnen den Sachverhalt und fragen Sie nach Ihren Erfolgschancen. Informationen über Betriebe, die wechselwillige Azubis einstellen, erhalten Sie bei der Berufsberatung der Bundesagentur für Arbeit.

Lücken im Lebenslauf

Ein Lebenslauf ohne Brüche und Nahtstellen, in dem sich Einträge aneinanderreihen wie die Perlen einer Kette: der Idealfall für Bewerber und Personaler. In der Praxis entstehen kleinere Lücken allerdings sehr schnell. Sie haben im Juni die Schule abgeschlossen und im September ein freiwilliges soziales Jahr begonnen? Schon klafft eine Leerstelle im Lebenslauf – die sich durch einen Ferienjob oder einen Sprachkurs jedoch relativ mühelos wieder schließen lässt. Und natürlich ist eine derart kurze, noch dazu ferienbedingte Auszeit nicht unbedingt ein Stolperstein.

Problematischer wird es bei größeren Lücken. Überlegen Sie dann zunächst, was Sie in der betreffenden Zeit gemacht haben: Waren Sie im Ausland, sind Sie umgezogen, lagen Sie mit einem Beinbruch im Krankenhaus? Haben Sie einen VHS-Kurs belegt, ein bisschen gejobbt, in der Nachbarschaft geholfen, die Eltern bei der Wohnungsrenovierung unterstützt, sich um die kranke Großmutter gekümmert, die PC-Kenntnisse vertieft – oder erfolglos Bewerbungen verfasst?

Es gibt viele Mittel und Wege, Bruchstellen zumindest provisorisch zu flicken. Schöpfen Sie alle Möglichkeiten aus, um den fraglichen Zeitraum plausibel aufzuhellen.

seit 07.2013	Bewerbungsphase, Mitarbeit beim Hausbau (Mithilfe beim Fenstereinbau, bei der Gartenanlage und beim Transport von Materialien)
06.2013 – 10.2013	Pflege des Großvaters, parallel Einarbeitung in Auto-CAD im Selbststudium (Lernsoftware)

Wenn Sie gar keinen Lückenfüller haben – oder die Lehrstellensuche zusätzlich erwähnen möchten – können Sie folgenden Eintrag einbauen:

seit 07.2013	aktive Suche nach einem Ausbildungsplatz

Im Anschreiben betonen Sie wie gehabt die Argumente, die für Sie sprechen. Einen aktuellen schulischen und/oder beruflichen Leerlauf sprechen Sie möglichst neutral an:

Zurzeit bin ich auf der Suche nach einem Ausbildungsplatz. Daher kann ich kurzfristig in Ihrem Betrieb beginnen.

Wenn Sie eine gegenwärtige Lücke durch ausbildungsförderliche Aktivitäten schließen können, dann erwähnen Sie diese:

Um mich noch besser auf eine kaufmännische Ausbildung vorzubereiten, vertiefe ich derzeit meine Kenntnisse in Excel und PowerPoint anhand von Selbstlernprogrammen und Fachliteratur.

Sollte ein Ausbildungsabbruch für Sprünge im Werdegang verantwortlich sein, können Sie Ihre Talente und Ihren persönlichen Entwicklungsprozess einfließen lassen:

Ich habe mich mittlerweile persönlich weiterentwickelt und gezielt für eine Ausbildung zum Tischler entschieden, da ich in diesem Beruf meine handwerklichen Stärken und meine Begeisterung für die Herstellung kreativer Möbelstücke am besten umsetzen kann.

Gesundheitliche Einschränkungen

Bewerber mit gesundheitlichen Einschränkungen oder Behinderungen können bei der Lehrstellensuche besondere Unterstützung in Anspruch nehmen. Nähere Informationen darüber gibt die Berufsberatung bzw. die Agentur für Arbeit.

Je nach Art der Beeinträchtigung gilt es abzuwägen, ob man sie in der Bewerbung erwähnt oder nicht. Einerseits kann es wichtig sein, den Personaler darüber in Kenntnis zu setzen. Andererseits sollte das Thema nicht überstrapaziert werden, damit sich beim Personaler kein Zweifel an der beruflichen Tauglichkeit regt. Man betont daher am besten zunächst Qualifikationen, Erfahrungen und Stärken und geht erst danach auf den Gesundheitsaspekt ein. Dabei empfiehlt sich der Hinweis, dass man trotz des Handicaps weder in der Schule noch im Beruf (Nebenjob, Praktikum) Probleme hatte.

Seit meiner Kindheit trage ich aufgrund einer Hörbehinderung ein spezielles Hörgerät, das es mir ermöglicht, uneingeschränkt mit anderen Menschen zu kommunizieren. So habe ich beispielsweise im Praktikum auch Kundengespräche geführt und telefonische Bestellungen entgegengenommen.

Wenn gesundheitliche Einschränkungen bestehen, kommt Referenzen von dritter Seite eine besondere Bedeutung zu. Versuchen Sie, einen Lehrer, Ausbilder oder Vorgesetzten zu gewinnen, den Sie in Ihrer Bewerbung als Ansprechpartner aufführen können.

Das Bewerbungsfoto

Formate, Outfits und Befestigungen

Seien wir ehrlich: Begegnen wir einem Fremden auf der Straße, erlauben wir uns recht schnell ein Urteil über ihn – anhand seines Aussehens und seiner Kleidung. Und wenn wir in der Zeitung einen Namen lesen, zu dem sich direkt daneben das passende Porträt findet, blicken wir prompt aufs Bild. Beide Male haben wir im Nu eine Meinung: nett, sympathisch, selbstbewusst, freundlich, gepflegt – oder eben auch nicht. Bei Bewerbungsfotos ist das nicht anders: Ein Blick darauf, und der Personaler speichert im Hinterkopf unwillkürlich Eigenschaften ab, die er mit dem Abgebildeten verbindet. Ein unfairer Vorgang? Vielleicht, schließlich möchte man als Bewerber vor allem mit seinen Qualifikationen auffallen. Aber warum sollte ein Personalchef die Dinge anders wahrnehmen als jeder andere Mensch?

Die Devise lautet also, mit dem Bewerbungsbild einen möglichst positiven Eindruck hervorzurufen. Oft genug bekommen es Personaler mit ausgeschnittenen Urlaubsfotos, ausdruckslosen Passbildern oder verwackelten Schnappschüssen vor der Wohnzimmertapete zu tun. Solche Aufnahmen gehören nicht in eine Bewerbung! In der Regel erkennt man sofort, ob ein Foto vom Profi oder von der eigenen Digitalkamera stammt. Suchen Sie daher einen professionellen Fotografen auf. Hochwertige Bewerbungsbilder gibt es zwar nicht umsonst, doch das Geld ist gut angelegt!

Der richtige Fotograf

Prüfen Sie bei der Fotografensuche, ob sich der Fachmann genug Zeit für Sie nehmen und mehrere Bilder anfertigen wird, aus denen Sie sich das beste herauspicken können. Lassen Sie sich, wenn möglich, ein paar Beispielbilder zeigen. Ein guter Bewerbungsfotograf berät Sie zu Bildformaten und Kleidungsfragen, achtet auf eine passende Ausleuchtung und einen angemessen dezenten Hintergrund. Für den letzten Feinschliff stellt er Ihnen im Studio einen Spiegel zur Verfügung, damit Sie Ihre Frisur vor dem Fotoshooting prüfen können. Anschließend setzt er Sie ins rechte Licht, lockt Ihr Selbstbewusstsein aus Ihnen heraus und rückt Sie freundlich und sympathisch lächelnd in den Blick des Betrachters.

Wenn der Fotograf dagegen nur einmal kurz auf den Auslöser drückt und Sie postwendend zur Kasse bittet, dürfte das Bewerbungsfoto kaum den gewünschten Effekt erzielen. Bitten Sie in diesem Fall um weitere Aufnahmen.

Farbe, Größe und Format

Das klassische Standardformat für Bewerbungsfotos liegt bei etwa 4 x 6 cm bis 6 x 8 cm. Allerdings gibt es keine festen Regeln, kein eindeutiges „richtig“ oder „falsch“. Ob farbig oder schwarz-weiß, ob Hochformat, Querformat oder sogar quadratisch – vieles ist möglich. Die Hauptsache ist, dass Sie „gut rüberkommen“ und Ihr Bild dem Betrachter positiv ins Auge fällt. Lassen Sie sich vorab mehrere Varianten vom Fotografen vorstellen und entscheiden Sie dann, welche Ihnen am meisten zusagt.

Die Kleiderfrage

Bei der Kleiderfrage ist es ratsam, sich an einige etablierte Gepflogenheiten zu halten. Zum Teil hängt Ihre Entscheidung natürlich davon ab, für welchen Beruf und bei welchem Betrieb Sie sich bewerben: Für Bankbewerber gelten andere Konventionen als im Elektrohandwerk. Doch auch wer seine Ausbildung eher im Blaumann als im Anzug absolvieren wird, sollte das Bewerbungsoutfit nicht vernachlässigen.

Orientieren Sie sich an der Außendarstellung des Unternehmens, zum Beispiel in Broschüren oder auf der Webseite, und an folgenden Empfehlungen:

- Männer tragen am besten ein gutes, gebügeltes, helles Hemd (etwa weiß oder hellblau). Dazu empfiehlt sich ein passendes dezentes Jackett. Insbesondere in kaufmännischen Bereichen oder Berufen mit viel Kundenkontakt ist darüber hinaus eine Krawatte angebracht.
- Frauen liegen mit einer Bluse und einem passenden Blazer in unaufdringlichen Farben grundsätzlich richtig. Schmuck kann in zurückhaltendem Maße getragen werden. Tiefe Ausschnitte sind fehl am Platz, ebenso wie zu starkes Make-up.

Prinzipiell gilt: Hemd und Jackett bzw. Bluse und Blazer sollten möglichst einfarbig, höchstens dezent gemustert sein. Stellen Sie Ihren Dress so zusammen, dass alle Teile zueinander passen und einen seriösen Gesamteindruck vermitteln.

Vermeiden Sie hingegen verspielte Aufschriften oder andere auffällige Designelemente, die von Ihrem Porträt ablenken könnten. Auch in punkto Accessoires und Farbgebung setzen Sie am besten auf schlichte Eleganz – weniger ist mehr. Achten Sie auf eine gepflegte Frisur, entfernen Sie sichtbare Piercings und verdecken Sie Tätowierungen am besten durch Ihre Kleidung. Für Herren ein absolutes Muss: eine ordentliche Rasur.

Die Platzierung

Wo bringen Sie Ihr Foto unter, wenn es fertig ist? Die populärste Lösung: auf dem Lebenslauf, idealerweise im oberen Seitenbereich rechts oder links neben den persönlichen Angaben. So erfährt der Personaler auf einen Blick, mit wem er es zu tun hat.

Bei postalischen Bewerbungen haben Sie die Wahl, ob Sie das Originalfoto aufs Papier kleben oder ob sie es einscannen, ins Dokument einfügen und ausdrucken. Wenn Sie sich für die letztgenannte Variante entscheiden, nutzen Sie zum Scannen und Drucken die höchste Auflösungsstufe und prüfen Sie die Qualität des Ergebnisses. Originale hinterlassen grundsätzlich eine etwas persönlichere Note, erfordern aber eine transportsichere Befestigung, damit sie sich nicht auf dem Versandweg lösen. Speziell für diesen Zweck gibt es im Handel beidseitig haftende Foto-Klebestreifen.

Falls Sie ein Deckblatt anlegen, platzieren Sie darauf ein großformatiges Bewerbungsfoto. Der Lebenslauf bleibt dann unbebildert.

So besser nicht!

Zunächst ein paar Beispiele, wie Ihr Foto möglichst nicht aussehen sollte.

Mit Sicherheit ein sehr ansprechendes Großformatbild – allerdings nur für den Privatbereich. Zwar erkennt man, dass die Aufnahme höchstwahrscheinlich von einem professionellen Fotografen gemacht wurde, doch für eine Ausbildungsbewerbung ist die gezeigte Pose viel zu persönlich. Prädikat: unangemessen.

Auch die Aufnahme dieses jungen Manns ist alles andere als empfehlenswert. Der Gesichtsausdruck erscheint lustlos bis abweisend, die Lippen sind geschlossen und verweigern das Lächeln demonstrativ. Darüber hinaus stören die legere Lederjacke und der lässige Schal, der viel zu sehr im Mittelpunkt steht.

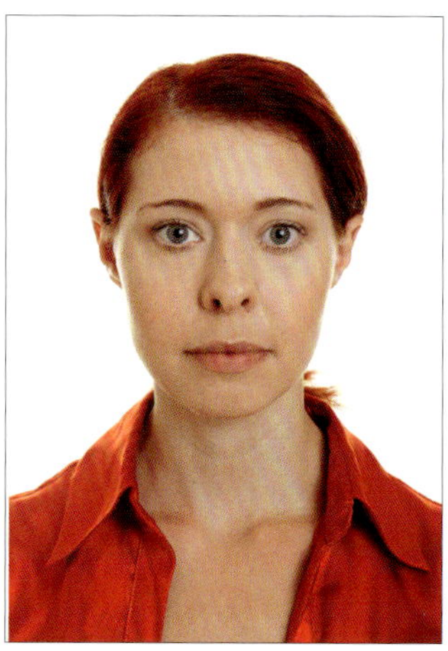

Für Bewerbungszwecke ebenfalls völlig ungeeignet! Der angestrengte Gesichtsausdruck mit dem starren Blick erinnert eher an ein biometrisches Passbild. Umso schriller sticht die grellrote Bluse mit dem viel zu tiefen Ausschnitt hervor. Ein kompetenter Bewerbungsfotograf hätte von diesem Auftritt unbedingt abgeraten.

So machen Sie Eindruck!

Die folgenden Bilder zeigen, wie es besser geht.

Die Schulter zeigt nach vorne, der Blick geht freundlich und offen in die Kamera, Anzug und Krawatte sitzen perfekt, der leicht geöffnete Mund zeigt ein ungezwungenes Lächeln: eine gelungene Präsentation. Dass der Bildausschnitt einen größeren Teil des Oberkörpers umfasst, unterstützt den dynamischen Eindruck.

Dieses Bild zeigt, wie man im Querformat positiv auffallen kann. Der einfarbige Hintergrund bildet den passenden Kontrast für die aufgeweckt wirkende Bewerberin, die mit einer aufgeschlossenen Körperhaltung, einem dezenten Make-up und einem sympathischen Lächeln überzeugt.

Eine moderne Variante: Der Kopf, die Frisur und die Schultern werden nicht komplett abgebildet, wodurch die Bewerberin als markante Persönlichkeit hervortritt. Die Gesamterscheinung lässt keinen Zweifel daran, dass das „Abschneiden“ keine handwerkliche Unsauberkeit ist, sondern fachmännisch als Gestaltungsmittel eingesetzt wurde.

Die Musterfotos auf dieser Seite deuten an, welche Spielräume sich heute in punkto Format und Inszenierung bieten. Natürlich können Sie auch mit einer guten klassisch arrangierten Aufnahme überzeugen. Zahlreiche Beispiele finden Sie in Kapitel 3 dieses Buchs.

Die Anlagen

Zeugnisse, Zertifikate und Arbeitsproben

Ohne die Anlagen wäre eine Bewerbung nicht vollständig: Zeugnisse, Zertifikate, Nachweise und andere Belege untermauern die im Anschreiben und im Lebenslauf aufgeführten Qualifikationen. Die für den Personaler aufschlussreichsten Unterlagen beziehen sich auf den schulischen und beruflichen Werdegang.

Schul- und Arbeitszeugnisse

Üblicherweise fügt man einer Bewerbung die letzten beiden Schulzeugnisse bei. Dadurch erhält der Personaler nicht nur einen Überblick über den aktuellen Notenstand, sondern auch über mögliche Leistungsentwicklungen. Wer bereits über einen Schulabschluss verfügt und aktuell eine weiterführende Schule besucht, legt das Abschlusszeugnis ebenfalls in die Mappe.

Arbeitsbelege gibt es in unterschiedlichen Versionen: vom schriftlich ausformulierten Zeugnis bis zum nüchternen Beurteilungsbogen, in dem verschiedene Fähigkeitskriterien in einer Tabelle angekreuzt sind. Egal, welche Art von Tätigkeitsnachweis Ihnen vorliegt – in die Bewerbung gehört er auf jeden Fall. Selbst wenn darin nur kurz bestätigt wird, dass Sie überhaupt im Rahmen eines Praktikums oder Nebenjobs beruflich aktiv waren.

Übrigens: Schul- und Arbeitszeugnisse sind auch dann beizulegen, wenn darin schlechte Bewertungen oder unentschuldigte Fehlzeiten stehen. Ein fehlendes Zeugnis würde noch negativer auffallen! Wie sich unvorteilhafte Beurteilungen abfedern lassen, haben Sie bereits im Kapitel „Schwierige Fälle" erfahren: Sie könnten zum Beispiel im Anschreiben auf aktuelle Fortschritte hinweisen oder ein Empfehlungsschreiben einer Referenzperson mitschicken.

Referenzen, Kurse, Ehrenämter

Neben Schul- und Arbeitszeugnissen gibt es eine Reihe weiterer Bescheinigungen, die für den Personaler interessant sein können: zum Beispiel Referenzschreiben, Zertifikate zu Sprach- oder Computerkursen, Nachweise besonderer schulischer Aktivitäten oder Belege über ehrenamtliche Tätigkeiten in der Freizeit. Doch bevor Sie dem Unternehmen nun seitenweise Unterlagen zukommen lassen, prüfen Sie erst einmal deren Aktualität und Relevanz! Wer vor drei Jahren einen vierstündigen Kurs „PC für Anfänger" besucht hat, kann damit ebenso wenig glänzen wie jemand, der zehn Ehrenurkunden der Bundesjugendspiele beifügt.

Beschränken Sie sich also auf aussagekräftige Nachweise, die Ihre berufliche Eignung stichhaltig unterstreichen. In kundennahen Bereichen bringt die Bescheinigung des Benimmseminars sicherlich Vorteile; als angehender Kfz-Mechatroniker profitieren Sie vom Nachweis der Technik-AG, in der Sie ein Referat über Verbrennungsmotoren gehalten haben.

Arbeitsproben und Auszeichnungen

Mit Arbeitsproben können Sie zusätzlich punkten. Wer Mediengestalter werden möchte und für das Schulfest kreative Flyer entworfen hat, darf diese gerne der Bewerbung beifügen. Wenn der angestrebte Beruf handwerkliches Geschick erfordert, könnte man wiederum Fotos selbst bearbeiteter Werkstücke mitschicken. Sie haben einen Preis bei einem Schülerwettbewerb (z. B. „Jugend forscht") gewonnen? Auch diesen Beleg können Sie guten Gewissens einreichen. Oder waren Sie bei einer Spendensammlung für einen guten Zweck aktiv, worüber die Lokalzeitung berichtet hat? Schneiden Sie den Artikel aus und legen Sie ihn in Kopie zu Ihren Unterlagen.

Die Reihenfolge

Wenn Sie alle Dokumente beisammen haben, geht es ans Sortieren. Wie beim Aufbau des Lebenslaufs haben Sie dafür mehrere Möglichkeiten: Sie können die Nachweise chronologisch oder gegenchronologisch ordnen oder sich an ihrer Wichtigkeit orientieren. Wenn eine ältere Bescheinigung für die Ausbildung besonders relevant ist, kann sie durchaus als erstes aufgeführt werden. Durch ein geschicktes Vorgehen lassen sich eventuelle Schwachstellen kaschieren: Anstelle unvorteilhafter Schulzeugnisse könnte etwa eine gute Praktikumsbescheinigung an die vorderste Position rücken, wo sie vom Personaler zuerst gelesen wird.

Falls Sie sich online bewerben, achten Sie auf gut lesbare Scans und nutzen Sie verbreitete Dateiformate. Bei Post-Bewerbungen gilt: Verschicken Sie keine Originale, sondern nur qualitativ hochwertige, saubere Kopien. Verwenden Sie zum Kopieren möglichst immer das gleiche Papier, damit die Blätter einen einheitlichen Weißton erhalten. Gelegentlich werden beglaubigte Kopien verlangt – dann müssen Sie die betreffenden Unterlagen vorab amtlich beglaubigen lassen. Möglich ist dies unter anderem bei Stadtverwaltungen, Bürger- und Bezirksämtern, die dafür allerdings meist eine Gebühr erheben. In der Regel dürfen auch Schulen Beglaubigungen durchführen.

Die Bewerbung per Post

Mappen, Umschläge und Papier

Nachdem Sie Ihre Bewerbung fertiggestellt und noch einmal genau auf Fehler und Unsauberkeiten kontrolliert haben, kann sie in den Versand. Den bevorzugten Bewerbungsweg – postalisch oder online – finden Sie in der Regel in der Stellenanzeige. Falls es keine Vorgaben gibt, ist beides möglich. Im Vergleich gelten Online-Bewerbungen als unkomplizierter, Post-Bewerbungen dafür als etwas persönlicher: Der Personaler kann die Mappe in die Hand nehmen, durch die Unterlagen blättern, einzelne Dokumente herausnehmen und wieder hineinlegen. Also Bewerbung eintüten und fertig? Im Prinzip schon. Doch auch hier lauern Fallstricke.

Das Papier

Normalerweise genügt weißes 80-Gramm-Papier für Bewerbungszwecke völlig. Ein etwas festeres Papier (120 Gramm oder 140 Gramm pro Quadratmeter) macht noch ein wenig mehr Eindruck. Wer es besonders elegant mag, kann auch zu edleren Produkten greifen, etwa mit Wasserzeichen. Bei manchen Berufen, beispielsweise im Handwerk, wirkt das allerdings schnell übertrieben.

Der Umschlag

Nicht wenige Personalchefs lassen sich die Bewerbungen von der Poststelle mitsamt „Verpackung" liefern. So können sie eine erste Sichtprüfung vornehmen: Hat der Umschlag die richtige Größe oder wurden die Unterlagen mit Mühe hineingezwängt? Wie sieht die Adressierung aus?

Witzig gemeinte Frankierungen mit dutzenden Fünf-Cent-Briefmarken finden nicht unbedingt Anklang. Ordentliche Adressangaben (Absender und Empfänger!), eine passende Briefmarke und ein blütenweißer Umschlag fallen dagegen grundsätzlich positiv auf. Wer keine schöne Handschrift hat, kann am Computer sauber formatierte Adressaufkleber erstellen. Umschläge mit Sichtfenster ersparen einem diese Arbeit: Im Fenster wird der Adressblock des Bewerbungsschreibens sichtbar, der die nötigen Absender- und Empfängerdaten enthält.

Für DIN-A4-Unterlagen eignen sich Umschläge im etwas größeren B4-Format: Hier passen auch etwas dickere Mappen mit umfangreichen Anlagen noch problemlos hinein. Greifen Sie am besten zu kartonverstärkten Modellen, die beim Transport zusätzliche Stabilität bieten. Fragen Sie im Schreibwarengeschäft nach und probieren Sie aus, welches Format für Sie am geeignetsten ist.

Die Bewerbungsmappe

Bewerbungsmappen fallen zum Großteil in zwei Kategorien: Clipmappen und aufklappbare Modelle. Clipmappen bieten vor allem Komfortvorteile: Sie liegen gut in der Hand, man kann Dokumente leicht herausnehmen und mühelos wieder einlegen. Darüber hinaus fällt dem Personaler das Foto auf dem Lebenslauf (oder Deckblatt) schon bei geschlossener Mappe ins Auge, wenn die vordere Umschlagseite transparent ist. Prüfen Sie, was der Schreibwarenhandel zu bieten hat – Clipmappen gibt es in verschiedensten Preisklassen und Aufmachungen. Wichtig ist, dass die Mappe stabil ist und seriös aussieht.

Auch bei aufklappbaren Versionen können Sie aus einer Vielzahl unterschiedlicher Designs wählen. Die meisten Exemplare wirken eine Spur eleganter als ihre Clip-Pendants, viele bestehen aus stabiler Pappe. Nachteilig ist, dass sie in aufgeklapptem Zustand recht viel Platz beanspruchen – man kann sich damit nicht so bequem am Schreibtisch zurücklehnen. Häufig muss man die einzelnen Unterlagen außerdem in spezielle Schienen oder Laschen stecken bzw. schieben, was im Büroalltag nicht unbedingt praktikabel ist: Personalchefs nehmen gerne einzelne Blätter aus der Mappe und freuen sich, wenn dabei nicht gleich der komplette Unterlagensatz herausfällt. Ebenso schätzen sie es, wenn sich die entnommenen Papiere schnell wieder einsortieren lassen. Achten Sie daher bei Aufklappmodellen besonders auf die Handhabung: Wie leicht ist es, Dokumente herauszunehmen und wieder zu befestigen?

Welches Dokument kommt wohin?

Ihre Unterlagen ordnen Sie in folgender Reihenfolge in die Bewerbungsmappe ein: zuoberst das Deckblatt (falls Sie eines anlegen), dahinter der Lebenslauf, schließlich Zeugnisse und Nachweise. Und das Anschreiben? Das kommt nicht in die Mappe, sondern wird lose darauf gelegt, weshalb sich im Bewerbungsschreiben auch ein Hinweis auf die Anlagen finden sollte. Die Trennung von Anschreiben und Mappe hat einen simplen Grund: Im Fall einer Absage bleibt die Mappe Eigentum des Bewerbers und wird normalerweise an ihn zurückgeschickt. Das Bewerbungsschreiben behält dagegen der Betrieb.

Checkliste für Post-Bewerber

Bevor Sie Ihre Bewerbung abschicken, prüfen Sie bitte folgende Punkte:

- Haben Sie Ihr Anschreiben und Ihren Lebenslauf mit Vor- und Nachnamen unterschrieben, am besten mit einem blauen Kugelschreiber?
- Sind alle Unterlagen ordentlich, sauber, gut lesbar, flecken- und knickfrei?

- Haben die Zeugniskopien eine gute Qualität, bestehen sie aus dem gleichen Papier?
- Verschicken Sie keine bereits benutzten Kopien, Mappen und Umschläge, die Gebrauchsspuren aufweisen.
- Verzichten Sie auf Klarsichthüllen!
- Falls Sie einen Umschlag mit Sichtfenster benutzen: Sind Absender- und Empfängeradresse gut sichtbar und vollständig im Fenster platziert? Nicht vergessen: Die Absenderangaben stehen in kleiner Schrift einzeilig über dem Empfängerblock.
- Ist der Umschlag ausreichend frankiert? Für einen Großbrief berechnet die Deutsche Post derzeit 1,45 Euro. Großbriefe dürfen 100–353 Millimeter lang, 70–250 Millimeter breit, bis zu 20 Millimeter hoch und maximal 500 Gramm schwer sein.
- Eine Zusendung per Einschreiben ist nicht nur teuer, sondern auch unnötig.

Ein Wort zum Schluss dieses Abschnitts: Auf den vorangegangenen Seiten wurden vor allem gängige Mappen, Umschläge und Papierformen behandelt, die für den überwiegenden Teil der Bewerbungen angemessen sind. Wer aus dem Rahmen fallen möchte, hat viele Möglichkeiten, seine Ideen umzusetzen: Warum nicht mal eine Bewerbung im Querformat, auf farbigem Papier, mit ausgefallenen Dekorationen? Wenn Sie Ihrer Kreativität freien Lauf lassen, bedenken Sie jedoch immer eines: Sie kennen den Empfänger Ihrer Bewerbung höchstwahrscheinlich nicht gut genug, um einschätzen zu können, wie er reagieren wird. Personaler sind standardisierte Unterlagen gewohnt, sofern es nicht gerade um Kreativberufe geht.

E-Mail- und Online-Bewerbungen

Mailadressen, Inhalte und Anhänge

Elektronische Bewerbungen per E-Mail oder Online-Portal sind in den letzten Jahren immer populärer geworden. Die Unternehmen sparen dadurch Zeit und Geld, da sie die eingegangenen Informationen mit vergleichsweise wenig Aufwand bearbeiten können. Auch aus Kandidatensicht bietet der digitale Bewerbungsweg Vorteile, weil er preiswerter und schneller ist – was direkt zu einer möglichen Gefahr führt: Die unkomplizierte Bewerbungsprozedur verleitet mitunter zu einem weniger gewissenhaften Arbeiten. Abgesehen davon wirken Bewerbungen via Internet oft ein wenig anonymer als per Post verschickte Mappen.

Die E-Mail-Adresse

Das erste Aushängeschild einer digitalen Bewerbung ist die E-Mail-Adresse des Absenders. Das Unternehmen sollte sofort identifizieren können, wer die betreffenden Unterlagen verschickt hat. Im Idealfall beinhaltet die Adresse nur den Vornamen und Namen, eventuell durch Punkt, Unterstrich oder Bindestrich getrennt: Tobias.Schmitz@beispieldomain.de, AngelaMeurer@musterdomain.com, Petra-Wagner@sampledomain.de. Prüfen Sie, bei welchem Mail-Anbieter Adressen mit solch vorteilhaften Schreibweisen frei sind. Wer dabei Schwierigkeiten hat, weil er einen sehr häufigen Namen trägt, kann die Namensreihenfolge auch umdrehen (Meier_Paul@beispieldomain.de) oder einen Zusatz anhängen (Paul_Meier_1997@beispieldomain.de).

Vollkommen unpassend: Spitznamen oder Fantasiebezeichnungen (Mausi96@beispieldomain.de, gunfighter_cologne@musterdomain.com). Auch lustig gemeinte E-Mail-Adressen hinterlassen oft einen faden Beigeschmack und können unter Umständen direkt zum Ausschluss führen.

Die Bewerbungs-E-Mail

Bei einer E-Mail-Bewerbung finden sich die Bewerbungsunterlagen als Attachement im Mailanhang. Für den Mailtext gelten prinzipiell die gleichen Gepflogenheiten wie für das Bewerbungsschreiben: Achten Sie auf eine höfliche Anrede, eine korrekte Grußformel und verwenden Sie keine Abkürzungen. Nutzen Sie zudem eine gängige Schriftart und verfassen Sie am besten eine reine Textmail (kein HTML).

In der Betreffzeile Ihrer E-Mail sorgen Sie für Klarheit, damit der Empfänger sofort erkennt, worum es geht. Zum Beispiel so:

Bewerbung um eine Ausbildung zum Bankkaufmann

Oder so:

Ausbildung zur Steuerfachangestellten / Kennziffer 66STFA-2014

Anschließend widmen Sie sich dem Textfeld der Mail. In der Variante „Weniger ist mehr“ verweisen Sie hier ganz nüchtern auf die Bewerbungsunterlagen im Dateianhang:

Sehr geehrte Frau Schulte,

im Anhang erhalten Sie meine Unterlagen und Zeugnisse für die Bewerbung um eine Ausbildung zum Hotelfachmann.

Ich freue mich auf eine Nachricht von Ihnen.

Mit freundlichen Grüßen

Paul Meier

Bei der Variante „Doppelt hält besser" kopieren Sie den kompletten Textteil Ihres Bewerbungsschreibens in die Mail. Im letzten Satz verweisen Sie zusätzlich auf die Dokumente im Anhang (in dem sich das Anschreiben natürlich noch einmal findet):

Im Anhang sende ich Ihnen meine vollständigen Bewerbungsunterlagen mitsamt Lebenslauf, den letzten beiden Schulzeugnissen und zwei Praktikumsbescheinigungen.

Auf ein Gespräch mit Ihnen freue ich mich.

Mit freundlichen Grüßen

Paul Meier

Falls in der Stellenausschreibung keine Empfängeradresse angegeben wurde, machen Sie am besten einen persönlichen Adressaten ausfindig (franz.meier@mueller-gmbh.de). Schicken Sie Ihre Bewerbung nicht wahllos an allgemeine, anonyme Mailkonten (info@mueller-gmbh.de) und fordern Sie keine Lesebestätigung an.

Ein kleiner Tipp zur Vorgehensweise: Schreiben Sie zunächst die Betreffzeile und den E-Mail-Text, fügen Sie dann die Anhänge hinzu und prüfen Sie im Anschluss noch einmal gründlich, ob alles seine Richtigkeit hat! Erst danach geben Sie die Empfängeradresse ein. Auf diese Weise verhindern Sie, dass eine unfertige Mail durch einen versehentlichen Klick auf „Senden" schon auf die Reise geht. Schicken Sie am besten vorab eine Testmail an sich, einen Freund oder Ihre Eltern. So können Sie in Ruhe kontrollieren, ob alles wie gewünscht ankommt.

Der Dateianhang

Machen Sie es dem Personaler leicht; versenden Sie nicht zu viele Anhänge. **Schicken Sie auf keinen Fall jede Zeugnisseite in einer eigenen Datei!** Wenn Sie nur wenige Anlagen haben, lassen sich alle Unterlagen (Anschreiben, Lebenslauf, Nachweise und Bescheinigungen) in einem einzigen Dokument bündeln. Alternativ können Sie zwei Dateien senden: Die eine enthält das Anschreiben und den Lebenslauf, die andere Zeugnisse und Zertifikate. Computertechnisch Versierte können ihre Unterschrift in guter Auflösung einscannen und sie unter den Lebenslauf und das Anschreiben setzen – ein Muss ist das aber nicht. Damit die Personalabteilung Ihre Unterlagen eindeutig zuordnen kann, betiteln Sie die Datei(en) am besten mit Ihrem Namen (Peter_Meier_Bewerbung_Bankkaufmann.pdf; Peter_Meier_Zeugnisse.pdf).

Falls das Unternehmen nicht ausdrücklich auch andere Formate akzeptiert, versenden Sie am besten nur Dateien im robusten, gängigen pdf-Standard. Damit sind Sie auf der sicheren Seite. Viele Programme zur Erstellung und Verwaltung von pdf-Dokumenten bieten außerdem die Möglichkeit, die Dateigröße zu reduzieren, für die manche Unternehmen feste Höchstgrenzen setzen. Auch wenn das bei Ihrem Wunschbetrieb anders sein sollte: Versuchen Sie, den Dateianhang möglichst schmal zu halten. Akzeptabel sind in der Regel insgesamt 2–3 Megabyte.

Gerade wenn mehrere Zeugnisse eingescannt wurden, kann der Anhang schnell sehr umfangreich werden. Behelfen Sie sich jedoch auch dann nicht mit .zip- oder .rar-Komprimierungen! Muss der Personaler Ihre Unterlagen vor dem Lesen erst noch entpacken, entsteht ihm zusätzlicher Aufwand, den er nicht allzu freudig auf sich nehmen wird.

Online-Bewerbungen

Bei Online-Bewerbungen nutzen Sie spezielle Bewerbungsportale, über die heute viele größere Unternehmen verfügen. In der Regel müssen Sie sich zunächst mit Ihrer E-Mail-Adresse anmelden. Anschließend werden meist Ihre persönlichen Daten abgefragt (Name, Anschrift, Geburtsdatum). Folgen Sie den Anweisungen genau. Bei Bedarf können Sie oft Anleitungen aufrufen, die Sie Schritt für Schritt durch die gesamte Prozedur führen.

Viele Portale enthalten standardisierte Fragebögen, anhand derer Sie Ihre Qualifikationen in vorgegebene Niveaubereiche einordnen sollen (z. B. Grundkenntnisse, gute Kenntnisse, sehr gute Kenntnisse). Schätzen Sie dabei Ihre Fähigkeiten realistisch ein, ohne Ihr Licht unter den Scheffel zu stellen.

Die Anhänge sind meist (einzeln oder gebündelt) per Upload-Button auf einen Firmenserver hochzuladen. Ihr Anschreiben müssen Sie oft auf andere Weise übermitteln, indem Sie den Bewerbungstext in ein spezielles Freifeld kopieren. Tippen Sie den Text keinesfalls direkt hinein – Fehler sind dabei schnell passiert und werden leicht übersehen! Gleiches gilt, wenn Sie sich zu Ihren Kenntnissen oder Ihrer Bewerbungsmotivation äußern sollen: Formulieren Sie Ihre Antworten in Ruhe im Textverarbeitungsprogramm, bevor Sie sie per Copy & Paste in die Portalmaske einfügen.

Nachdem Sie alle erforderlichen Angaben gemacht haben, gehen Sie sie vor dem Abschicken nochmals sorgfältig durch! **Wenn möglich, speichern Sie Ihre Einträge ab und drucken Sie sie aus:** So wissen Sie auch später noch genau, was das Unternehmen von Ihnen weiß.

Online-Vielfalt

Das Internet eröffnet viele Wege, Bewerbungsaktivitäten zu unterstützen. Welche Möglichkeiten sich im Einzelfall empfehlen, hängt vom angestrebten Beruf, von der anvisierten Branche und von den PC-Fähigkeiten des Kandidaten ab. Mit einem kreativen YouTube-Bewerbungsvideo oder einer ansprechenden Bewerbungshomepage kann man einen Personaler auf sich aufmerksam machen. Allerdings können solche Online-Aktivitäten die herkömmlichen Bewerbungstätigkeiten nur ergänzen, nicht ersetzen. Und selbstverständlich sollte jeder Internetauftritt einen seriösen, professionellen Eindruck vermitteln und hundertprozentig zur eigenen Person sowie zum Ausbildungsbetrieb passen.

Nach der Bewerbung

Wartezeiten, Nachfragen und Anrufe

Die Bewerbung ist abgeschickt – nun warten Sie gespannt auf die Reaktion. Dabei ist in erster Linie Geduld gefragt. Wie Sie im Einstiegskapitel erfahren haben, ist die Bewerberauswahl ein komplexer Prozess, gerade in größeren Betrieben. Die Antwort lässt daher mitunter etwas auf sich warten. Manche Unternehmen bestätigen den Bewerbungseingang immerhin mit dem Hinweis, dass die Bearbeitung einige Zeit in Anspruch nehmen und sich das Unternehmen anschließend melden wird. Wenn Sie keine derartige Nachricht erhalten, heißt das wiederum nicht, dass Ihre Unterlagen auf dem Versandweg verschollen sind.

So mancher ungeduldige Bewerber möchte am liebsten täglich im Betrieb anrufen und sich erkundigen, ob die Bewerbung angekommen ist. Wenn man Pech hat, ist man allerdings schon der Zehnte mit diesem Anliegen, und der Personaler möchte darauf nicht mehr antworten. Auch die Frage nach dem aktuellen Stand des Bewerbungsverfahrens bringt oft nicht mehr als die Standardantwort, dass man sich doch noch etwas gedulden möge. Also: Geben Sie dem Personaler die Zeit, die er braucht.

Was aber, wenn die Bewerbung schon lange zurückliegt und die Ungewissheit unerträglich wird? Dann können Sie natürlich einen Anruf erwägen. Machen Sie sich zuvor noch einmal bewusst, welche wichtigen Argumente für Sie sprechen, und überlegen Sie, welche Fragen Sie konkret stellen wollen. Behalten Sie im Hinterkopf, dass der Personaler eventuell dutzende Bewerbungen erhalten hat und sich nicht auf Anhieb an Ihre Unterlagen erinnern kann. Bekunden Sie im Telefonat Ihr Interesse, wahren Sie einen freundlichen, sachlichen Ton und bedanken Sie sich zum Abschluss für das Gespräch.

Informationen und Belege nachliefern

Ein Anruf im Unternehmen ist auch dann sinnvoll, wenn Sie Ihre Bewerbung mit neuen Fakten unterstützen können. Sie haben sich um eine Ausbildung zum Zerspanungsmechaniker beworben und zwischenzeitlich noch einen Kurs im Bohren, Drehen und Fräsen absolviert? Dann melden Sie sich ruhig bei Ihrem Ansprechpartner im Betrieb, teilen Sie ihm die Information mit und fragen Sie, ob Sie ihm den betreffenden Nachweis zukommen lassen dürfen.

Ebenso können Sie Zeugnisse und Zertifikate nachreichen, die Ihnen beim Abschicken der Bewerbung gefehlt haben. Diese Situation gilt es natürlich zu vermeiden, alle benötigten Belege sollten rechtzeitig gesammelt werden. Doch falls Ihnen am Ende der Bewerbungsfrist beispielsweise ein wichtiges Praktikumszeugnis noch nicht vorgelegen hat, können Sie den Beleg getrost im Nachhinein abschicken. Ein möglicher Begleittext für die nachträgliche Zusendung:

Sehr geehrte Frau Heinemann,

ergänzend zu meiner Bewerbung vom 12.10.2013 um eine Ausbildung zum Chemielaboranten erhalten Sie heute noch das Praktikumszeugnis der New Chemical GmbH. Ich bitte Sie, dieses Zeugnis bei meiner Bewerbung zu berücksichtigen.

Ich freue mich über Ihr Interesse an meiner Bewerbung.

Mit freundlichen Grüßen

Dennis Kamphausen

Die Rückmeldung des Unternehmens

Viele Personaler greifen zum Telefon, um die Einladung zum Eignungstest und/oder Vorstellungsgespräch zu übermitteln. Bereiten Sie sich darauf vor. Überraschende Personaleranrufe haben schon so manchen Bewerber überrumpelt.

Ein Ausbilder eines Kleinunternehmens erzählte einmal, wie er einen Kandidaten telefonisch zum Bewerbungsgespräch einladen wollte. Nach kurzem Klingeln meldete sich der Bruder des Bewerbers, der diesen dann mit einem barschen „Da will dich so'n Typ von irgendeiner Firma sprechen!" ans Telefon beorderte. Das kam natürlich gar nicht gut an. Geben Sie Ihren Mitbewohnern daher Bescheid, dass Sie sich beworben haben und einen Anruf von Betriebsseite erwarten. **Legen Sie Notizpapier und Kugelschreiber griffbereit in die Nähe des Telefons:** So kann derjenige, der das Gespräch annimmt, den Namen und das Unternehmen des Anrufers notieren. Denn auch das ist schon passiert: Jemand versteht die Angaben in der Aufregung nicht, vergisst nachzufragen und weiß am Ende gar nicht, woher der Anruf überhaupt kam.

Haben Sie in Ihrer Bewerbung eine Handynummer angegeben? Dann kann Sie der Personaler vorteilhafterweise besonders leicht erreichen. Achten Sie aber auf die damit verbundenen Stolpersteine: Peinliche Mailboxsprüche oder kumpelhaft-ruppige Anrufannahmen haben schon so manchen guten Eindruck relativiert. Falls das Gespräch sehr ungelegen kommt, sagen Sie ruhig, dass Sie gerade unterwegs oder beschäftigt sind. Vereinbaren Sie am besten eine konkrete Uhrzeit, zu der Sie den Anruf entgegennehmen oder sich selbst melden können.

Zum Schluss eine Bitte: Wenn Sie ein Stellenangebot angenommen haben, informieren Sie die Betriebe, bei denen Ihre Bewerbung noch offensteht. Am unkompliziertesten geht das mit einer kurzen E-Mail. Dadurch entlasten Sie die Unternehmen, die sich fortan auf die verbliebenen Bewerber konzentrieren können.

Kapitel 3

Bewerbungsbeispiele

Muster, Tipps und Anregungen

Mit Individualität überzeugen

In diesem Kapitel finden Sie zahlreiche Bewerbungsbeispiele für die beliebtesten Ausbildungsberufe. Zu jedem Beruf erhalten Sie ein Anschreiben, einen Lebenslauf und einen ausführlichen Kommentar, der den Aufbau und die Argumentationsweise der Unterlagen aufschlüsselt. Tipps und Formulierungshilfen zeigen, wie Sie Ihre Stärken und Fähigkeiten wirkungsvoll ins rechte Licht rücken. Darüber hinaus erfahren Sie, wie sich schwierige Sachverhalte – etwa schlechte Noten oder ein Schulabbruch – geschickt auflösen lassen.

Bitte beachten Sie: Bei allen Unterlagen handelt es sich um exemplarische Muster, nicht um 1:1-Abschreibvorlagen. Jedes Beispiel setzt sich mit bestimmten individuellen Merkmalen auseinander – und Individualität lässt sich nicht kopieren! Wer den Personaler überzeugen will, sollte seine Unterlagen genau auf die eigenen Qualifikationen und das Stellenprofil zuschneiden. Keine Bewerbung ist wie die andere: Was im einen Fall Erfolg verspricht, muss kein allgemeingültiges Patentrezept sein.

Die folgenden Seiten liefern zahlreiche Anregungen, die Sie für Ihre Zwecke aufgreifen können. Wir empfehlen Ihnen, möglichst viele Beispielbewerbungen zu studieren, auch wenn Sie sich bereits für einen bestimmten Beruf entschieden haben. Vielleicht finden Sie im Eintrag zum Hotelfachmann eine Besonderheit, die exakt Ihrem eigenen Werdegang entspricht, obwohl Sie Bürokauffrau werden wollen? Je mehr Anschreiben und Lebensläufe Sie kennen lernen, desto feiner wird Ihr Gespür für wichtige Inhalte und den „richtigen Ton".

Kaufmännische Berufe

Automobilkaufmann/-frau

Der Beruf

Automobilkaufleute arbeiten typischerweise bei Automobilherstellern oder im Fahrzeughandel. Dort sind sie für alle möglichen kaufmännisch-organisatorischen Vorgänge zuständig: Unter anderem führen sie Verkaufsgespräche, erstellen Finanzierungsangebote und arbeiten Verkaufsverträge aus; sie beraten Kunden zu Fahrzeugmodellen, Informationssystemen und Wartungsarbeiten. Dabei ist neben sprachlicher und mathematischer Gewandtheit grundsätzlich auch technisches Verständnis hilfreich.

Der Bewerber

Arnd Wimmers bringt einen großen Vorteil mit: Seit einiger Zeit jobbt er studienbegleitend bei einem Händler für Autoersatzteile. Allerdings muss er in seiner Bewerbung auch auf einen heiklen Aspekt eingehen: Er hat nach dem Abitur ein Studium aufgenommen, das er nun nach gerade einmal einem Semester schon wieder beenden möchte.

Das Anschreiben

Arnd hat sich genau überlegt, welches Bewerbungsargument für ihn am schlagkräftigsten ist: seine Nebentätigkeit für einen Autoteilehändler. Dabei erwirbt er nicht nur Grundkenntnisse im Zubehörbereich, sondern auch Verkaufserfahrung. Diese Informationen stellt Arnd an den Anfang seines Anschreibens. Da er sich bei einem BMW-Händler bewirbt, weist er außerdem darauf hin, dass er auch mit Ersatzteilen dieser Marke zu tun hat.

im Rahmen meiner Nebentätigkeit bei einem Händler für Kfz-Ersatzteile sammle ich derzeit erste Verkaufserfahrung. Ich bediene die Kunden, nehme Aufträge und Bestellungen entgegen und recherchiere Ersatzteile im elektronischen Teilekatalog. Dadurch verfüge ich über grundlegende Kenntnisse von BMW-Teilen.

Im nächsten Abschnitt unterstreicht Arnd seine Affinität zur Automobilbranche. Dabei stellt er sein Interesse anschaulich dar, anstatt es nur abstrakt zu behaupten.

Seit vielen Jahren begeistere ich mich für Automobile. Ich besuche regelmäßig die IAA und halte mich dort wie auch mithilfe von Fachzeitschriften über die neuesten Entwicklungen auf dem Automobilmarkt auf dem Laufenden.

Daraufhin zeichnet Arnd seinen bisherigen Bildungsweg nach. Verständlich erklärt er, warum er sein Studium abbrechen will.

Nach der Schule, die ich letztes Jahr mit dem Abitur und der Note 2,3 abgeschlossen habe, habe ich ein Studium der Betriebswirtschaftslehre aufgenommen. Ich befinde mich zurzeit in der Endphase des ersten Semesters, habe mich aber entschlossen, das Studium kurzfristig zu beenden, da das theoretische Arbeiten nicht meinen Vorstellungen entspricht. Bei meinen Tätigkeiten im Verkauf und im Service habe ich festgestellt, dass mir die praktische Arbeit mit Kollegen und Kunden wesentlich besser liegt.

Um jeden negativen Unterton zu vermeiden, verweist Arnd sofort auf die guten Seiten des angefangenen Studiums: Er hat dabei einiges gelernt, was er in der Ausbildung anwenden kann. Indem er bekundet, sein Wissen im Lehrbetrieb erweitern zu wollen, demonstriert er Bescheidenheit und Lerneifer. Eine gute Idee: Mitunter fürchten Personalchefs, dass Studienabbrecher nicht die nötige Ausbildungsmotivation mitbringen.

Daher möchte ich nun eine qualifizierte Ausbildung machen und mein ausgeprägtes Interesse für Autos mit meinem bisher erworbenen kaufmännischen Wissen verbinden. Innerhalb der ersten Studienmonate belegte ich unter anderem die Module Betriebswirtschaftslehre, Marketing und Rechnungswesen. Die Kenntnisse aus diesen Bereichen möchte ich nun gerne in der Praxis anwenden und umfassend vertiefen.

Zusätzlich bietet Arnd ein Vorabpraktikum an. So kann er jeden Rest von Zweifeln an seinem Einsatzwillen zerstreuen.

Gerne überzeuge ich Sie auch in einem zweiwöchigen Praktikum von meiner Lern- und Leistungsbereitschaft.

Der Lebenslauf

Der ungewöhnliche Anfangsbereich des Lebenslaufs fällt auf: Bereits bei seinen persönlichen Angaben nennt Arnd wichtige Qualifikationen. Damit schlägt er zwei Fliegen mit einer Klappe: Das erfolglose Studium rückt ein wenig in den Hintergrund, und dem Personaler springen wichtige Kenntnisse sofort ins Auge.

Für einen Ausbildungsbewerber verfügt Arnd über relativ umfangreiche praktische Erfahrungen. Diese erhalten dank des sauberen Lebenslauflayouts eine übersichtliche Form. Indem Arnd jeden Eintrag um die jeweiligen Aufgabengebiete beziehungsweise Fächer ergänzt, erhöht er die Aussagekraft des Dokuments. Dass sich Arnd über seine beruflichen Ambitionen hinaus für Kraftfahrzeuge begeistert, wird im Block „Interessen" deutlich.

3

Bewerbungsbeispiele

Fazit

Arnd gelingt eine rundum positive Bewerbung – und das trotz des geplanten Studienabbruchs! Ausschlaggebend dafür sind drei Faktoren: Erstens kann Arnd seinen Entschluss, die Hochschule zu verlassen, nachvollziehbar begründen. Zweitens stellt er seine praktischen und theoretischen Vorkenntnisse im kaufmännischen und automobilen Bereich geschickt in den Vordergrund. Und drittens überzeugt Arnd den Leser seiner Unterlagen davon, dass ihn die Ausbildung im Automobilbereich wirklich sehr interessiert.

Bewerbung

Arnd Wimmers
Hofmannstraße 228 ▪ 10689 Berlin ▪ Tel.: 06121 – 729 00 32 ▪ arnd.wimmers@mail.tld

BMW-Autohaus Hoven & Mühren GmbH
Herrn Peter Maletzko
Köpenicker Allee 345
10765 Berlin

Bewerbung um eine Ausbildung als Automobilkaufmann

Sehr geehrter Herr Maletzko,

im Rahmen meiner Nebentätigkeit bei einem Händler für Kfz-Ersatzteile sammle ich derzeit erste Verkaufserfahrung. Ich bediene die Kunden, nehme Aufträge und Bestellungen entgegen und recherchiere Ersatzteile im elektronischen Teilekatalog. Dadurch verfüge ich über grundlegende Kenntnisse von BMW-Teilen.

Seit vielen Jahren begeistere ich mich für Automobile. Ich besuche regelmäßig die IAA und halte mich dort wie auch mithilfe von Fachzeitschriften über die neuesten Entwicklungen auf dem Automobilmarkt auf dem Laufenden.

Nach der Schule, die ich letztes Jahr mit dem Abitur und der Note 2,3 abgeschlossen habe, habe ich ein Studium der Betriebswirtschaftslehre aufgenommen. Ich befinde mich zurzeit in der Endphase des ersten Semesters, habe mich aber entschlossen, das Studium kurzfristig zu beenden, da das theoretische Arbeiten nicht meinen Vorstellungen entspricht. Bei meinen Tätigkeiten im Verkauf und im Service habe ich festgestellt, dass mir die praktische Arbeit mit Kollegen und Kunden wesentlich besser liegt.

Daher möchte ich nun eine qualifizierte Ausbildung machen und mein ausgeprägtes Interesse für Autos mit meinem bisher erworbenen kaufmännischen Wissen verbinden. Innerhalb der ersten Studienmonate belegte ich unter anderem die Module Betriebswirtschaftslehre, Marketing und Rechnungswesen. Die Kenntnisse aus diesen Bereichen möchte ich nun gerne in der Praxis anwenden und umfassend vertiefen.

Gerne überzeuge ich Sie auch in einem zweiwöchigen Praktikum von meiner Lern- und Leistungsbereitschaft. Auf ein Gespräch mit Ihnen freue ich mich.

Mit freundlichen Grüßen

Arnd Wimmers

Anlagen

Lebenslauf

Arnd Wimmers
Hofmannstraße 228 ▪ 10689 Berlin ▪ Tel.: 06121 – 729 00 32 ▪ arnd.wimmers@mail.tld

Zur Person

geboren am 21.01.1994
in Berlin
ledig

Berufsziel: Automobilkaufmann

grundlegende kaufmännische Kenntnisse
sehr gute MS-Office-Kenntnisse
fortgeschrittenes Englisch in Wort und Schrift
Führerschein Klasse B

Praktische Erfahrungen

seit 10.2013 Autoteile Hohmann GmbH, Berlin
Mitarbeiter im Verkauf und Lager
Zusammenstellung und Ausgabe von Ersatzteilen, Auftragsannahme, Bestellungen, Warenkommissionierung

seit 06.2013 Eddy's Pinte, Berlin
Servicekraft (Gästebedienung / Kasse)

10.2011 – 11.2011 Korsten & Sohn Handelsgesellschaft mbH, Berlin
Kaufmännisches Schülerpraktikum
Datenerfassung, Anfertigung von Verkaufsstatistiken, Zusammenstellung von Verkaufsunterlagen für den Außendienst

01.2010 – 01.2013 Baumarkt Do-it-yourself GmbH, Berlin
Inventurhilfe
jeweils 2 Tage im Januar bei der Jahresinventur

Studium

seit 10.2013 Hochschule für Wirtschaft, Berlin
Studium der Betriebswirtschaftslehre
Fächer im ersten Semester: BWL, VWL, Rechnungswesen, Grundlagen Marketing

Schule

08.2004 – 06.2013 Willy-Brandt-Gymnasium, Berlin
Allgemeine Hochschulreife
Abiturfächer: Englisch, Geschichte, Mathematik, Sport
Durchschnittsnote: 2,3

Interessen

Automobile und Oldtimer, u. a. jährlicher Besuch der Internationalen Automobil-Ausstellung IAA in Frankfurt und des ADAC-Oldtimer-Events Retro-Car in Potsdam

Berlin, 15.10.2013

Arnd Wimmers

Bankkaufmann/-frau

Der Beruf

Bankkaufleute arbeiten bei Kreditinstituten und anderen Finanzdienstleistern. Sie wissen Bescheid über Kapitalanlagen, Kredite, Aktienkurse und Lebensversicherungen. Darüber hinaus kümmern sie sich auch um das Alltagsgeschäft mit Kontoführung und Zahlungsverkehr. Bankkaufleute verstehen die Bedürfnisse ihrer Kunden, für die sie immer ein offenes Ohr und passende Empfehlungen haben. Die anspruchsvolle Tätigkeit erfordert ein seriöses Auftreten, Diskretion, Verantwortungsbewusstsein, mathematische Sicherheit und ein gutes Ausdrucksvermögen in Wort und Schrift.

Der Bewerber

Simon Gerber bewirbt sich bei derselben Bank, bei der er bereits ein Praktikum absolviert hat. Eine günstige Ausgangslage: Simon kennt das Unternehmen, und das Unternehmen kennt Simon. Diesen Trumpf spielt er planvoll aus. Allerdings ist ihm auch klar, dass damit die Stellenzusage noch lange nicht garantiert ist. Auf der Suche nach weiteren hilfreichen Fakten profitiert er unter anderem von seiner Funktion als Kassenwart im Angelsportverein.

Das Anschreiben

Simon weiß, dass die Homburger Kreditbank viele Schülerpraktika vergibt. Daher hilft er erst einmal dem Gedächtnis des Personalers auf die Sprünge, der sich wahrscheinlich nicht auf Anhieb an ihn erinnern kann.

im Herbst 2012 habe ich bei der Homburger Kreditbank ein dreiwöchiges Schulpraktikum absolviert und einen guten Einblick in die Abläufe Ihres Hauses und das Berufsbild des Bankkaufmanns erhalten.

Anschließend beschreibt Simon, welche Bereiche er im Praktikum kennen gelernt und was ihm besonders gut gefallen hat. Dabei nennt er auch zwei eintägige Hospitationen und einen Vortragsbesuch. So signalisiert Simon, dass er als Praktikant gut aufgepasst hat und sich als Azubi schnell wieder in der Bank zurechtfinden würde. Darüber hinaus wird deutlich, dass ihn die Praktikumserfahrungen nachhaltig beeindruckt haben.

Die Teilnahme an Beratungsgesprächen sowie die Bearbeitung und Ablage von Überweisungen und Schecks haben mir ebenso sehr gefallen wie die jeweils eintägigen Hospitationen im Call-Center und in der Immobilienabteilung. Außerdem habe ich mit großem Interesse den Vortrag des Vorstandssprechers, Herrn Dr. Willibald Klaaßen, über die unterschiedlichen Vertriebseinheiten der Homburger Kreditbank verfolgt. Die gute Arbeitsatmosphäre, die Zusammenarbeit im Team und die intensive Betreuung und Einarbeitung der Praktikanten haben mich besonders angesprochen.

Seit Simons Praktikum ist bereits einige Zeit vergangen. Deshalb bringt er den Personaler auf den neuesten Stand seiner Schulsituation. In den Vordergrund rückt er seine Leistungskurse, darunter mit Mathematik ein Kernfach für den angestrebten Beruf.

Nächstes Jahr werde ich das Gymnasium mit dem Abitur beenden. In meinen Leistungskursen Mathematik und Geschichte erziele ich sehr gute Leistungen. Mein Notendurchschnitt liegt derzeit bei 1,8.

Im Folgenden nennt Simon weitere Kompetenzen, die er nach dem Praktikum erworben oder vertieft hat.

Seit dem Praktikum habe ich meine PC-Kenntnisse in Word und Excel im Rahmen von zwei Kursen an der Volkshochschule erheblich ausgebaut. Außerdem habe ich vor einigen Monaten die Aufgabe des ehrenamtlichen Kassenwarts im Angelsportverein übernommen.

Ein Kassenwart hantiert mit fremdem Geld und sollte dementsprechend verantwortungsbewusst und gewissenhaft sein. Insofern kann Simon seine berufliche Eignung durch seine Aufgabe im Angelverein sehr gut untermauern. Daher schmückt er sie noch etwas aus.

Ich verwalte die Mitgliedsbeiträge, dokumentiere alle Ausgaben und habe beim letzten Vereinsfest die Einnahmen abgerechnet.

Am Ende dieses Absatzes resümiert Simon, dass er alle Grundvoraussetzungen für den angestrebten Beruf erfüllt.

Für eine Ausbildung zum Bankkaufmann bringe ich neben einem sehr guten Zahlenverständnis auch ein gepflegtes äußeres Erscheinungsbild und gute Umgangsformen mit.

Der Lebenslauf

Im Bereich „Persönliche Daten" gibt Simon einen aufschlussreichen Fingerzeig: Seine Mutter ist gelernte Bankkauffrau. Man kann also davon ausgehen, dass Simon durch Gespräche im Elternhaus schon einiges über den Beruf weiß. Unmittelbar darunter findet sich der Praktikumseintrag, der den Personaler sofort daran erinnert, dass Simon schon einmal im Unternehmen tätig war.

Auch die weiteren Stationen gliedert Simon sinnvoll. Da er weiß, wie viel Wert die Homburger Kreditbank auf Computerkenntnisse legt, eröffnet er für seine einschlägigen Volkshochschulkurse eine eigene Kategorie direkt unter „Schulausbildung". Theoretisch hätten die PC-Kurse auch in den Bereich „Zusatzqualifikationen" gepasst – hier würden sie jedoch weniger auffallen.

Fazit

Weil Simon als Schülerpraktikant bereits bei der Homburger Kreditbank gearbeitet hat, liegen dem Personaler wahrscheinlich noch frühere Unterlagen von ihm vor. Trotzdem verschickt Simon eine komplette, aktuelle Bewerbung. In Bezug auf sein Praktikum kann er aus dem Vollen schöpfen: Er zählt diverse Tätigkeiten und Aufgabenbereiche auf und vergisst darüber hinaus nicht, das Betriebsklima zu loben. Ihm ist jedoch bewusst, dass er seine Bewerbung nicht allein darauf stützen kann. Daher beschreibt er zusätzlich, wie er sich im Zeitraum zwischen Praktikum und Bewerbung weiterentwickelt hat, wobei insbesondere seine Tätigkeit als Kassenwart im Angelverein eine wichtige Rolle spielt.

Simon Gerber

Willi-Graf-Allee 201 • 66437 Homburg / Saar
Tel.: 06121 – 39 02 51 • E-Mail: Simon-Gerber@mail.tld

Simon Gerber • Willi-Graf-Allee 201 • 66437 Homburg / Saar

Homburg / Saar, 15.10.2013

Homburger Kreditbank
Ausbildungsleitung
Herrn Franz Heinemann
Saarbrücker Straße 44–46
66439 Homburg / Saar

Bewerbung um eine Ausbildung als Bankkaufmann

Sehr geehrter Herr Heinemann,

im Herbst 2012 habe ich bei der Homburger Kreditbank ein dreiwöchiges Schulpraktikum absolviert und einen guten Einblick in die Abläufe Ihres Hauses und das Berufsbild des Bankkaufmanns erhalten.

Die Teilnahme an Beratungsgesprächen sowie die Bearbeitung und Ablage von Überweisungen und Schecks haben mir ebenso sehr gefallen wie die jeweils eintägigen Hospitationen im Call-Center und in der Immobilienabteilung. Außerdem habe ich mit großem Interesse den Vortrag des Vorstandssprechers, Herrn Dr. Willibald Klaaßen, über die unterschiedlichen Vertriebseinheiten der Homburger Kreditbank verfolgt. Die gute Arbeitsatmosphäre, die Zusammenarbeit im Team und die intensive Betreuung und Einarbeitung der Praktikanten haben mich besonders angesprochen.

Nächstes Jahr werde ich das Gymnasium mit dem Abitur beenden. In meinen Leistungskursen Mathematik und Geschichte erziele ich sehr gute Leistungen. Mein Notendurchschnitt liegt derzeit bei 1,8.

Seit dem Praktikum habe ich meine PC-Kenntnisse in Word und Excel im Rahmen von zwei Kursen an der Volkshochschule erheblich ausgebaut. Außerdem habe ich vor einigen Monaten die Aufgabe des ehrenamtlichen Kassenwarts im Angelsportverein übernommen. Ich verwalte die Mitgliedsbeiträge, dokumentiere alle Ausgaben und habe beim letzten Vereinsfest die Einnahmen abgerechnet. Für eine Ausbildung zum Bankkaufmann bringe ich neben einem sehr guten Zahlenverständnis ein gepflegtes äußeres Erscheinungsbild und gute Umgangsformen mit.

Gerne möchte ich ab dem nächsten Jahr das Team Ihrer Auszubildenden verstärken. Ich freue mich auf Ihre Einladung zum Auswahlverfahren und ein Gespräch mit Ihnen.

Mit freundlichen Grüßen

Simon Gerber

Simon Gerber

Willi-Graf-Allee 201 • 66437 Homburg / Saar
Tel.: 06121 – 39 02 51 • E-Mail: Simon-Gerber@mail.tld

Lebenslauf

Persönliche Daten

Geburtsdatum und -ort:	19.04.1995, Saarbrücken
Eltern:	Ludwig Gerber, Servicetechniker Gisela Gerber, Bankkauffrau
Berufliches Ziel:	Bankkaufmann

Praktikum

09.2012 – 10.2012	Dreiwöchiges Schülerpraktikum Homburger Kreditbank Abteilungen: Service/Schalter, Back-Office, Call-Center, Immobilienberatung

Schulausbildung

seit 09.2006	Albert-Weisgerber-Gymnasium, Homburg Voraussichtlicher Abschluss: Abitur Abiturfächer: Mathematik, Geschichte, Englisch, Sport

PC-Kurse

06.2013 – 07.2013	Volkshochschule Homburg / Saar Excel 2010 für Fortgeschrittene
01.2013	Volkshochschule Homburg / Saar Word 2010 Einsteigerkurs

Engagement

seit 01.2009	Mitglied im Angelsportverein Beeden e. V. Ehrenamtlicher Kassenwart

Zusätzliche Qualifikationen

PC-Kenntnisse	MS-Word und Excel (fortgeschrittene Kenntnisse) MS-PowerPoint (Grundlagen)
Sprachen	Englisch (gute Schulkenntnisse)

Homburg / Saar, 15.10.2013

Simon Gerber

Immobilienkaufmann/-frau

Der Beruf

Im Arbeitsalltag von Immobilienkaufleuten dreht sich alles um die Verwaltung, den Verkauf und die Vermietung von Immobilien – sei es zur privaten oder gewerblichen Nutzung. Grundstücke und Gebäude wollen besichtigt, Käufer oder Mieter gefunden und die entsprechenden Verträge ausgearbeitet werden. Außerdem kommen Immobilienkaufleute beim Bau, bei der Betreuung und bei der Finanzierung von Wohn- und Geschäftsobjekten ins Spiel. Neben kaufmännischen Angelegenheiten im engeren Sinne spielen oft auch technische und rechtliche Belange eine Rolle.

Die Bewerberin

Tamara Großmanns Werdegang verlief auf den ersten Blick nicht unbedingt geradlinig: Ihre Familie musste aus beruflichen Gründen oft umziehen, was für Tamara mehrere Schulwechsel zur Folge hatte. Die Wohnungssuchen fand sie wiederum stets sehr interessant, was auch ihre Berufsfindung beeinflusste. Aktuell lebt Tamara in Lübeck, wo sie eine wirtschaftlich ausgerichtete Privatschule besucht: Hier wird sie den schulischen Teil der Fachhochschulreife und den Abschluss „Staatlich geprüfte kaufmännische Assistentin" erlangen.

Das Anschreiben

Tamara steigt mit ihrer derzeitigen Schulsituation ein. So kann sie dank der wirtschaftlichen Ausrichtung ihrer Privatschule gleich den ersten Pluspunkt sammeln. Dass sie dort einen Abschluss als kaufmännische Assistentin erwirbt, ist ungewöhnlich und weckt Interesse.

auf der Hermann-Morus-Privatschule werde ich im nächsten Jahr die Fachhochschulreife und den Abschluss zur staatlich geprüften kaufmännischen Assistentin erlangen. Im Mittelpunkt des Unterrichts stehen die Fächer Betriebswirtschaftslehre, Kaufmännisches Rechnen und Informationsverarbeitung.

Im zweiten Absatz arbeitet Tamara den Praxisbezug ihrer Schulausbildung heraus. Dabei verweist sie zum einen auf ihre kaufmännischen Grundkenntnisse. Zum anderen belegt sie nützliche Kompetenzen, ohne sie beim Namen nennen zu müssen: Die gemeinsame Projektarbeit lässt auf Teamfähigkeit schließen, der Flyerentwurf auf Kreativität und die Rasenmäherbeschreibung auf technisches Verständnis.

In einem Praxisprojekt habe ich gemeinsam mit einem Schülerteam Kalkulationen, Preisvergleiche und Informationsbeschaffungen durchgeführt, um kostengünstig Büromaterialien zu beschaffen. Dafür erhielt unsere Gruppe die Note „sehr gut". Aktuell arbeite ich mit den Mitschülern an einer umfassenden Verkaufs- und Produktpräsentation. Meine Aufgabe dabei ist es, einen Rasenmäher mit allen technischen Details verkaufsfördernd zu beschreiben und einen optisch ansprechenden Werbeflyer zu entwerfen.

Im Anschluss erläutert Tamara ihre Berufsentscheidung. Einleitend stellt sie zunächst einen persönlichen Bezug her, indem sie auf ihre häufigen Wohnortwechsel verweist.

Aufgrund vieler beruflich bedingter Versetzungen meines Vaters habe ich mehrere Umzüge mitgemacht. Die Wohnungs- und Haussuche meiner Eltern verfolgte ich immer mit großem Interesse, so dass ich nun gerne eine Ausbildung in der Immobilienwirtschaft machen möchte. Ich habe bei der Sichtung von Immobilienexposés mitgeholfen, an Besichtigungsterminen teilgenommen und meine Eltern zu Notarterminen begleitet.

Damit sind Tamaras branchenbezogene Vorkenntnisse noch nicht erschöpft. An einem Wohnort hat sie ihre Mutter sogar bei der Immobilienverwaltung unterstützt.

Während unseres dreijährigen Aufenthalts in München war meine Mutter für Hausverwaltungsaufgaben innerhalb der Eigentümergemeinschaft zuständig. Ich unterstützte sie bei der Zusammenstellung von Unterlagen für Versammlungen und bei der Recherche nach Handwerkern.

Tamaras Vergangenheit lässt befürchten, dass in naher Zukunft ein erneuter Umzug anstehen könnte. Um entsprechenden Vermutungen des Personalers vorzubeugen, platziert Tamara im letzten Absatz einen sehr wichtigen Hinweis.

Ich bin 19 Jahre alt und werde nun dauerhaft in Lübeck wohnen.

Daraufhin nutzt Tamara ihren kurvenreichen Werdegang noch einmal, um eine für Immobilienkaufleute enorm wichtige Eigenschaft hervorzuheben: Kontaktfähigkeit.

An neuen Schulen und in neuen Städten habe ich mich immer schnell integriert und Kontakte geknüpft. Von diesen Fähigkeiten werde ich auch in Gesprächen mit Kunden, Kaufinteressenten und Geschäftspartnern profitieren.

Der Lebenslauf

Tamara unterteilt ihren Lebenslauf sauber in nur zwei kompakte Bereiche, nämlich „Schulische Ausbildung" und „Kenntnisse, Qualifikationen und Interessen". Im Zentrum steht dabei eindeutig ihre Schulsituation, die sie durch aufschlussreiche Angaben zu Schwerpunkten, Praxisprojekten etc. anreichert.

Tamara hat gut mitgedacht: Falls der Personaler den Lebenslauf zuerst liest, wird er auch darin sofort erfahren, warum sie so oft die Schule gewechselt hat. Sie stellt den Sachverhalt in Klammern klar und vermeidet dadurch Missverständnisse.

Im zweiten Themenblock führt Tamara wertvolle ergänzende Qualifikationen auf. Ihre PC-Kenntnisse sowie ihr Interesse an Fotografie und Bildbearbeitung runden ihre Bewerbung ausgezeichnet ab: Zur Arbeit einer Immobilienkauffrau gehört es mitunter auch, Objekte für den Verkauf zu fotografieren und sie in Exposés ansprechend zu präsentieren. Der Hinweis auf den Führerschein verdeutlicht außerdem, dass sie Außentermine – etwa für Immobilienbesichtigungen – eigenständig wahrnehmen könnte.

Fazit

Tamara kann noch keinerlei praktische Berufserfahrung vorweisen. Dennoch stellt sie ihre Eignung und Motivation für die angestrebte Ausbildung hervorragend dar. Anhand ihrer persönlichen Erfahrungen leitet sie ihre Neigung zur Immobilienbranche glaubwürdig her. Dass sie eine Berufsfachschule für kaufmännische Assistenten besucht, nutzt sie geschickt, um ihre kaufmännischen Vorkenntnisse und persönlichen Stärken zu betonen. In Bezug auf die Praxisprojekte zeigt sie darüber hinaus, dass sie das erlernte Wissen auch anzuwenden versteht.

Tamara Großmann

Paul-Helwig-Straße 12 • 23559 Lübeck • Tel.: 06121 / 168 96 80
Mobil: 0142 / 233 64 71 • E-Mail: Tamara.Grossmann@mail.tld

Lübeck, 15. Oktober 2013

Haus und Grund Immobilien GmbH
Herrn Arnold Dubinski
Am Holstentor 34
23553 Lübeck

Bewerbung um eine Ausbildung als Immobilienkauffrau

Sehr geehrter Herr Dubinski,

auf der Hermann-Morus-Privatschule werde ich im nächsten Jahr die Fachhochschulreife und den Abschluss zur Staatlich geprüften kaufmännischen Assistentin erlangen. Im Mittelpunkt des Unterrichts stehen die Fächer Betriebswirtschaftslehre, Kaufmännisches Rechnen und Informationsverarbeitung.

In einem Praxisprojekt habe ich gemeinsam mit einem Schülerteam Kalkulationen, Preisvergleiche und Informationsrecherchen durchgeführt, um kostengünstig Büromaterialien zu beschaffen. Dafür erhielt unsere Gruppe die Note „sehr gut". Aktuell arbeite ich mit Mitschülern an einer umfassenden Verkaufs- und Produktpräsentation. Meine Aufgabe dabei ist es, einen Rasenmäher mit allen technischen Details verkaufsfördernd zu beschreiben und einen optisch ansprechenden Werbeflyer zu entwerfen.

Aufgrund vieler beruflich bedingter Versetzungen meines Vaters habe ich mehrere Umzüge mitgemacht. Die Wohnungs- und Haussuche meiner Eltern verfolgte ich immer mit großem Interesse, so dass ich nun gerne eine Ausbildung in der Immobilienwirtschaft machen möchte. Ich habe bei der Sichtung von Immobilienexposés mitgeholfen, an Besichtigungsterminen teilgenommen und meine Eltern zu Notarterminen begleitet.

Während unseres dreijährigen Aufenthalts in München war meine Mutter für Hausverwaltungsaufgaben innerhalb der Eigentümergemeinschaft zuständig. Ich unterstützte sie bei der Zusammenstellung von Unterlagen für Versammlungen und bei der Recherche nach Handwerkern.

Ich bin 19 Jahre alt und werde nun dauerhaft in Lübeck wohnen. Meine persönlichen Stärken sind vor allem meine Offenheit und Anpassungsfähigkeit. An neuen Schulen und in neuen Städten habe ich mich immer schnell integriert und Kontakte geknüpft. Von diesen Fähigkeiten werde ich auch in Gesprächen mit Kunden, Kaufinteressenten und Geschäftspartnern profitieren.

Ich freue mich auf eine Einladung zu einem Vorstellungsgespräch.

Mit freundlichen Grüßen

Tamara Großmann

Tamara Großmann

TAMARA GROßMANN

Paul-Helwig-Straße 12 • 23559 Lübeck • Tel.: 06121 / 168 96 80
Mobil: 0142 / 233 64 71 • E-Mail: Tamara.Grossmann@mail.tld

Tamara Großmann

geboren am 21.12.1994
in Osnabrück

deutsche Staatsangehörigkeit

SCHULISCHE AUSBILDUNG

seit 08.2012	Staatlich anerkannte Hermann-Morus-Privatschule, Lübeck **Zweijährige Berufsfachschule für kaufmännische Assistenten** • Voraussichtliche Abschlüsse: Staatlich geprüfte kaufmännische Assistentin und Fachhochschulreife • Schwerpunkte: Betriebswirtschaft und Informationsverarbeitung • Erwerb des Cambridge-Fremdsprachenzertifikats • Praxisprojekte: Beschaffung von Büromaterialien, Erstellung einer Produktpräsentation
09.2009 – 07.2012	Christoph-Kalmann-Privatschule für Wirtschaft und Verwaltung, München (anschließend Umzug nach Lübeck)
08.2008 – 07.2009	Hansa-Gymnasium, Berlin (anschließend Umzug nach München)
08.2005 – 06.2008	Paul-Klee-Gymnasium, Aachen (anschließend Umzug nach Berlin)
08.2001 – 06.2005	Gemeinschaftsgrundschule Laurensberg, Aachen

KENNTNISSE, QUALIFIKATIONEN UND INTERESSEN

PC-Kenntnisse	MS-Office: Word, Excel (jeweils gute Kenntnisse), PowerPoint (fortgeschrittene Kenntnisse), Access (Grundlagen) KHK-Sage (Grundlagen) PhotoDraw, Adobe Illustrator (fortgeschrittene Kenntnisse)
Sprachen	Englisch (gute Schulkenntnisse)
Führerschein	Klasse B
Interessen	Fotografie, Bildbearbeitung, Wirtschaft und Politik

Lübeck, 15. Oktober 2013
Tamara Großmann
Tamara Großmann

Industriekaufmann/-frau

Der Beruf

Egal ob Elektrobranche, Fahrzeugherstellung oder Textilproduktion: Industriekaufleute können in Industriebetrieben aller Art arbeiten, wo sie sich um diverse kaufmännische Belange kümmern. Das Aufgabenspektrum reicht von der Materialbeschaffung über das Rechnungswesen bis zur Kundenbetreuung. Vielfach stehen Industriekaufleute in direktem Austausch mit dem Fertigungsbereich, dem Kernstück jedes industriellen Unternehmens. Neben guten Mathe- und Sprachkenntnissen wird daher oft auch ein gewisses Technikverständnis erwartet.

Der Bewerber

Benedikt Forstmann hat die gymnasiale Oberstufe mit dem schulischen Teil der Fachhochschulreife beendet. Um die vollständige Fachhochschulreife zu erlangen, absolviert er momentan ein einjähriges gelenktes Praktikum. Allerdings hat dieses gerade erst begonnen – sehr viele Erfahrungen konnte Benedikt bis jetzt noch nicht sammeln. Dafür hat er auf einer Ausbildungsmesse schon Kontakt zum anvisierten Unternehmen aufgenommen. Außerdem kann er ein Auslandsschuljahr und vielfältige Freizeitaktivitäten vorweisen.

Das Anschreiben

Während eines Messebesuchs hat Benedikt bereits mit einem Vertreter des angeschriebenen Lehrbetriebs gesprochen: Mit dieser wichtigen Information beginnt Benedikt sein Anschreiben. Dank der Namensnennung weiß die Personalerin sofort, bei welchem Kollegen sie sich über Benedikts Messeauftritt informieren kann.

nach dem sehr informativen Gespräch mit Ihrem Kollegen, Herrn Achim Schulze, auf der Ausbildungsmesse Job & Zukunft erhalten Sie heute meine ausführlichen Unterlagen.

Benedikt hat sich auf der Ausbildungsmesse intensiv über das Unternehmen und den Ausbildungsablauf erkundigt. Dadurch kann er nun glaubwürdig vermitteln, was ihn besonders anspricht.

Die attraktiven Perspektiven Ihres Unternehmens, das breit gefächerte Produktangebot im Lebensmittelbereich und die verantwortungsvollen Aufgabengebiete innerhalb der Ausbildung haben mich von der FoodTech International GmbH sofort überzeugt.

3

Bewerbungsbeispiele

Den folgenden Absatz widmet Benedikt seiner Schulqualifikation. Mit Deutsch und Mathematik nennt er zwei kaufmännische Schlüsselfächer, bevor er zu seinem aktuellen Praktikum überleitet.

Im letzten Sommer habe ich den schulischen Teil der Fachhochschulreife mit einem Notendurchschnitt von 2,5 erlangt. Meine Stärken lagen vor allem in Deutsch und Spanisch, aber auch in Mathematik erzielte ich immer mindestens befriedigende Leistungen. Seit drei Wochen absolviere ich nun in der Herkules-Werke AG ein Jahrespraktikum mit dem Ziel der vollständigen Fachhochschulreife.

Benedikts Jahrespraktikum hat gerade erst begonnen, und die bislang gesammelten Eindrücke geben noch nicht besonders viel her. Sinnvollerweise erwähnt er daher auch die Aufgabengebiete, in denen er künftig noch eingesetzt werden wird. Anschließend schlägt Benedikt einen eleganten Bogen zum Ausbildungsbeginn.

In den ersten Wochen habe ich im Materiallager gearbeitet und Aufgaben im Warenein- und -ausgang durchgeführt. Dabei bearbeitete ich Lieferscheine, bereitete den Versand von Waren vor und nahm Buchungen im SAP-Lagerprogramm vor. Zukünftig werde ich noch die Aufgaben eines Industriekaufmanns in den Abteilungen Produktion, Buchhaltung, Einkauf und Vertrieb kennen lernen, so dass ich zu Beginn einer Ausbildung bereits vielseitige Erfahrungen vorweisen kann.

Der vierte Absatz ist der umfangreichste Abschnitt in Benedikts Anschreiben. Im Verweis auf seinen Auslandsaufenthalt und seine zahlreichen Aktivitäten lässt Benedikt seine Stärken und seine persönliche Reife anklingen.

Während der Schulzeit verbrachte ich ein Jahr in Spanien und vertiefte meine Sprachkenntnisse. Ich habe mich dort schnell im Schulalltag und im täglichen Leben zurechtgefunden. Durch den Auslandsaufenthalt bin ich sehr selbstständig geworden und ich habe gelernt, auf Menschen offen zuzugehen. Als Kontrabass-Spieler im Jugendorchester, ehrenamtlicher Mitarbeiter im spanischen Kulturverein und ehemaliger Feldhockeyspieler zeichne ich mich durch Teamfähigkeit, Engagement und Ehrgeiz aus.

Damit das Plädoyer in eigener Sache nicht zu lang gerät, verweist Benedikt kurz auf seine Referenzpersonen, die weitere Auskünfte geben können. Die Kontaktdaten finden sich im Lebenslauf.

Gerne können Sie die im Lebenslauf genannten Referenzpersonen kontaktieren, um weitere Informationen über meine Person zu erhalten.

Der Lebenslauf

An der vordersten Position des Lebenslaufs steht Benedikts aktuelles Praktikum, durch das er die vollständige Fachhochschulreife erwirbt. Da diese Station sowohl zum Bereich praktischer Erfahrungen als auch zur Schullaufbahn zählt, entscheidet sich Benedikt, die übergeordnete Rubrik „Schule und Praktikum" zu betiteln. Eine kluge Wahl: So kann er darin auch die parallel zum Praktikum besuchte Berufsschule, die Gesamtschule und das Auslandsschuljahr auflisten. Letzteres fand zwar während der Gesamtschulzeit statt, kommt aber als separater Punkt besser zur Geltung.

Da Benedikts Freizeitaktivitäten ein sehr aufschlussreiches Bild seiner Persönlichkeit zeichnen, führt er sie direkt im Anschluss auf. Erst darunter folgen die Zusatzkenntnisse, jeweils mit Einschätzung des Kenntnisstands.

Im unteren Seitenbereich hat Benedikt schließlich noch genug Platz, um seine Referenzen anzugeben und dadurch das Anschreiben zu entlasten. Zu jedem seiner Fürsprecher nennt er den Namen, die Position und die Telefonnummer.

Fazit

Benedikts Bewerbung ruht auf drei Tragpfeilern: Schule, Praktikum und Freizeit. Da er noch nicht besonders viele Praxiserfahrungen vorweisen kann, arbeitet er seine Stärken hauptsächlich anhand von schulischen und privaten Aktivitäten heraus. Insgesamt vermitteln die Unterlagen einen sehr engagierten Eindruck, der auch dadurch bekräftigt wird, dass sich Benedikt vorab bei einer Ausbildungsmesse über das Unternehmen informiert hat. Indem er dies bereits zu Beginn des Anschreibens erwähnt, beeinflusst er die Wahrnehmung der Personalerin sofort zu seinen Gunsten.

Benedikt Forstmann

Bühler Landstraße 2 • 76530 Baden-Baden • Tel. 0141 – 735 61 03 • Benedikt.Forstmann@mail.tld

Benedikt Forstmann • Bühler Landstraße 2 • 76530 Baden-Baden

Baden-Baden, 15.10.2013

FoodTech International GmbH
Personal und Ausbildung
Frau Schnarrenberger
Neusatzer Weg 125-129
76228 Karlsruhe

Bewerbung um eine Ausbildung als Industriekaufmann

Sehr geehrte Frau Schnarrenberger,

nach dem sehr informativen Gespräch mit Ihrem Kollegen, Herrn Achim Schulze, auf der Ausbildungsmesse Job & Zukunft erhalten Sie heute meine ausführlichen Unterlagen. Die attraktiven Perspektiven Ihres Unternehmens, das breit gefächerte Produktangebot im Lebensmittelbereich und die verantwortungsvollen Aufgabengebiete innerhalb der Ausbildung haben mich von der FoodTech International GmbH sofort überzeugt.

Im letzten Sommer habe ich den schulischen Teil der Fachhochschulreife mit einem Notendurchschnitt von 2,5 erlangt. Meine Stärken lagen vor allem in Deutsch und Spanisch, aber auch in Mathematik erzielte ich immer mindestens befriedigende Leistungen. Seit drei Wochen absolviere ich nun in der Herkules-Werke AG ein Jahrespraktikum mit dem Ziel der vollständigen Fachhochschulreife.

In den ersten Wochen habe ich im Materiallager gearbeitet und Aufgaben im Warenein- und -ausgang durchgeführt. Dabei bearbeitete ich Lieferscheine, bereitete den Versand von Waren vor und nahm Buchungen im SAP-Lagerprogramm vor. Zukünftig werde ich noch die Aufgaben eines Industriekaufmanns in den Abteilungen Produktion, Buchhaltung, Einkauf und Vertrieb kennen lernen, so dass ich zu Beginn einer Ausbildung bereits vielseitige Erfahrungen vorweisen kann.

Während der Schulzeit verbrachte ich ein Jahr in Spanien und vertiefte meine Sprachkenntnisse. Ich habe mich dort schnell im Schulalltag und im täglichen Leben zurechtgefunden. Durch den Auslandsaufenthalt bin ich sehr selbstständig geworden und ich habe gelernt, auf Menschen offen zuzugehen. Als Kontrabass-Spieler im Jugendorchester, ehrenamtlicher Mitarbeiter im spanischen Kulturverein und ehemaliger Feldhockeyspieler zeichne ich mich durch Teamfähigkeit, Engagement und Ehrgeiz aus. Gerne können Sie die im Lebenslauf genannten Referenzpersonen kontaktieren, um weitere Informationen über meine Person zu erhalten.

Ab dem nächsten Ausbildungsjahr möchte ich gerne das Team der FoodTech International GmbH verstärken. Ich freue mich auf ein Gespräch mit Ihnen.

Mit freundlichen Grüßen

Benedikt Forstmann

Benedikt Forstmann

Bühler Landstraße 2 • 76530 Baden-Baden • Tel. 0141 – 735 61 03 • Benedikt.Forstmann@mail.tld

Lebenslauf

Geburtsdatum:	12.05.1995
Geburtsort:	Gaggenau
Familienstand:	ledig
Berufliches Ziel:	Industriekaufmann

Schule und Praktikum

seit 09.2013	Kaufmännisches Praktikum zur Erlangung der Fachhochschulreife Herkules-Werke AG, Rastatt Lager, Buchhaltung, Ein- und Verkauf, Produktion und Materialwirtschaft parallel: Berufsschule, Theodor-Heuss-Kolleg, Rastatt
08.2005 – 07.2013	Carl-Friedrich-Benz-Gesamtschule, Baden-Baden Schulischer Teil der Fachhochschulreife Durchschnittsnote: 2,5
08.2011 – 06.2012	Centro escolar Valladolid, Spanien Auslandsschuljahr Teilnahme am spanischen Schulunterricht, Leben in einer spanischen Familie

Aktivitäten

seit 10.2012	Ehrenamtliche Mitarbeit, Spanischer Kulturverein e. V., Baden-Baden
seit 10.2009	Kontrabass-Spieler, Jugendorchester Bühl
07.2010 – 07.2011	Spanisch-Kurs, Volkshochschule Baden-Baden
01.2007 – 07.2011	Aktives Mitglied, TuS Ottersweier (Feldhockey)

Zusatzkenntnisse

PC-Kenntnisse	MS-Word, Excel, Outlook (gute Grundlagen), SAP R/3 Lagerwirtschaft (Grundlagen)
Fremdsprachen	Spanisch (gut in Wort und Schrift), Englisch (Schulkenntnisse, Note: 3)

Referenzen

Pablo Villa	Vorsitzender des Spanischen Kulturvereins e. V., Baden-Baden, Tel.: 0142 / 22 98 60
Jonathan Kamp	Leiter des Jugendorchesters Bühl, Tel.: 06121 / 163 986

Baden-Baden, 15.10.2013

Benedikt Forstmann

Kaufmann/-frau für Büromanagement

Der Beruf

Der „Kaufmann für Büromanagement" ersetzt seit August 2014 die altgedienten Ausbildungsberufe „Bürokaufmann", „Kaufmann für Bürokommunikation" und „Fachangestellter für Bürokommunikation". Kaufleute für Büromanagement können in allen Branchen und verschiedenen Unternehmensabteilungen arbeiten: Sie übernehmen Aufgaben in der Organisation, in der Verwaltung und in der kaufmännischen Sachbearbeitung. Die Schlüsselqualifikationen für diesen Beruf bestehen in PC-Kenntnissen, einem sicheren Zahlenverständnis, einem guten Ausdrucksvermögen in Wort und Schrift sowie Freundlichkeit im Umgang mit Kunden und Kollegen.

Die Bewerberin

Sarah Kemper hat noch keine praktischen kaufmännischen Erfahrungen gesammelt. Im theoretischen Bereich kann sie sich jedoch einige Vorkenntnisse auf die Fahne schreiben: Nach dem Abitur ist Sarah auf die Höhere Handelsschule gewechselt, wo sie seitdem zielgerichtet kaufmännisches Wissen erwirbt. Einen kleinen Schönheitsfleck bilden ihre Noten, die sowohl im Abitur als auch auf der Handelsschule bislang eher mittelmäßig ausfielen.

Das Anschreiben

Sarah beginnt freundlich und gefällig: Sie bedankt sich bei der Personalerin für das gemeinsame Vorabtelefonat und ruft sich dadurch sehr elegant in Erinnerung. Im gleichen Absatz teilt Sarah ihre schulischen Präferenzen mit, die ein breites Spektrum ausbildungsrelevanter Kompetenzen abdecken. Ihre (mittelprächtigen) Noten umschreibt sie gewandt als „solide Leistungen", so dass die Personalerin von befriedigenden Zensuren ausgehen kann (was natürlich durch die beigefügten Zeugnisse zu belegen ist).

vielen Dank für das freundliche Telefonat und Ihr Interesse an meiner Bewerbung. Betriebswirtschafts- und Organisationslehre, Informatik und berufsbezogenes Englisch zählen zu meinen Lieblingsfächern auf der Höheren Handelsschule. Ich erziele dabei solide Leistungen und werde nächstes Jahr die Schule erfolgreich abschließen.

Daraufhin beschreibt Sarah ihre Berufsfindung. Dabei kommt ihr zugute, dass ein spezieller Berufswahltest ihre Eignung für die Ausbildung zur Kauffrau für Büromanagement bestätigt hat. Obwohl solche Tests eher theoretischer Natur sind, setzt Sarahs Ergebnis einen positiven Akzent.

Innerhalb des Unterrichts habe ich betriebswirtschaftliche Zusammenhänge und Aufgaben in Unternehmen kennen gelernt. Dies hat mein Interesse für den Beruf der Kauffrau für Büromanagement geweckt. Im Rahmen eines Berufswahltests der Agentur für Arbeit Bielefeld wurde mir eine sehr hohe Eignung für diesen Beruf bescheinigt.

Aufgrund mangelnder praktischer Erfahrung stützt Sarah ihre weitere Argumentation auf ihre PC- und Sprachfertigkeiten. Anhand konkreter Beispiele verdeutlicht sie, wie versiert sie im Umgang mit verbreiteter Bürosoftware schon ist. Dass sie das 10-Finger-System und die deutsche Rechtschreibung beherrscht, sind zwei weitere große Pluspunkte.

Meine besonderen Stärken sehe ich in den MS-Office-Programmen Word, Excel, Outlook und PowerPoint. Ich habe in der Schule unter anderem Serienbriefe erstellt, umfassende Formelberechnungen in Excel durchgeführt und zwei Präsentationen in PowerPoint angefertigt, für die ich die Note „gut" erhalten habe. Außerdem beherrsche ich das 10-Finger-System und die deutsche Rechtschreibung.

Danach geht Sarah auf ihre fremdsprachlichen Kompetenzen ein. Zunächst untermauert sie ihre Englischkenntnisse, bevor sie auf ihren Französisch-Leistungskurs zu sprechen kommt. Der scheinbar beiläufige Schwenk zu betrieblichen Details zeigt, wie gut sie sich über das Unternehmen informiert hat.

In Englisch erlerne ich die Grundlagen der englischsprachigen Korrespondenz und das Führen von beruflichen Telefonaten. Da Ihr Unternehmen eine Niederlassung in Paris hat, werde ich in der Ausbildung auch meine Schulkenntnisse aus dem Französisch-Leistungskurs nutzen können.

Im letzten Abschnitt skizziert Sarah knapp ihre bisherige Berufspraxis, die kaum Bezüge zur angestrebten Ausbildung aufweist. Um diesen Schwachpunkt auszugleichen, bietet sie im gleichen Atemzug an, ein Schnupperpraktikum im angeschriebenen Unternehmen zu absolvieren.

Praktische Erfahrungen sammelte ich bisher in der Zustellung und Verteilung von Zeitungen und Werbeflyern sowie als Lagermitarbeiterin. Ich freue mich, wenn ich in nächster Zeit in Ihrem Hause ein Praktikum machen kann, um erste kaufmännische Erfahrung zu sammeln und Sie von meiner Motivation und Leistungsbereitschaft für eine Ausbildung ab Sommer 2014 zu überzeugen.

Der Abschluss des Anschreibens gelingt freundlich und selbstbewusst.

Gerne stelle ich mich bei Ihnen persönlich vor.

3

Bewerbungsbeispiele

Der Lebenslauf

Das Lebenslauflayout sorgt für Aufmerksamkeit: Sarah nutzt blau unterlegte Kopf- und Fußzeilen und Zwischenüberschriften im gleichen Farbton. Auch der Rest des Lebenslaufs fällt positiv aus dem üblichen Rahmen, da Sarah die starre Tabellenform durchbricht und linksbündig im Fließtext schreibt.

Inhaltlich legt Sarah den Fokus – wie im Anschreiben – auf ihre schulischen Erfahrungen. Aus Personalersicht sind die genannten Fächer auf der Höheren Handelsschule ebenso interessant wie die PC-Fertigkeiten, die sich Sarah vor allem durch den langjährigen Unterricht angeeignet hat. Indem sie die im Bereich „Zusatzkenntnisse" angegebenen Programme, Sprachen und Schreibtechnik-Fähigkeiten fettdruckt, fallen sie dem Leser noch besser ins Auge. Trotz der eher unkonventionellen Darstellungsweise liefert Sarah insgesamt einen sehr strukturierten und übersichtlichen Lebenslauf.

Fazit

Das Beispiel Sarah Kemper zeigt: Überzeugende, aussagekräftige Bewerbungsunterlagen lassen sich auch dann verfassen, wenn es an einschlägigen praktischen Erfahrungen oder herausragenden Noten mangelt. Sarah gleicht diese Defizite aus, indem sie ihre Kenntnisse und Fähigkeiten vor allem im schulischen Kontext schildert.

Sarah Kemper
Hohenzollernweg 22 | 33602 Bielefeld | Tel.: 0140 223 874 69 | sarah-kemper@mail.tld

Bielefeld, 15.10.2013

Heinemann Internationale Papierwaren GmbH
Frau Gisela Kramer
Herbert-von-Karajan-Straße 12
33603 Bielefeld

Ausbildung zur Kauffrau für Büromanagement

Sehr geehrte Frau Kramer,

vielen Dank für das freundliche Telefonat und Ihr Interesse an meiner Bewerbung. Betriebswirtschafts- und Organisationslehre, Informatik und berufsbezogenes Englisch zählen zu meinen Lieblingsfächern auf der Höheren Handelsschule. Ich erziele dabei solide Leistungen und werde nächstes Jahr die Schule erfolgreich abschließen.

Innerhalb des Unterrichts habe ich betriebswirtschaftliche Zusammenhänge und Aufgaben in Unternehmen kennen gelernt. Dies hat mein Interesse für den Beruf der Kauffrau für Büromanagement geweckt. Im Rahmen eines Berufswahltests der Agentur für Arbeit Bielefeld wurde mir eine sehr hohe Eignung für diesen Beruf bescheinigt.

Meine besonderen Stärken sehe ich in den MS-Office-Programmen Word, Excel, Outlook und PowerPoint. Ich habe in der Schule unter anderem Serienbriefe erstellt, umfassende Formelberechnungen in Excel durchgeführt und zwei Präsentationen in PowerPoint angefertigt, für die ich die Note „gut" erhalten habe. Außerdem beherrsche ich das 10-Finger-System und die deutsche Rechtschreibung. In Englisch erlerne ich die Grundlagen der englischsprachigen Korrespondenz und das Führen von beruflichen Telefonaten. Da Ihr Unternehmen eine Niederlassung in Paris hat, werde ich in der Ausbildung auch meine Schulkenntnisse aus dem Französisch-Leistungskurs nutzen können.

Praktische Erfahrungen sammelte ich bisher in der Zustellung und Verteilung von Zeitungen und Werbeflyern sowie als Lagermitarbeiterin. Ich freue mich, wenn ich in nächster Zeit in Ihrem Hause ein Praktikum machen kann, um erste kaufmännische Erfahrung zu sammeln und Sie von meiner Motivation und Leistungsbereitschaft für eine Ausbildung ab Sommer 2014 zu überzeugen.

Gerne stelle ich mich bei Ihnen persönlich vor.

Mit freundlichen Grüßen

Sarah Kemper

Anlagen

Sarah Kemper
Hohenzollernweg 22 | 33602 Bielefeld | Tel.: 0140 223 874 69 | sarah-kemper@mail.tld

Lebenslauf

Persönliche Daten

geboren am 12.12.1993
in Bielefeld
ledig

Schulausbildung

seit 08.2012 Kaufmännisches Schulzentrum, Bielefeld
Zweijährige Höhere Handelsschule mit den Fächern BWL, VWL, Rechnungswesen, Kaufmännisches Rechnen, Organisationslehre, Deutsch, Englisch, Informatik

08.2004 – 05.2012 Hermann-Hesse-Gymnasium, Bielefeld
Abitur, Leistungsfächer Französisch, Pädagogik, Deutsch und Biologie

Praktische Erfahrung

06.2012 – 07.2012 Ferientätigkeit im Lager, Hasenbrink GmbH, Bielefeld
Kommissionieren von Waren nach Lieferscheinen, Verpackung der Waren

07.2011 – 08.2011 Ferientätigkeit im Einkaufszentrum Bielefeld-Sennestadt
Verteilen von Werbeflyern, Aufbau von Informationstafeln

01.2009 – 12.2010 Zustellerin beim Werbe- und Medienverlag WMB, Bielefeld
Zustellung von Prospekten und Anzeigenblättern im Gebiet Bielefeld-Süd

Zusatzkenntnisse

Microsoft Word, Excel, PowerPoint und Outlook, 10-Finger-System, 155 Anschläge / Minute
erlernt in der Computer AG auf dem Gymnasium, Vertiefung im Fach Informatik auf der Höheren Handelsschule, private Nutzung von Word und Outlook

Englisch
Acht Jahre auf dem Gymnasium, berufsbezogenes Englisch auf der Höheren Handelsschule

Französisch
Sechs Jahre auf dem Gymnasium, Leistungskurs

Bielefeld, 15.10.2013

Sarah Kemper

Kaufmann/-frau für Spedition und Logistikdienstleistungen

Der Beruf

Kaufleute für Spedition und Logistikdienstleistungen organisieren den nationalen und internationalen Warentransport. Sie kümmern sich um die Lagerung von Gütern, um deren Versand per Lkw, Bahn oder Schiff, um die benötigten Warenbegleitpapiere und die Zollabfertigung. Neben den klassischen kaufmännischen Kernkompetenzen in Deutsch und Mathematik kommt es dabei typischerweise auf Fremdsprach- und Geografiekenntnisse an.

Der Bewerber

Andrej Sanenko möchte sich zum Kaufmann für Spedition und Logistikdienstleistungen ausbilden lassen. Einen nicht gerade geringen Anteil an dieser Entscheidung hat Andrejs Vater, ein Lkw-Fahrer: Dessen Erzählungen haben Andrej veranlasst, sich über Berufe im Bereich des Warentransports zu informieren. Andrej besucht die Realschule und hat bereits ein Schülerpraktikum im Lager absolviert, kann aber noch keine kaufmännische Praxiserfahrung vorweisen.

Das Anschreiben

Zunächst erläutert Andrej, was sein Berufsinteresse ursprünglich geweckt hat: Es waren Informationen aus erster Hand, nämlich die Berichte seines Vaters. Als Lkw-Fahrer dürfte dieser sich mit Transportbelangen bestens auskennen.

über die vielseitigen Aufgaben und Anforderungen bei der Organisation internationaler Warentransporte habe ich mich in mehreren Gesprächen mit meinem Vater, der seit vielen Jahren als Lkw-Fahrer tätig ist, ausführlich informiert. Dies hat mein besonderes Interesse am Beruf des Kaufmanns für Spedition und Logistikdienstleistungen geweckt.

Aus diesem ersten Interesse ist mittlerweile eine gefestigte Berufsentscheidung geworden. Im Rahmen eines Schülerpraktikums konnte Andrej bereits in den Logistikbereich hineinschnuppern und Arbeiten ausführen, die sicher auch bei der gewählten Ausbildung eine Rolle spielen.

Einen guten Einblick in die Vorbereitung des Warenversands erhielt ich in einem dreiwöchigen Schülerpraktikum im Lagerwesen. Dort habe ich anhand von Lieferscheinen Waren zusammengestellt, die versandfertigen Waren gewogen und für den Warenausgang bereitgestellt. Besonderen Spaß machte mir auch die Eingabe der Liefer-, Adress- und Warendaten in Excel. Diese Daten mussten besonders sorgfältig gepflegt werden, da sie dem Spediteur für den Transport übergeben wurden.

Darüber hinaus hat Andrej bei einer Betriebsbesichtigung erfahren, welche Stelle die Logistik im Organisationsgefüge eines Unternehmens einnimmt. Der Hinweis darauf zeigt dem Personaler, dass Andrej sich gut im angestrebten Berufsfeld orientiert hat.

Die Zusammenhänge zwischen der Logistik und anderen Abteilungen habe ich zudem bei einer Betriebsbesichtigung in einem großen Industrieunternehmen kennen gelernt.

Anschließend behandelt Andrej seine schulische Situation. Fächer und Noten streift er dabei nur kurz, wichtiger erscheint ihm seine Tätigkeit als Buslotse: Dadurch demonstriert er Sozialkompetenzen wie Konfliktfähigkeit, Einsatzbereitschaft und Verantwortungsbewusstsein. Andrej hat für seinen Einsatz sogar eine Auszeichnung bekommen, was seine Aussagen bekräftigt.

Im nächsten Jahr werde ich die Realschule mit der Fachoberschulreife abschließen. Meine Lieblingsfächer sind Englisch und Erdkunde. In der Schule habe ich mich außerdem zum Buslotsen ausbilden lassen, der die Lehrer bei Konfliktsituationen und bei der Unfallverhütung im Schulbus unterstützt. Für mein Verantwortungsbewusstsein und Engagement bei dieser Aufgabe habe ich eine Urkunde der Schule erhalten.

Im vorletzten Abschnitt führt Andrej zusätzliche Argumente ins Feld – nämlich seine Geografie- und Sprachkenntnisse. Dabei lässt er geschickt einfließen, dass er sich vorab über die Spedition erkundigt hat: Er weiß, dass sie auch in Russland aktiv ist.

Ich verfüge durch den Schulunterricht und viele Reisen, vor allem nach Osteuropa, über gute geografische Kenntnisse. Auch meine muttersprachlichen Russischkenntnisse werden mir in der Ausbildung nützlich sein, da Ihr Unternehmen vielfältige Transporte nach Russland durchführt.

Bislang ist Andrej kaufmännisch noch sehr unerfahren. Daher bietet er an, sein Leistungsvermögen vor der Ausbildung praktisch unter Beweis zu stellen: Dadurch kann er seine Bewerbungschancen deutlich steigern.

Gerne möchte ich in nächster Zeit an einigen Samstagen in Ihrem Unternehmen hospitieren und mitarbeiten.

Der Lebenslauf

Da Andrej in Russland geboren ist, stellt er zunächst in den persönlichen Daten klar, dass er die deutsche Staatsangehörigkeit besitzt und schon als Kleinkind nach Deutschland gekommen ist.

Im schulischen Bereich nennt er – neben seinem Engagement als Buslotse – auch das Wahlpflichtfach Französisch. Doch seine Sprachkenntnisse reichen weit darüber hinaus; mit Fug und Recht reserviert er dafür sogar eine eigene Kategorie. Zwei Mutter- und zwei Fremdsprachen zu beherrschen ist eine hervorragende Voraussetzung für die Arbeit in einer internationalen Spedition!

Das Praktikum und die Betriebsbesichtigung fasst Andrej in einer gemeinsamen Rubrik zusammen. So erkennt der Personaler auf einen Blick, inwiefern sich Andrej schon mit Logistikthemen beschäftigt hat. Die im Anschreiben angesprochenen Geografiekenntnisse untermauert Andrej am Ende des Lebenslaufs, indem er einige Länder auflistet, die er bereits bereist hat.

Fazit

Andrej kennt bislang weder die kaufmännische Praxis noch die Abläufe in einer Spedition. Diese Schwachpunkte kompensiert er in seiner Bewerbung intelligent durch viele kleine Positivaspekte: die anschaulich erläuterte Berufswahl, das Logistikpraktikum, die Betriebsbesichtigung, die guten Geografie- und Sprachkenntnisse. Darüber hinaus beweist Andrej große Motivation: Er hat sich im Vorfeld über das Unternehmen informiert und bietet eine (üblicherweise unvergütete) Hospitanz zum gegenseitigen Kennenlernen an.

Andrej Sanenko

Windmühlengasse 12a – 33095 Paderborn – Tel.: 06121 864 53
Mobil: 0141 568 947 20 – E-Mail: Andrej-Sanenko@mail.tld

Andrej Sanenko – Windmühlengasse 12a – 33095 Paderborn

Paderborn, 15.10.2013

InterTrans Speditionsgesellschaft mbH
Personalabteilung
Im Industriepark 32
33089 Paderborn

Bewerbung als Auszubildender – Kaufmann für Spedition und Logistikdienstleistungen
Ihre Anzeige in den Westfälischen Nachrichten

Sehr geehrte Damen und Herren,

über die vielseitigen Aufgaben und Anforderungen bei der Organisation internationaler Warentransporte habe ich mich in mehreren Gesprächen mit meinem Vater, der seit vielen Jahren als Lkw-Fahrer tätig ist, ausführlich informiert. Dies hat mein besonderes Interesse am Beruf des Kaufmanns für Spedition und Logistikdienstleistungen geweckt.

Einen guten Einblick in die Vorbereitung des Warenversands erhielt ich in einem dreiwöchigen Schülerpraktikum im Lagerwesen. Dort habe ich anhand von Lieferscheinen Waren zusammengestellt, die versandfertigen Waren gewogen und für den Warenausgang bereitgestellt. Besonderen Spaß machte mir auch die Eingabe der Liefer-, Adress- und Warendaten in Excel. Diese Daten mussten besonders sorgfältig gepflegt werden, da sie dem Spediteur für den Transport übergeben wurden.

Die Zusammenhänge zwischen der Logistik und anderen Abteilungen habe ich zudem bei einer Betriebsbesichtigung in einem großen Industrieunternehmen kennen gelernt.

Im nächsten Jahr werde ich die Realschule mit der Fachoberschulreife abschließen. Meine Lieblingsfächer sind Englisch und Erdkunde. In der Schule habe ich mich außerdem zum Buslotsen ausbilden lassen, der die Lehrer bei Konfliktsituationen und bei der Unfallverhütung im Schulbus unterstützt. Für mein Verantwortungsbewusstsein und Engagement bei dieser Aufgabe habe ich eine Urkunde der Schule erhalten.

Ich verfüge durch den Schulunterricht und viele Reisen, vor allem nach Osteuropa, über gute geografische Kenntnisse. Auch meine muttersprachlichen Russischkenntnisse werden mir in der Ausbildung nützlich sein, da Ihr Unternehmen vielfältige Transporte nach Russland durchführt.

Gerne möchte ich in nächster Zeit an einigen Samstagen in Ihrem Unternehmen hospitieren und mitarbeiten. Auf Ihre Einladung zu einem Gespräch freue ich mich.

Mit freundlichen Grüßen

Andrej Sanenko

Andrej Sanenko

Andrej Sanenko

Windmühlengasse 12a – 33095 Paderborn – Tel.: 06121 864 53
Mobil: 0141 568 947 20 – E-Mail: Andrej-Sanenko@mail.tld

Lebenslauf

Persönliche Daten

Geburtsdatum und -ort:	28.11.1996 in Novgorod/Russland
Staatsangehörigkeit:	deutsch (seit 1999 in Deutschland)
Familienstand:	ledig

Schulausbildung

seit 08.2007	Franz-Hengsbach-Schule, Paderborn Voraussichtlicher Abschluss: Fachoberschulreife Wahlpflichtfach: Französisch, Ausbildung zum Buslotsen (Klasse 9)
09.2003 – 06.2007	Franz-Hitze-Grundschule, Paderborn

Praktikum und Berufsorientierung

05.2013 – 06.2013	Hoppegarten & Co. KG, Paderborn Praktikum im Lager Waren kommissionieren, Versandvorbereitung, Verpackung, Dateneingabe
11.2012	Betriebsbesichtigung bei der Birgl Company, Bielefeld Kennenlernen des Unternehmens und der Abteilungen, unter anderem Logistik, Produktion, Fuhrpark, Verwaltung

PC-Kenntnisse

MS-Office	Word und PowerPoint (Grundlagen, Fach: Informationstechnologie Klasse 9) Excel (Grundlagen, Anwendung im Praktikum)
Internet	E-Mail-Anwendungen, Informationsrecherche

Sprachkenntnisse

Deutsch	Muttersprache
Russisch	Muttersprache
Englisch	Befriedigende Schulkenntnisse (Unterricht seit Klasse 5)
Französisch	Gute Grundlagen (Wahlpflichtfach seit Klasse 9)

Interessen

Reisen	Mehrere Urlaubsreisen, insbesondere nach Osteuropa (Russland, Polen, Ukraine, Kroatien und Bulgarien)

Paderborn, 15.10.2013
Andrej Sanenko

Kaufmann/-frau für Versicherungen und Finanzen

Der Beruf

Kaufleute für Versicherungen und Finanzen beraten private und gewerbliche Kunden im vielfältigen Bereich der Versicherungs- und Finanzprodukte – von der Schadensabsicherung bis zur Altersvorsorge. Sie erklären Klauseln und Tarife, erstellen individuelle Finanzierungspläne, informieren über Geldanlagen, verkaufen bedarfsgerechte Policen und dienen als erste Ansprechpartner in allen Versicherungsfragen. Bewerber sollten vor allem kontakt- und kommunikationsfreudig sein und gute mathematische Fähigkeiten besitzen.

Die Bewerberin

Jasmin Lehmann bereitet sich momentan auf das Abitur vor. Mit ihren Prüfungsfächern Deutsch und Mathematik, einer Nebentätigkeit im kaufmännischen Bereich, einem ausgeprägten Interesse für wirtschaftliche Themen und breit gefächerten PC-Kenntnissen bringt sie ideale Voraussetzungen für die Ausbildung zur Kauffrau für Versicherungen und Finanzen mit.

Das Anschreiben

Jasmin hat schon im Vorfeld die Gelegenheit beim Schopf gepackt: Sie hat die Versicherungsberaterin ihrer Eltern angesprochen, die ihr Näheres zum Beruf erzählen konnte. Da sie nun bei demselben Unternehmen anheuern möchte, geht sie ausführlich auf die Unterhaltung ein.

das interessante Gespräch mit Ihrer Außendienstmitarbeiterin, Frau Grimm, die meine Eltern zu Finanz- und Vorsorgeprodukten beraten hat, gab den Ausschlag für meine Berufswahl. Ich erhielt dabei einen guten Einblick in das spannende und abwechslungsreiche Aufgabenfeld und die guten Entwicklungsmöglichkeiten.

Daraufhin widmet sich Jasmin dem Schulbereich. Hier erwähnt sie zunächst ihre beiden Leistungskurse, die als Kernfächer für die gewünschte Ausbildung gelten. Anschließend spannt sie einen weiten Bogen von ihren Mathe- und Deutschkenntnissen zu einem Planspiel, bei dem sie ihr Faible für Wirtschaftsthemen unter Beweis gestellt hat.

Auf dem Anna-Heinel-Gymnasium belege ich die Leistungskurse Mathematik und Deutsch, da mir schon lange klar ist, dass ich einen kaufmännischen Beruf erlernen möchte. Ich verfüge über ein gutes Zahlen- und Sprachverständnis und interessiere mich sehr für wirtschaftliche Zusammenhänge. In der Arbeitsgemeinschaft Wirtschaft habe ich an einem Unternehmensplanspiel zur Gründung eines fiktiven Geschäfts teilgenommen. Meine Aufgabe bestand vor allem in der Erstellung eines Finanzierungsplans nach vorgegebenen Kriterien.

Die angesprochenen Stärken unterfüttert sie im folgenden Abschnitt durch Beispiele aus ihrem Nebenjob. Sie hat ihrer Bewerbung sogar ein Referenzschreiben ihres Vorgesetzten beigelegt, den sie im Anschreiben kurz zitiert. Derart neugierig gemacht, wird sich der Personaler später sicher noch das komplette Dokument durchlesen.

Von meinem Interesse für Zahlen, Wirtschaft und Finanzen profitiere ich auch bei meiner Nebentätigkeit. Ich verbuche in einem kleinen 2-Personen-Unternehmen Ein- und Ausgangsrechnungen, kontrolliere den Zahlungsverkehr und führe Überweisungen aus. Der Inhaber, Herr Hegel, hat mir ein Referenzschreiben ausgestellt, das Sie in den Anlagen finden. Besonders schätzt er meinen verantwortungsvollen Umgang mit Zahlen, meine Genauigkeit und meine sehr guten Excel-Kenntnisse.

Abschließend verweist Jasmin noch einmal auf ihr kommunikatives Talent und ihr allgemeines Interesse an wirtschaftlichen Sachverhalten.

Auch privat verfolge ich in der Zeitung und im Fernsehen das Wirtschaftsgeschehen, unter anderem zu den Auswirkungen der Wirtschafts- und Finanzkrise. Abseits der Zahlenwelt bin ich ein offener und kontaktfreudiger Mensch. Daher bin ich überzeugt, dass mir die Beratung von Kunden zu Finanz- und Versicherungsfragen beruflich ausgesprochen liegt.

Der Lebenslauf

Jasmin führt wichtige Stichpunkte separat in der rechten Spalte auf, wo sie dem Leser besonders schnell ins Auge fallen. Die Einträge in den Bereichen „Schulausbildung" und „Berufspraxis" ergänzt sie durch kurze Informationen zu einzelnen Schwerpunkten. Dass ihre Eltern im kaufmännischen Bereich tätig sind, erwähnt Jasmin ebenfalls, wodurch sie einen zusätzlichen Anknüpfungspunkt für den Personaler schafft. Die Darstellung ihrer PC-Kenntnisse ist mustergültig: Jasmin nennt nicht nur Programme und Beherrschungsniveaus, sondern gibt auch Beispiele, wie sie ihre Kenntnisse einsetzt.

Fazit

Jasmin münzt ihre guten Voraussetzungen hervorragend in treffende Einstellungsargumente um – mithilfe von konkreten Beispielen und positiven Formulierungen. Sie richtet ihre Fähigkeiten und praktischen Erfahrungen geradlinig auf ihre Wunschausbildung aus; die Berufswahl wirkt dadurch vollkommen konsequent.

Jasmin Lehmann
Richard-Wagner-Platz 3 – 95448 Bayreuth
Tel.: 06121 32 65 47 – Mobil: 0147 236 745 81 – E-Mail: JasminLehmann@mail.tld

Jasmin Lehmann – Richard-Wagner-Platz 3 – 95448 Bayreuth

Bayreuth, 15.10.2013

BBL Versicherungen GmbH
Regionaldirektion Bayern
Herrn Paul Wilhelmi
Opernplatz 2b
95445 Bayreuth

Ausbildung zur Kauffrau für Versicherungen und Finanzen – Fachrichtung Versicherung

Sehr geehrter Herr Wilhelmi,

das interessante Gespräch mit Ihrer Außendienstmitarbeiterin, Frau Grimm, die meine Eltern zu Finanz- und Vorsorgeprodukten beraten hat, gab den Ausschlag für meine Berufswahl. Ich erhielt dabei einen guten Einblick in das spannende und abwechslungsreiche Aufgabenfeld und die guten Entwicklungsmöglichkeiten.

Auf dem Anna-Heinel-Gymnasium belege ich die Leistungskurse Mathematik und Deutsch, da mir schon lange klar ist, dass ich einen kaufmännischen Beruf erlernen möchte. Ich verfüge über ein gutes Zahlen- und Sprachverständnis und interessiere mich sehr für wirtschaftliche Zusammenhänge. In der Arbeitsgemeinschaft Wirtschaft habe ich an einem Unternehmensplanspiel zur Gründung eines fiktiven Geschäfts teilgenommen. Meine Aufgabe bestand vor allem in der Erstellung eines Finanzierungsplans nach vorgegebenen Kriterien.

Von meinem Interesse für Zahlen, Wirtschaft und Finanzen profitiere ich auch bei meiner Nebentätigkeit. Ich verbuche in einem kleinen 2-Personen-Unternehmen Ein- und Ausgangsrechnungen, kontrolliere den Zahlungsverkehr und führe Überweisungen aus. Der Inhaber, Herr Hegel, hat mir ein Referenzschreiben ausgestellt, das Sie in den Anlagen finden. Besonders schätzt er meinen verantwortungsvollen Umgang mit Zahlen, meine Genauigkeit und meine sehr guten Excel-Kenntnisse.

Auch privat verfolge ich in der Zeitung und im Fernsehen das Wirtschaftsgeschehen, unter anderem zu den Auswirkungen der Wirtschafts- und Finanzkrise. Abseits der Zahlenwelt bin ich ein offener und kontaktfreudiger Mensch. Daher bin ich überzeugt, dass mir die Beratung von Kunden zu Finanz- und Versicherungsfragen beruflich ausgesprochen liegt.

Gerne stelle ich mich in nächster Zeit bei Ihnen vor. Ich freue mich auf Ihren Anruf oder Ihre E-Mail.

Mit freundlichen Grüßen

Jasmin Lehmann

Jasmin Lehmann
Richard-Wagner-Platz 3 – 95448 Bayreuth
Tel.: 06121 32 65 47 – Mobil: 0147 236 745 81 – E-Mail: JasminLehmann@mail.tld

Persönliche Daten

geboren am 21.01.1996
in Bad Berneck

Eltern:
Gerd Lehmann, Abteilungsleiter Rechnungswesen
Anna Lehmann, Marketing-Assistentin

Schulausbildung

seit 08/2010	Anna-Heinel-Gymnasium Abiturfächer: Mathematik, Deutsch, Erdkunde, Biologie AG Wirtschaft: Unternehmensplanspiel „Gründung eines Bio-Ladens" (Geschäftsidee, Finanzen, Werbung)	Abitur (2014)
08/2007 – 06/2010	Max-Schröder-Realschule, Kulmbach Abschlussnote: 2,1	Mittlere Reife

Berufspraxis

seit 01/2012	Hegel & Bach oHG, Bayreuth Buchung von Rechnungen, Zahlungsverkehr, Postbearbeitung, Ablage (an zwei Nachmittagen pro Woche)	Büromitarbeiterin
09/2011	Hegel & Bach oHG, Bayreuth Buchhaltung, Sekretariat, Post	Kaufmännische Praktikantin
04/2009	Kindergarten St. Joseph, Kulmbach	Praktikantin

Zusatzqualifikationen und Interessen

Sprachen	seit der 5. Klasse (gute bis befriedigende Leistungen)	Englisch
	3 Jahre Schulunterricht (gute Grundlagen)	Französisch
PC-Kenntnisse	Berechnungen, Diagramme erstellen, absolute und relative Bezüge, S-Verweis (gute Kenntnisse)	Excel
	Schriftverkehr, Formatierungen, Serienbriefe (gute Kenntnisse)	Word
	Präsentationen für Schulunterricht und Referate (fortgeschrittene Kenntnisse)	PowerPoint
Interessen	AG Wirtschaft, Tageszeitung, TV-Wirtschaftsmagazine	Wirtschaft / Finanzen
	Tanzen, Badminton, Segeln	Sport

Bayreuth, 15.10.2013

Jasmin Lehmann

Kaufmann/-frau im Einzelhandel

Der Beruf

Ob Supermarkt oder Modehaus, Elektrofachgeschäft oder Tankstellenshop: In allen Einzelhandelssparten arbeiten Kaufleute im Einzelhandel daran, die Kundennachfrage und das Warenangebot zusammenzuführen. Sie dekorieren Geschäftsräume, präsentieren Produkte und beraten potenzielle Käufer, ganz nach dem Motto „Der Kunde ist König". Darüber hinaus sind sie auch für Verwaltungs- und Organisationsfragen zuständig: Kaufleute im Einzelhandel überwachen Bestände und kontrollieren Warenbewegungen, sie erstellen Abrechnungen und Bilanzen.

Die Bewerberin

Lea Berger verfügt über die Fachoberschulreife und durchläuft zurzeit die Einführungsphase (11. Klasse) der Gesamtschule. Das Abitur wird sie höchstwahrscheinlich nicht schaffen; eine Klassenstufe hat sie bereits wiederholt. Nun plant sie ihren Schulabgang, um eine Lehre aufzunehmen. Weil sie sich sehr für Mode interessiert und bereits im Textilgewerbe tätig war, hat sie sich für eine Ausbildung zur Kauffrau im Einzelhandel in einem Modegeschäft entschieden.

Das Anschreiben

Lea beginnt mit ihren ausbildungsförderlichen Stärken und Interessen. Obwohl diesem direkten Einstieg vorerst noch die Fakten fehlen, macht er auf jeden Fall neugierig.

ein starkes Interesse für Mode und ein sicheres Gespür für Modetrends und -stile zeichnet mich ebenso aus wie hohe Kundenorientierung und Spaß am Verkaufen.

Die folgenden Absätze widmet Lea ihren Praxiserfahrungen. Zunächst geht sie auf ihr Praktikum in einem angesehenen Modehaus ein. Eine clevere Entscheidung: Schließlich bewirbt sich Lea bei einem ebenfalls traditionell ausgerichteten Unternehmen, das wahrscheinlich eine ähnliche Zielgruppe anspricht. Vor diesem Hintergrund ist auch der Verweis auf ihre Erfahrung mit anspruchsvollen Kunden sehr aufschlussreich.

Im letzten Jahr absolvierte ich ein sechswöchiges Praktikum in der Abteilung Damenoberbekleidung im renommierten Modehaus Görres. Ich lernte alle Abläufe in der Abteilung kennen und hospitierte bei Verkaufsgesprächen mit den anspruchsvollen Kunden. Dabei erhielt ich viele gute Tipps, um Kunden freundlich, kompetent und erfolgreich zu beraten.

Anschließend schildert Lea, welche Tätigkeiten sie während ihres Praktikums im Einzelnen übernehmen durfte. Dass sie bereits Reklamationen bearbeitet hat, ist ein echter Pluspunkt: Der Umgang mit unzufriedenen Kunden gestaltet sich wesentlich schwieriger als mit zufriedenen. Lea erläutert, wie sie schwierige Situationen entschärft und welches Feedback sie erhalten hat.

Ich habe eigenständig Kundenwünsche für die hauseigene Änderungsschneiderei entgegengenommen. Auch bei Reklamationen bin ich stets freundlich und hilfsbereit gewesen, was mir bei vielen Kunden Anerkennung verschafft hat. Der direkte Kontakt zu den Kunden hat mir besonders gefallen.

Immer wieder kritisieren Personaler, dass Ausbildungsbewerber den gewählten Beruf falsch einschätzen: Die weniger spannenden Seiten fallen häufig unter den Tisch. Lea verdeutlicht, dass sie alle Facetten ihrer Wunschausbildung kennt.

Aber ebenso machten mir die vorbereitenden Arbeiten in der Warenannahme, Preisauszeichnung und in der Dekoration viel Spaß.

Danach geht Lea auf ihren aktuellen Nebenjob in einem Jeans-Shop ein. Damit zeigt sie, dass sie auch mit jüngeren Kundenkreisen bereits Erfahrung hat und verschiedene Modestile kennt.

Seit einigen Monaten arbeite ich am Wochenende als Verkäuferin in einem Jeans-Store in der Dresdner Innenstadt. Dabei sammle ich Erfahrung im Bereich der jungen Mode. An Tagen mit viel Kundenverkehr arbeite ich dort auch an der Kasse mit.

Anschließend belegt Lea ihre Modebegeisterung noch einmal durch Freizeitaktivitäten. Erst danach erwähnt sie das heikle Schulthema, wobei sie sich bemüht, ihre unvorteilhaften Zensuren in ein günstiges Licht zu rücken: Statt ihren Notenstand wiederzugeben, spricht sie von Verbesserungen.

Auch privat beschäftige ich mich intensiv mit Mode. Ich lese aktuelle Modemagazine, nähe und stricke gerne und habe in der Theater AG der Schule Kostüme für Theateraufführungen entworfen. Momentan besuche ich die 11. Klasse der Erich-Kästner-Gesamtschule. In diesem Halbjahr verbessere ich insbesondere meine Noten in Deutsch und Mathematik.

Lea wird die Schule ohne den angestrebten weiterführenden Abschluss verlassen. Im Anschreiben stellt sie diesen Schritt sehr positiv als selbstbewusste Entscheidung dar, die es ihr erlaubt, ihre Stärken voll zu entfalten.

Da mir die Arbeit mit Kunden und die Beratung in Modefragen besonders liegen, möchte ich nach der Einführungsphase eine praktische Ausbildung zur Kauffrau im Einzelhandel absolvieren.

Der Lebenslauf

Als kreativer Mensch wählt Lea ein außergewöhnliches Lebenslaufdesign mit drei Spalten statt der üblichen zwei. Links und in der Mitte finden sich die „harten Fakten" zu Schule und Beruf, auf die sich der Personaler erst einmal konzentrieren wird; die Angaben in der rechten Spalte runden Leas Profil ab. Trotz der ungewöhnlichen Form ist Leas Lebenslauf gut strukturiert und leicht lesbar.

Inhaltlich hat Lea das Dokument gut auf ihr Anschreiben abgestimmt: Die wichtige Verkaufserfahrung steht am Anfang, die Praktikums- und Nebenjobtätigkeiten werden stichpunktartig illustriert, der Workshop und die persönlichen Interessen betonen Leas modische Ader. Das Schulabschluss-Dilemma löst Lea sehr intelligent, indem sie einfach ihren in Klasse 10 erlangten Abschluss nennt. So lenkt sie die Aufmerksamkeit weg vom Unerreichten (Abitur) hin zum Erreichten (Fachoberschulreife).

Fazit

Lea richtet ihre Bewerbung auf ihre breite Praxiserfahrung und ihre allgemeine Leidenschaft für Modethemen aus. Sie liefert eine harmonische Kombination aus Interessen und Qualifikationen, die ihre Motivation und ihre berufliche Eignung nachvollziehbar begründen. Durch das individuelle Bewerbungslayout beweist Lea einen gestalterischen Einfallsreichtum, durch den sie sich von anderen Bewerbern abheben kann.

Lea Berger • Heintgesweg 44a • 01098 Dresden • Tel.: 0143 – 98 99 960 • Lea.Berger@mail.tld

Lea Berger • Heintgesweg 44a • 01098 Dresden

Dresden, 15.10.2013

Modehaus Krämer & Kern
Personalabteilung
Weidengasse 25
01067 Dresden

Bewerbung um eine Ausbildung als Kauffrau im Einzelhandel
Ihre Anzeige in der Dresdner Morgenpost

Sehr geehrte Damen und Herren,

ein starkes Interesse für Mode und ein sicheres Gespür für Modetrends und -stile zeichnet mich ebenso aus wie hohe Kundenorientierung und Spaß am Verkaufen.

Im letzten Jahr absolvierte ich ein sechswöchiges Praktikum in der Abteilung Damenoberbekleidung im renommierten Modehaus Görres. Ich lernte alle Abläufe in der Abteilung kennen und hospitierte bei Verkaufsgesprächen mit den anspruchsvollen Kunden. Dabei erhielt ich viele gute Tipps, um Kunden freundlich, kompetent und erfolgreich zu beraten.

Ich habe eigenständig Kundenwünsche für die hauseigene Änderungsschneiderei entgegengenommen. Auch bei Reklamationen bin ich stets freundlich und hilfsbereit gewesen, was mir bei vielen Kunden Anerkennung verschafft hat. Der direkte Kontakt zu den Kunden hat mir besonders gefallen. Aber ebenso machten mir die vorbereitenden Arbeiten in der Warenannahme, Preisauszeichnung und in der Dekoration viel Spaß.

Seit einigen Monaten arbeite ich am Wochenende als Verkäuferin in einem Jeans-Store in der Dresdner Innenstadt. Dabei sammle ich Erfahrung im Bereich der jungen Mode. An Tagen mit viel Kundenverkehr arbeite ich dort auch an der Kasse mit.

Auch privat beschäftige ich mich intensiv mit Mode. Ich lese aktuelle Modemagazine, nähe und stricke gerne und habe in der Theater AG der Schule Kostüme für Theateraufführungen entworfen. Momentan besuche ich die 11. Klasse der Erich-Kästner-Gesamtschule. In diesem Halbjahr verbessere ich insbesondere meine Noten in Deutsch und Mathematik. Da mir die Arbeit mit Kunden und die Beratung in Modefragen besonders liegen, möchte ich nach der Einführungsphase eine praktische Ausbildung zur Kauffrau im Einzelhandel absolvieren.

Ich freue mich auf Ihre Einladung zu einem Vorstellungstermin.

Mit freundlichen Grüßen

Lea Berger

Lea Berger • Heintgesweg 44a • 01098 Dresden • Tel.: 0143 – 98 99 960 • Lea.Berger@mail.tld

Lebenslauf

Lea Berger
Berufswunsch: Kauffrau im Einzelhandel

Praktische Erfahrungen

seit Jan. 2013 — **Verkaufsmitarbeiterin im Jeans-Point in Dresden**
Kundenberatung, Verkaufsgespräche, Warenpräsentation, Kasse, Wareneingang

Nov. 2012 – Dez. 2012 — **Verkaufsmitarbeiterin, Weihnachtsmarkt Dresden**
Imbissverkauf, Getränkeausschank, Kundenbedienung

Juli 2012 – Aug. 2012 — **Praktikum in der Abteilung DOB, Modehaus Görres, Dresden**
Kennenlernen der Abteilung, Begleitung von Verkaufsgesprächen, Annahme von Änderungswünschen und Weiterleitung an die Hausschneiderei, Wareneingang, Ein- und Ausräumen von Waren, Regalpflege, Preisauszeichnung

Schulausbildung

seit Aug. 2006 — **Erich-Kästner-Gesamtschule, Dresden**
Bisheriger Abschluss nach Kl. 10: Fachoberschulreife (FORQ)
seit 2010 Theater AG, Gestaltung von Kostümen und Bühnenbildern

Sept. 2002 – Juli 2006 — Gemeinschaftsgrundschule Sangesweg, Dresden

Persönliche Daten

geboren am 11.12.1995 in Dresden

Besondere Kenntnisse

MS-Office: Word (gute Kenntnisse), Excel (Grundlagen), Adobe Photoshop (gute Kenntnisse)

Englisch (ausbaufähige Schulkenntnisse)
Französisch (Grundlagen)

Interessen

Mode (Kleidungsstile, Lesen von Modezeitschriften), Handarbeiten (Nähen, Stricken), Zeichnen

Workshop

Mai 2012
Nähen – Kreatives Dekor, Tipps und Tricks, Workshop der Mode-Schule Dresden e. V.

Dresden, 15.10.2013

Lea Berger

Kaufmann/-frau im Groß- und Außenhandel

Der Beruf

Kaufleute im Groß- und Außenhandel beschaffen Güter in großer Menge und vertreiben sie weiter – an andere Zwischenhändler, an Einzelhändler oder an weiterverarbeitende Betriebe. Bei ihren Nachwuchskräften legen Unternehmen besonderen Wert auf Deutsch- und Mathematikfähigkeiten. Für Ausbildungen in der Fachrichtung Außenhandel sind Fremdsprachkenntnisse nützlich, vor allem in Englisch. Ebenfalls gern gesehen: ein Verständnis wirtschaftlicher Zusammenhänge und PC-Kompetenz.

Der Bewerber

Tobias Bäumer bewirbt sich bei einem Computergroßhandel. Dafür bringt er wichtige Praxiserfahrungen mit: Er hat bereits ein Schulpraktikum in einer Großhandelsgesellschaft absolviert und arbeitet neben der Schule im Lager eines IT-Unternehmens. Auf diese Kernpunkte will Tobias seine Bewerbung stützen. Erhoffter Nebeneffekt: Die eher durchschnittlichen Noten sollen dadurch in den Hintergrund rücken.

Anschreiben

Tobias Bäumer macht direkt zu Beginn auf seine vielfältigen praktischen Erfahrungen aufmerksam.

in meinen Praktika und meiner schulbegleitenden Nebentätigkeit sammelte ich bereits erste praktische Erfahrung im Großhandel sowie im Lager eines IT-Unternehmens.

Anschließend beschreibt Tobias, welche Aufgabenfelder er im Rahmen der angesprochenen Tätigkeiten kennen gelernt hat. Da er sich bei einem IT-Großhandel bewirbt, wird er von seinem Vorwissen sicher profitieren können.

Bei der Mendelsohn Großhandels GmbH habe ich bei der Rechnungskontrolle und der Eingabe von Kundendaten mitgearbeitet. Ich war außerdem drei Tage in der Vertriebsabteilung und lernte die Abläufe in der Auftragsabwicklung kennen. Seit über einem Jahr arbeite ich zudem an zwei Nachmittagen pro Woche bei der Electron Computer GmbH im Lager. Im Warenein- und -ausgang habe ich mir grundlegende Kenntnisse in den verschiedenen Warengruppen im Computerbereich angeeignet.

Die Beteuerung, an ausbildungsbezogenen Tätigkeiten Spaß zu haben, wirkt für sich allein recht farblos. Tobias nutzt die Formel jedoch sinnvoll, um auf seine Berufswahl und seinen beruflichen Kenntnisstand hinzuweisen.

Alle Tätigkeiten haben mir sehr viel Spaß gemacht, so dass ich mich für eine Ausbildung zum Kaufmann im Groß- und Außenhandel entschieden habe, da dieser Beruf vielfältige Aufgabengebiete in den Bereichen Ein- und Verkauf, Lagerhaltung, Rechnungswesen und Logistik bietet.

Danach setzt Tobias ein echtes Glanzlicht: Statt seine Fähigkeiten selbst aufzuzählen, lässt er einen Praktikumsbetreuer für sich sprechen, den er als Referenzperson gewinnen konnte. Dank der Kontaktdaten kann die Personalerin sogar zum Hörer greifen und sich im persönlichen Gespräch von Tobias' Talenten überzeugen.

Für meine schnelle Einarbeitung und meine sorgfältige Arbeitsweise erhielt ich eine sehr positive Rückmeldung meiner Vorgesetzten. Gerne gibt Ihnen Herr Jens Schrade, Praktikantenbetreuer bei der Mendelsohn GmbH, nähere Auskunft über meine engagierte und motivierte Mitarbeit (Tel.: 06121 – 66 44 22).

Aufgrund der ausgedehnten Praxisabschnitte kommt Tobias erst im vierten Absatz auf seine Schulausbildung zu sprechen. Da die Abiturfächer gut zum Berufsprofil passen, vertraut Tobias darauf, dass ihre bloße Aufzählung genügt – auf seine Noten geht er im Anschreiben bewusst nicht ein. Bei den PC-Kenntnissen erhöht er die Aussagekraft wiederum durch konkrete Anwendungsbereiche.

Zurzeit besuche ich das Albert-Einstein-Gymnasium, das ich im Sommer 2014 erfolgreich mit dem Abitur abschließen werde. Ich belege den Leistungskurs Deutsch und habe außerdem Mathematik und Englisch zu meinen Abiturfächern gewählt. Bei der Anfertigung von Referaten und Präsentationen nutze ich regelmäßig die Programme Word und PowerPoint.

Mit dem Praktikumsvorschlag schließt Tobias sein Anschreiben überzeugend ab: Er bekräftigt dadurch seine Motivation und gibt dem Unternehmen eine zusätzliche Möglichkeit, ihn kennen zu lernen.

Um Sie von meiner hohen Lern- und Leistungsbereitschaft zu überzeugen, bin ich gerne bereit, in den Schulferien ein Praktikum bei Ihnen zu absolvieren.

Lebenslauf

Kompakt und informativ – so lässt sich Tobias Bäumers Lebenslauf zusammenfassen. Mit einem ausgezeichneten Bewerbungsfoto und einem sauber strukturierten Layout vermittelt Tobias genau das Erscheinungsbild, das Personaler von einem angehenden Kaufmann im Groß- und Außenhandel erwarten.

Im Schulabschnitt finden sich die für die Ausbildung wichtigen Abitur- und Wahlpflichtfächer. In der Rubrik „Praktische Erfahrungen" fasst Tobias den Nebenjob und die beiden Schulpraktika zusammen. Dass er einige Punkte auch im

Anschreiben nennt, ist kein Zufall: So erfährt die Personalerin das Wichtigste sofort, egal welches Dokument sie zuerst studiert. Darüber hinaus verankert die Doppelnennung die Sachverhalte noch fester im Lesergedächtnis. Seine Sprach- und PC-Kenntnisse konkretisiert Tobias in Klammern, ohne Zensuren zu nennen – seine Englischnoten sind schließlich nicht die besten. Stattdessen betont er den siebenjährigen gymnasialen Englischunterricht und suggeriert mit dem USA-Urlaub, dass er seine Sprachfertigkeiten verbessert hat.

Die persönlichen Interessen runden Tobias' Auftritt gelungen ab: Sportliche Aktivität lässt auf körperliche Fitness schließen, die Vereinsmitgliedschaft auf Teamfähigkeit.

Fazit

Tobias setzt berechtigte Hoffnungen darauf, dass seine umfangreichen Praxiserfahrungen die mittelprächtigen Schulnoten in den Schatten stellen können. Zu diesem Zweck beschreibt er ausführlich, welche Tätigkeitsfelder er bereits kennen gelernt hat. Darüber hinaus kann er sogar mit der Referenz eines Praktikumsbetreuers aufwarten. Das Angebot, vor der Ausbildung ein Schnupperpraktikum im Betrieb zu absolvieren, dürfte die Personalerin mit großem Wohlwollen registrieren.

Tobias Bäumer

Karl-Friedrich-Straße 12, 20168 Hamburg, Tel.: 06121 / 234 567, Mobil: 0147 / 22 44 76, E-Mail: Tobias.Baeumer@mail.tld

IT-Großhandel Kawinski GmbH
Personalabteilung
Frau Elke Winter
Am Südpark 222
20234 Hamburg

Hamburg, 15.10.2013

Bewerbung um eine Ausbildung zum Kaufmann im Groß- und Außenhandel

Sehr geehrte Frau Winter,

in meinen Praktika und meiner schulbegleitenden Nebentätigkeit sammelte ich bereits erste praktische Erfahrung im Großhandel sowie im Lager eines IT-Unternehmens.

Bei der Mendelsohn Großhandels GmbH habe ich bei der Rechnungskontrolle und der Eingabe von Kundendaten mitgearbeitet. Ich war außerdem drei Tage in der Vertriebsabteilung und lernte die Abläufe in der Auftragsabwicklung kennen. Seit über einem Jahr arbeite ich zudem an zwei Nachmittagen pro Woche bei der Electron Computer GmbH im Lager. Im Warenein- und -ausgang habe ich mir grundlegende Kenntnisse in den verschiedenen Warengruppen im Computerbereich angeeignet.

Alle Tätigkeiten haben mir sehr viel Spaß gemacht, so dass ich mich für eine Ausbildung zum Kaufmann im Groß- und Außenhandel entschieden habe, da dieser Beruf vielfältige Aufgabengebiete in den Bereichen Ein- und Verkauf, Lagerhaltung, Rechnungswesen und Logistik bietet. Für meine schnelle Einarbeitung und meine sorgfältige Arbeitsweise erhielt ich eine sehr positive Rückmeldung meiner Vorgesetzten. Gerne gibt Ihnen Herr Jens Schrade, Praktikantenbetreuer bei der Mendelsohn GmbH, nähere Auskunft über meine engagierte und motivierte Mitarbeit (Tel.: 06121 – 66 44 22).

Zurzeit besuche ich das Albert-Einstein-Gymnasium, das ich im Sommer 2014 erfolgreich mit dem Abitur abschließen werde. Ich belege den Leistungskurs Deutsch und habe außerdem Mathematik und Englisch zu meinen Abiturfächern gewählt. Bei der Anfertigung von Referaten und Präsentationen nutze ich regelmäßig die Programme Word und PowerPoint.

Um Sie von meiner hohen Lern- und Leistungsbereitschaft zu überzeugen, bin ich gerne bereit, in den Schulferien ein Praktikum bei Ihnen zu absolvieren.

Ich freue mich auf ein Gespräch mit Ihnen.

Mit freundlichen Grüßen

Tobias Bäumer

Tobias Bäumer

Anlagen

Tobias Bäumer
Karl-Friedrich-Straße 12, 20168 Hamburg, Tel.: 06121 / 234 567, Mobil: 0147 / 22 44 76, E-Mail: Tobias.Baeumer@mail.tld

LEBENSLAUF

Persönliche Daten

geboren am 12.01.1995

in Hamburg

ledig

Schulausbildung

seit 08.2005	**Albert-Einstein-Gymnasium, Hamburg** Abiturfächer: Deutsch, Erdkunde, Mathematik, Englisch Wahlpflichtfach: Wirtschaft (Klasse 10)
08.2001 – 07.2005	Gemeinschaftsgrundschule Pasteurstraße, Hamburg

Praktische Erfahrungen

seit 08.2011	**Electron Computer GmbH, Hamburg** **Mitarbeiter im Lager** Ein- und Ausräumen, Verpackung und Versand von Waren an zwei Nachmittagen pro Woche
10.2011 – 11.2011	**Mendelsohn Großhandelsgesellschaft mbH & Co. KG, Hamburg** **3-wöchiges kaufmännisches Praktikum** Dateneingabe am PC, Rechnungskontrolle, Ablage, Auftragsabwicklung
03.2010	**Flott & Flink AG, Hamburg** **2-wöchiges Praktikum im Verkauf und Lager** Warenannahme, Waren ein- und ausräumen, Teilnahme an Verkaufsgesprächen, Kundenbedienung

Zusatzqualifikationen

Sprachen	Englisch (7 Jahre Unterricht am Gymnasium, 4-wöchiger USA-Aufenthalt) Französisch (4 Jahre Unterricht am Gymnasium)
PC-Kenntnisse	MS-Word (gute Kenntnisse, Anfertigung von Referaten), MS-PowerPoint (gute Grundlagen, Erstellung von Präsentationen für den Deutsch- und Erdkundeunterricht), E-Mail- und Internetanwendungen
Interessen	seit 2006 aktives Mitglied im Handballverein HSV Hamburg 1904

Hamburg, 15.10.2013

Tobias Bäumer

Rechtsanwaltsfachangestellte/r

Der Beruf

Rechtsanwaltsfachangestellte unterstützen Rechtsanwälte bei Büro- und Verwaltungsarbeiten. Sie überwachen unter anderem Termine und Fristen, führen Akten und kümmern sich um die Korrespondenz mit Klienten, Kanzleikollegen und Gerichten. Darüber hinaus dienen sie oft als erste Ansprechpartner für Mandanten. Wichtige Voraussetzungen für eine erfolgreiche Bewerbung sind ein vertrauenswürdiges Auftreten, gute PC-Kenntnisse, logisches Denkvermögen und eine hervorragende Ausdrucksfähigkeit (mündlich wie schriftlich).

Die Bewerberin

Sophie Ziegler wird die Schule im nächsten Jahr mit dem erweiterten Sekundarabschluss I (Realschulabschluss, Mittlere Reife) beenden. Bisher hatte sie noch keine Einblicke in die Abläufe einer Anwaltskanzlei, kann aber immerhin bereits ein Praktikum im Bürobereich vorweisen. Mit ihren Computerkenntnissen ragt sie deutlich über das Niveau einer durchschnittlichen Ausbildungsbewerbung hinaus.

Das Anschreiben

Sophie weiß, wie wertvoll ihre PC- und Maschinenschreibkenntnisse für die gewählte Ausbildung sind. Daher weist sie direkt im Einstiegssatz darauf hin. Ordentliche Noten in mehreren Hauptfächern runden den ersten Abschnitt ab.

für die Ausbildung in Ihrer Kanzlei bringe ich praktische Anwendererfahrung in Word, PowerPoint und in der Internetrecherche, Grundlagen in Excel und gute Kenntnisse in der Schreibtechnik (10-Finger-System) mit. Im nächsten Jahr werde ich die Oberschule mit dem erweiterten Sekundarabschluss I abschließen. Mein Notendurchschnitt in den Fächern Deutsch, Mathematik und Englisch liegt zurzeit bei 2,7.

Im zweiten Absatz knüpft Sophie an ihre Computerfertigkeiten an, um den Bogen zu ihren praktischen Büroerfahrungen zu schlagen. Dabei konzentriert sie sich auf Tätigkeiten, die einen Bezug zur Ausbildung haben.

Die PC-Kenntnisse habe ich in mehreren Wahlpflichtkursen seit der 8. Klasse kontinuierlich ausgebaut und vor allem bei Hausarbeiten genutzt. Auch in meinem Praktikum in einem Büro für Umweltdienstleistungen nutzte ich meine Kenntnisse bei der Erfassung von Adress- und Rechnungsdaten. Dort sammelte ich auch Erfahrung in der Führung des Terminkalenders für die beiden Inhaber. Außerdem habe ich die Post angenommen, mit Eingangsstempel versehen und die ausgehenden Briefe frankiert. Dabei habe ich bewiesen, dass ich sehr sorgfältig und genau arbeiten kann.

Im dritten Absatz führt Sophie dem Personaler vor Augen, wie ihr Berufsinteresse geweckt wurde.

Bei einer Exkursion zum Landgericht Oldenburg, die im Sozialkundeunterricht vor- und nachbereitet wurde, habe ich einen ersten Einblick in unser Rechtssystem erhalten. Wir bekamen ausführliche Informationen über die Vorgänge bei juristischen Prozessen und haben eine Gerichtsverhandlung verfolgt.

Abschließend fasst sie die Hauptpunkte, die sie für die Ausbildung qualifizieren, noch einmal bündig zusammen.

Aufgrund meiner sehr positiven Eindrücke über dieses interessante Arbeitsgebiet habe ich mich für eine Ausbildung zur Rechtsanwaltsfachangestellten entschieden. Dabei werden mir meine guten PC-Kenntnisse, meine Stärken in der deutschen Rechtschreibung und meine Erfahrungen aus dem Praktikum sehr hilfreich sein.

Der Lebenslauf

Sophie hat ihre PC-Fähigkeiten im Laufe der Zeit immer weiter ausgebaut. Ihr Lebenslauf liefert dafür einen eindrucksvollen Beleg: Die Kategorie „Schulausbildung" enthält diverse Wahlpflichtkurse, die sie in verschiedenen Klassenstufen besucht hat – alle standen im Zeichen berufsrelevanter PC-Kompetenzen. Im Bereich „PC- und Sprachkenntnisse" nennt sie zusätzliche Details zu ihrer digitalen Fingerfertigkeit.

Im Verweis auf ihr Praktikum zeigt Sophie, dass sie sich mit bürotypischen Arbeiten wie der Postbearbeitung oder der Kalenderführung schon etwas auskennt. Die Nebentätigkeit als Babysitterin hat zwar keinen direkten Berufsbezug, ist für ihre Bewerbungsambitionen aber trotzdem sehr hilfreich: Dadurch dokumentiert Sophie zum einen ihre Verantwortungsbereitschaft, zum anderen kann sie eine Referenzperson nennen! Die Telefonnummer lädt den Personaler ein, sich über Sophies Stärken zu erkundigen.

Fazit

Sophies herausragende, über die Jahre hinweg kontinuierlich vertiefte PC-Kompetenzen bilden sowohl im Anschreiben als auch im Lebenslauf den argumentativen Schwerpunkt. Ergänzend treten Sophies Praktikumserfahrungen hinzu, dank denen ihr bereits grundlegende Büroaufgaben vertraut sind. Darüber hinaus kann Sophie ihre berufliche Motivation nachvollziehbar darlegen.

Sophie Ziegler | Bernhard-Winter-Str. 54 | 26121 Oldenburg
Tel.: 06121 – 12 69 85 | Mobil: 0141 – 369 857 41 | E-Mail: s.ziegler@mail.tld

Sophie Ziegler | Bernhard-Winter-Str. 54 | 26121 Oldenburg

Oldenburg, 15.10.2013

Rechtsanwälte Kraus & Partner
Fachanwälte für Arbeits- und Sozialrecht
Herrn Norbert Kraus
Edith-Ruß-Straße 44
26134 Oldenburg

Bewerbung um eine Ausbildung als Rechtsanwaltsfachangestellte

Sehr geehrter Herr Kraus,

für die Ausbildung in Ihrer Kanzlei bringe ich praktische Anwendererfahrung in Word, PowerPoint und in der Internetrecherche, Grundlagen in Excel und gute Kenntnisse in der Schreibtechnik (10-Finger-System) mit. Im nächsten Jahr werde ich die Oberschule mit dem erweiterten Sekundarabschluss I abschließen. Mein Notendurchschnitt in den Fächern Deutsch, Mathematik und Englisch liegt zurzeit bei 2,7.

Die PC-Kenntnisse habe ich in mehreren Wahlpflichtkursen seit der 8. Klasse kontinuierlich ausgebaut und vor allem bei Hausarbeiten genutzt. Auch in meinem Praktikum in einem Büro für Umweltdienstleistungen nutzte ich meine Kenntnisse bei der Erfassung von Adress- und Rechnungsdaten. Dort sammelte ich auch Erfahrung in der Führung des Terminkalenders für die beiden Inhaber. Außerdem habe ich die Post angenommen, mit Eingangsstempel versehen und die ausgehenden Briefe frankiert. Dabei habe ich bewiesen, dass ich sehr sorgfältig und genau arbeiten kann.

Bei einer Exkursion zum Landgericht Oldenburg, die im Sozialkundeunterricht vor- und nachbereitet wurde, habe ich einen ersten Einblick in unser Rechtssystem erhalten. Wir bekamen ausführliche Informationen über die Vorgänge bei juristischen Prozessen und haben eine Gerichtsverhandlung verfolgt.

Aufgrund meiner sehr positiven Eindrücke über dieses interessante Arbeitsgebiet habe ich mich für eine Ausbildung zur Rechtsanwaltsfachangestellten entschieden. Dabei werden mir meine guten PC-Kenntnisse, meine Stärken in der deutschen Rechtschreibung und meine Erfahrungen aus dem Praktikum sehr hilfreich sein.

Auf eine Einladung zu Ihrem Auswahlverfahren und ein Gespräch mit Ihnen freue ich mich.

Mit freundlichen Grüßen

Sophie Ziegler

Anlagen

Sophie Ziegler | Bernhard-Winter-Str. 54 | 26121 Oldenburg
Tel.: 06121 – 12 69 85 | Mobil: 0141 – 369 857 41 | E-Mail: s.ziegler@mail.tld

Lebenslauf

Sophie Ziegler

Geburtsdatum: 21.09.1996
Geburtsort: Oldenburg
Familienstand: ledig

Schulausbildung

seit 08.2008 **Hein-Bredendiek-Oberschule in Oldenburg**

- Wahlpflichtkurs 10. Klasse: Textverarbeitung
- Wahlpflichtkurs 9. Klasse: Maschinenschreiben
- Wahlpflichtkurs 8. Klasse: PC- und Internetführerschein
- Exkursion 9. Klasse: Landgericht Oldenburg
- Ziel: Erweiterter Sekundarabschluss I

Praktikum

10.2012 **Hansen und Kempmann oHG, Oldenburg**

- Ablage, Dateneingabe, Postein- und -ausgang, Terminverwaltung

Nebentätigkeit

seit 08.2010 **Babysitterin im Bekanntenkreis und in der Nachbarschaft**

- Referenz: Dr. med. Martin Meier, Tel.: 06121 – 123 85 99

PC- und Sprachkenntnisse

Word	gut (Unterricht seit der 8. Klasse, Anfertigung von Hausarbeiten)
Excel	Grundlagen (Unterricht seit der 10. Klasse)
PowerPoint	gut (Unterricht in der 8. Klasse, Anfertigung von Präsentationen für Hausaufgaben)
Internet	gut (Unterricht in der 8. Klasse, Suchmaschinen, Recherche, Soziale Netzwerke)
Schreibtechnik	10-Finger-System
Englisch	befriedigend (Unterricht seit der 5. Klasse)

Oldenburg, 15.10.2013

Sophie Ziegler

Sozialversicherungsfachangestellte/r

Der Beruf

Sozialversicherungsfachangestellte arbeiten bei Krankenkassen, Renten- und Unfallversicherern und in anderen Zweigen der deutschen Sozialversicherung. An der Schnittstelle zwischen Versicherern und Versicherten prüfen sie Anträge, berechnen Leistungsumfänge und beraten Mitglieder und Interessenten zu Versicherungsmöglichkeiten oder -ansprüchen. Der Beruf verlangt nach Kommunikationsvermögen, guten Deutsch- und Mathekenntnissen und kundenorientiertem Denken.

Die Bewerberin

Jessica Schubert geht auf die 12. Klasse einer Gesamtschule und wird im nächsten Jahr das Abitur ablegen. Im Rahmen ihrer beruflichen Orientierung hat sie zwei Informationsveranstaltungen besucht, die maßgeblich zu ihrer Ausbildungsentscheidung beigetragen haben. Ihr Schulpraktikum hat sie in der Altenpflege absolviert.

Das Anschreiben

Jessica nutzt zunächst ihr Altenpflegepraktikum, um ihren persönlichen Bezug zur Sozialversicherung herzuleiten.

innerhalb eines Schülerpraktikums in einer Altenpflegeeinrichtung erhielt ich einen guten Einblick in die große Bedeutung der Sozialversicherung. Ich hatte dort telefonischen Kontakt mit Mitarbeitern von Krankenkassen und habe den Aufbau von Formularen zur Beantragung von Pflegeversicherungsleistungen kennen gelernt.

Als engagierte Bewerberin hat Jessica bei zwei Veranstaltungen viel über den angestrebten Beruf und das System der deutschen Sozialversicherung in Erfahrung gebracht. Diesen Motivationsbeweis bringt sie im zweiten Absatz unter.

Auf dem Berufsfindungstag der AOK Hamm habe ich mich daher ausführlich über den Beruf der Sozialversicherungsfachangestellten informiert. Besonders spricht mich daran das abwechslungsreiche Aufgabengebiet an: die Prüfung und Berechnung von Ansprüchen und Leistungen, die Beratung der Kunden zu Versicherungsleistungen im Krankheits- und Pflegefall und die Beachtung gesetzlicher Vorschriften. Bereits auf einem Vortrag zum Thema Sozialversicherung, den die Sparkasse Hamm-Uentrop durchgeführt hat, habe ich mich erstmals mit der sozialen Absicherung, den verschiedenen Zweigen der Sozialversicherung und dem Solidaritätsprinzip beschäftigt.

Anschließend thematisiert Jessica ihren schulischen Werdegang, fokussiert auf ausbildungsrelevante Fächer.

Nach dem erfolgreichen Abschluss der Realschule bin ich auf die Gesamtschule gewechselt. Ich werde dort im nächsten Sommer die allgemeine Hochschulreife erlangen. Besonders liegen mir die Fächer Mathematik und Englisch, aber auch in Deutsch und Politik erziele ich zufriedenstellende Leistungen.

Den letzten Absatz nutzt Jessica, um ihrer Bewerbung noch etwas mehr Zielstrebigkeit zu verleihen. Überzeugend erklärt sie, warum sie gerade die DKK Versicherung attraktiv findet, wobei sie geschickt die Ergebnisse ihrer Betriebsrecherche einbindet.

Gerne möchte ich meine Ausbildung bei der DKK Versicherungs-AG absolvieren, da die DKK als eine der größten deutschen Krankenkassen eine sehr fundierte Ausbildung anbietet und die Auszubildenden zusätzlich in der betriebseigenen Bildungsakademie zu aktuellen Themen in der Sozialversicherung schult.

Der Lebenslauf

Abseits der Schullaufbahn hat Jessicas Werdegang noch nicht allzu viele berufsförderliche „Highlights" zu bieten. Aus den vorhandenen biografischen Stationen holt sie jedoch das Optimum heraus. In der Kategorie „Schulausbildung" bringt sie zunächst ihre Abschlüsse und Schwerpunktfächer unter. Zusätzlich richtet sie die Rubrik „schulische Aktivitäten" ein, die inhaltlich ins Zentrum ihrer Bewerbung rückt: Hier finden nicht nur die zwei Infoveranstaltungen Platz, sondern auch ihr schulisches Engagement. Und das kann sich sehen lassen! Als Klassensprecherin und Mitarbeiterin der Schülerzeitung verfügt Jessica mit Sicherheit über Einsatzfreude, Verantwortungsbewusstsein und ein gewisses kommunikatives Geschick.

Fazit

Jessicas Praktikum fand in einem nicht unbedingt ausbildungsnahen Tätigkeitsfeld statt. Dennoch schafft sie es, über die Stichpunkte Kranken- und Pflegeversicherung eine sinnvolle Verbindung zur Ausbildungsbranche herzustellen. Darüber hinaus lässt Jessica ihre hohe Ausbildungsmotivation durchblicken, indem sie ihre umfassende Bewerbungsvorbereitung erläutert: Den Besuch der beiden Informationsveranstaltungen betont sie sowohl im Lebenslauf als auch im Bewerbungsschreiben. In Letzterem demonstriert sie außerdem, dass sie sich bereits eingehend über den Ausbildungsablauf schlau gemacht hat.

Jessica Schubert

Franz-Borberg-Straße 3 ▪ 59025 Hamm ▪ Tel.: 06121 – 148 684 85
Mobil: 0141 – 657 854 90 ▪ E-Mail: jessica-schubert@mail.tld

DKK Versicherungs-AG
Zweigstelle Hamm
Personalabteilung
Mittelstraße 21 b
59068 Hamm

Hamm, 15.10.2013

Bewerbung um eine Ausbildung zur Sozialversicherungsfachangestellten – Allgemeine Krankenversicherung
Ausbildungsplatzangebot auf Ihrer Internetpräsenz

Sehr geehrte Damen und Herren,

innerhalb eines Schülerpraktikums in einer Altenpflegeeinrichtung erhielt ich einen guten Einblick in die große Bedeutung der Sozialversicherung. Ich hatte dort telefonischen Kontakt mit Mitarbeitern von Krankenkassen und habe den Aufbau von Formularen zur Beantragung von Pflegeversicherungsleistungen kennen gelernt.

Auf dem Berufsfindungstag der AOK Hamm habe ich mich daher ausführlich über den Beruf der Sozialversicherungsfachangestellten informiert. Besonders spricht mich daran das abwechslungsreiche Aufgabengebiet an: die Prüfung und Berechnung von Ansprüchen und Leistungen, die Beratung der Kunden zu Versicherungsleistungen im Krankheits- und Pflegefall und die Beachtung gesetzlicher Vorschriften. Bereits auf einem Vortrag zum Thema Sozialversicherung, den die Sparkasse Hamm-Uentrop durchgeführt hat, habe ich mich erstmals mit der sozialen Absicherung, den verschiedenen Zweigen der Sozialversicherung und dem Solidaritätsprinzip beschäftigt.

Nach dem erfolgreichen Abschluss der Realschule bin ich auf die Gesamtschule gewechselt. Ich werde dort im nächsten Sommer die allgemeine Hochschulreife erlangen. Besonders liegen mir die Fächer Mathematik und Englisch, aber auch in Deutsch und Politik erziele ich zufriedenstellende Leistungen.

Gerne möchte ich meine Ausbildung bei der DKK Versicherungs-AG absolvieren, da die DKK als eine der größten deutschen Krankenkassen eine sehr fundierte Ausbildung anbietet und die Auszubildenden zusätzlich in der betriebseigenen Bildungsakademie zu aktuellen Themen in der Sozialversicherung schult.

Ich freue mich auf ein Gespräch mit Ihnen in Ihrer Zweigstelle.

Mit freundlichen Grüßen

Jessica Schubert

Jessica Schubert

Franz-Borberg-Straße 3 ▪ 59025 Hamm ▪ Tel.: 06121 – 148 684 85
Mobil: 0141 – 657 854 90 ▪ E-Mail: jessica-schubert@mail.tld

Lebenslauf

Persönliche Daten

Geburtsdatum:	02.01.1995
Geburtsort:	Hamm
Familienstand:	ledig

Schulausbildung

08.2011 bis heute	Von-Bodelschwingh-Gesamtschule, Hamm angestrebter Abschluss: Abitur (2014) Abiturfächer: Erdkunde, Englisch, Mathematik, Sport
08.2005 – 06.2011	Adalberg-Falk-Realschule, Hamm Abschluss: Mittlere Reife Schwerpunktbereich: Wirtschaft und Verwaltung

Schulische Aktivitäten

04.2013	Berufsfindungstag AOK Hamm
05.2011	Vortrag: Sozialversicherung, durchgeführt von der Sparkasse Hamm-Uentrop
2009 – 2011	Klassensprecherin
2007 – 2011	Mitarbeit bei der Schülerzeitung Falk-News

Praktikum

04.2010	Altenpflegeheim St. Donatus, Hamm Hilfe bei der Essensausgabe und der Freizeitgestaltung, Mitarbeit in der Verwaltung (Postbearbeitung, Annahme und Weiterleitung von Telefongesprächen)

Zusatzkenntnisse

PC-Kenntnisse	Internet, E-Mail-Programm Eudora, MS-Word und PowerPoint, Adobe Photoshop
Sprachen	Englisch (seit der 5. Klasse) und Französisch (seit der 9. Klasse)

Hamm, 15.10.2013

Jessica Schubert

Steuerfachangestellte/r

Der Beruf

Steuerfachangestellte übernehmen kaufmännische und organisatorische Aufgaben bei Steuerberatern, Wirtschafts- oder Buchprüfern. Sie koordinieren Büroabläufe, erstellen Gehaltsabrechnungen, fertigen Steuererklärungen an und kümmern sich um die Buchführung. Angehende Auszubildende sollten über eine hohe mathematische Sicherheit verfügen. Darüber hinaus sind Kommunikationsstärke und Serviceorientierung gefragt, um komplizierte fachliche Belange verständlich vermitteln zu können. Ohne Sprachverständnis und logisches Denkvermögen ist das deutsche Steuerrecht zudem nicht zu durchdringen.

Die Bewerberin

Vanessa Kraus besucht zurzeit das Wirtschaftsgymnasium, wo sie sich unter anderem umfassende betriebswirtschaftliche Kenntnisse aneignet. Ihre Noten sind gut, und ihr steuerrechtliches Interesse kann sie durch eine Facharbeit belegen. In ihrem zweiwöchigen Schülerpraktikum hat sie außerdem bereits einen wichtigen Akteur des deutschen Steuerwesens kennen gelernt: das Finanzamt.

Das Anschreiben

Vanessa macht zu Beginn leichtgängig klar, wie attraktiv sie die oft als „trocken" verschriene Steuermaterie findet. In Anbetracht ihrer Facharbeit und ihres Praktikums weiß Vanessa augenscheinlich gut, wovon sie spricht.

dass auch die Beschäftigung mit dem Thema Steuern sehr spannend sein kann, habe ich im Rahmen meiner Facharbeit „Gründung einer GmbH" auf dem Wirtschaftsgymnasium und während meines Praktikums im Finanzamt Rheine-Süd festgestellt.

Danach geht Vanessa ins Detail. Sie erläutert, welche beruflichen Vorkenntnisse sie im schulischen und privaten Rahmen erworben hat.

Im Fach Betriebswirtschaftslehre habe ich bereits einen Überblick über die verschiedenen Steuerarten erhalten. In meiner Facharbeit habe ich dieses Wissen vertieft. Ich lernte dabei die grundlegenden Unterschiede zwischen Körperschafts-, Kapitalertrags- und Gewerbesteuer kennen. Nähere Informationen zum Thema Umsatzsteuer erhielt ich zusätzlich von meinem Vater, der als selbstständiger Einzelhändler tätig ist.

Anschließend beschreibt Vanessa lebendig, wie ihr Praktikum verlief und was sie daran fasziniert hat. Dabei orientiert sie sich an typischen Tätigkeiten einer Steuerfachangestellten.

Als ich ein zweiwöchiges Praktikum im Finanzamt absolvierte, schnupperte ich in die Abteilungen Servicezentrum, Finanzkasse und Registratur hinein. Besonders interessant fand ich, welche Abläufe hinter den Aktenbergen stecken: die Eingabe und der Abgleich von Daten, die Prüfung von Belegen, der Schriftverkehr und die Zusammenarbeit der Abteilungen zur Klärung von schwierigen Sachverhalten.

Zwar unterscheiden sich die Abläufe im Finanzamt deutlich von denen in einer Steuerberaterpraxis. Dennoch bilden die Büroarbeiten und das Steuerthema eine breite Schnittmenge, von der sich profitieren lässt. Nachdem Vanessa darauf hingewiesen hat, fügt sie ihre Zusatzqualifikationen an.

Ich bin überzeugt, dass ich dieses Hintergrundwissen in Ihrer Kanzlei nutzen kann. Neben meinem Interesse für das Steuerrecht bringe ich ein gutes mathematisches Verständnis und PC-Kenntnisse in Word, Excel und PowerPoint mit.

Die zentralen Fakten zu Vanessas Leistungskursen, ihren Noten und dem angestrebten Abschluss runden das Anschreiben ab.

Das Wirtschaftsgymnasium mit den Leistungskursen BWL und Deutsch werde ich im kommenden Sommer mit dem Abitur abschließen. Mein Notendurchschnitt liegt derzeit bei 2,3.

Der Lebenslauf

Vanessas Lebenslauf bestätigt sämtliche Angaben, die sie in ihrem Anschreiben gemacht hat. Doch nicht nur das: Die Personalerin erfährt außerdem, dass Vanessa noch ein weiteres Praktikum absolviert hat und sich abseits von Schule und Beruf gemeinnützig engagiert. Auch ihre Mitgliedschaft im Reitsportverein deutet darauf hin, dass Vanessa eine tatkräftige Persönlichkeit ist, die ihre Interessen mit Ausdauer verfolgt. Im Bewerbungsschreiben hat sie diese Punkte nicht angesprochen, damit sie die übrigen – gewichtigeren – Argumente gebührend entfalten konnte. Im Lebenslauf finden sich nun viele zusätzliche Positivaspekte – präsentiert in einer ansprechenden, übersichtlichen Form.

Fazit

Vanessas flinker, unkomplizierter, aber keineswegs flapsiger Schreibstil ruft beim Lesen ihres Bewerbungstexts sofort Sympathie hervor. Ihr Werdegang bietet einigen Stoff für eine überzeugende Bewerbung. Wohlüberlegt konzentriert sie sich im Anschreiben auf die prägnantesten Informationen, die ihr Berufsinteresse und ihre Fähigkeiten hervorheben. Im Lebenslauf platziert sie zusätzliche Einträge, die ihre überzeugende Gesamterscheinung unterstreichen.

Vanessa Kraus ▪ Carlo-Mense-Weg 12 ▪ 48429 Rheine
Tel.: 0146 – 234 567 89 ▪ E-Mail: Vanessa_Kraus@mail.tld

Steuerberatungskanzlei
Wimmer, Danner & Jensen
Frau Sigrid Esser
Joseph-Krautwald-Straße 22
48432 Rheine

Rheine, 15.10.2013

Ausbildung zur Steuerfachangestellten

Sehr geehrte Frau Esser,

dass auch die Beschäftigung mit dem Thema Steuern sehr spannend sein kann, habe ich im Rahmen meiner Facharbeit „Gründung einer GmbH" auf dem Wirtschaftsgymnasium und während meines Praktikums im Finanzamt Rheine-Süd festgestellt.

Im Fach Betriebswirtschaftslehre habe ich bereits einen Überblick über die verschiedenen Steuerarten erhalten. In meiner Facharbeit habe ich dieses Wissen vertieft. Ich lernte dabei die grundlegenden Unterschiede zwischen Körperschafts-, Kapitalertrags- und Gewerbesteuer kennen. Nähere Informationen zum Thema Umsatzsteuer erhielt ich zusätzlich von meinem Vater, der als selbstständiger Einzelhändler tätig ist.

Als ich ein zweiwöchiges Praktikum im Finanzamt absolvierte, schnupperte ich in die Abteilungen Servicezentrum, Finanzkasse und Registratur hinein. Besonders interessant fand ich, welche Abläufe hinter den Aktenbergen stecken: die Eingabe und der Abgleich von Daten, die Prüfung von Belegen, der Schriftverkehr und die Zusammenarbeit der Abteilungen zur Klärung von schwierigen Sachverhalten.

Ich bin überzeugt, dass ich dieses Hintergrundwissen in Ihrer Kanzlei nutzen kann. Neben meinem Interesse für das Steuerrecht bringe ich ein gutes mathematisches Verständnis und PC-Kenntnisse in Word, Excel und PowerPoint mit.

Das Wirtschaftsgymnasium mit den Leistungskursen BWL und Deutsch werde ich im kommenden Sommer mit dem Abitur abschließen. Mein Notendurchschnitt liegt derzeit bei 2,3.

Gerne stelle ich mich in Ihrer Kanzlei persönlich vor. Ich freue mich auf Ihre Einladung.

Mit freundlichen Grüßen

Vanessa Kraus

Vanessa Kraus

Vanessa Kraus ▪ Carlo-Mense-Weg 12 ▪ 48429 Rheine
Tel.: 0146 – 234 567 89 ▪ E-Mail: Vanessa_Kraus@mail.tld

Lebenslauf

Vanessa Kraus
geboren am 22.08.1996 in Wettringen

Ausbildungswunsch: Steuerfachangestellte

Schulausbildung

seit 08/2006	Wirtschaftsgymnasium Am Stadttor, Rheine Leistungskurse: Deutsch, Betriebswirtschaft Aktueller Notendurchschnitt: 2,3 Facharbeit: Gründung einer GmbH voraussichtlicher Abschluss: Allgemeine Hochschulreife (2014)

Praktikum

05/2013	Zweiwöchiges Schülerpraktikum, Finanzamt Rheine-Süd Kennenlernen der Abteilungen Servicezentrum, Finanzkasse und Registratur
10/2011	Dreiwöchiges Praktikum, Karstadt Sport, Rheine Verkauf, Auszeichnung von Waren, Lagerhaltung

Engagement und Mitgliedschaften

seit 10/2009	Human Rights e. V., Lingen Mithilfe bei Spendensammlungen
seit 07/2008	Reitsportverein Rheine Reitunterricht

Zusatzkenntnisse

PC-Kenntnisse	MS-Word (gut) MS-Excel (fortgeschritten) MS-PowerPoint (Grundlagen)
Sprachen	Englisch (seit der 5. Klasse, aktuelle Note: gut) Französisch (drei Jahre Unterricht)

Rheine, 15.10.2013

Vanessa Kraus

Vanessa Kraus

Tourismuskaufmann/-frau

Der Beruf

Tourismuskaufleute planen und verkaufen touristische Dienstleistungen. Im Bereich der Reiseveranstaltung organisieren sie Reisen von A bis Z und schmieden aus einzelnen Komponenten – z. B. Flug, Mietwagen, Konzertbesuch – komplette Pakete. In der Reisevermittlung besteht ihre Hauptaufgabe darin, das passende Angebot an den Mann oder die Frau zu bringen. Erwartet werden mathematische Sicherheit, Geografiewissen und Kommunikationsvermögen, häufig auch in einer Fremdsprache (vor allem Englisch).

Die Bewerberin

Lisa Zimmermann besucht zurzeit die Fachoberschule für Wirtschaft und Verwaltung, auf der sie ein solides kaufmännisches Grundwissen erwirbt. Ihre aktuellen Zensuren liegen im oberen Mittelfeld, die Realschule hat sie bereits vor einem Jahr mit guten Noten abgeschlossen. Außerdem kann sie sich ein kaufmännisches Praktikum, einen Ferienjob im Tourismusbereich und viel Spaß am Reisen auf die Habenseite schreiben.

Das Anschreiben

Bereits im ersten Satz setzt Lisa ein Ausrufezeichen: Sie nennt alle drei Kernargumente ihrer Bewerbung in einem Atemzug.

für eine erfolgreiche Ausbildung zur Tourismuskauffrau bringe ich gute kaufmännische Grundlagen, erste praktische Erfahrungen im Tourismus und ein sehr großes Interesse am Thema Reisen mit.

Die Einzelheiten liefert Lisa in den folgenden Abschnitten. Zunächst beschreibt sie ihren touristischen Ferienjob und verknüpft damit ihre Sprachkenntnisse und sozialen Fähigkeiten.

In den letzten Sommerferien habe ich an der Informationstheke der KölnTourismus GmbH Touristen über Ausflugsziele und Sehenswürdigkeiten im Kölner Raum informiert, Hotelzimmer vermittelt und Souvenirs verkauft. Dabei waren mir meine Englisch-, Französisch- und grundlegenden Spanischkenntnisse ebenso sehr hilfreich wie meine Freundlichkeit und Kontaktfähigkeit.

Anschließend schildert Lisa ihre berufliche „Initialzündung": Nachdem sich in einem Schulpraktikum ihre kaufmännische Ader gezeigt hatte, entschloss sie sich, von der Realschule auf die Fachoberschule für Wirtschaft und Verwaltung zu wechseln. In diesem Kontext geht sie ausführlich auf Praktikumstätigkeiten und schulische Schwerpunkte ein.

Praktische kaufmännische Erfahrungen sammelte ich im Rahmen eines Schülerpraktikums. Ich arbeitete in der Telefonzentrale, Buchhaltung und im Marketing mit und erhielt eine sehr gute Praktikumsbewertung der Grabowski GmbH. Dieses Praktikum weckte mein Interesse für den kaufmännischen Bereich. Ich wechselte nach dem erfolgreichen Abschluss der Realschule im letzten Jahr auf die Fachoberschule für Wirtschaft und Verwaltung. Meine Interessenschwerpunkte liegen hier in den Fächern BWL und Rechnungswesen, Wirtschaftsinformatik sowie Englisch.

Lisas privates touristisches Interesse zeigt, wie motiviert sie ist: Im Rahmen von Familienreisen hat sie sich bereits intensiv mit Reiseplanungen befasst und einige beliebte Zielregionen kennen gelernt. Auf diesem Vorwissen könnte sie während der Ausbildung hervorragend aufbauen.

Seit vielen Jahren bereite ich mit großer Begeisterung Reisen unserer Familie vor. Ich recherchiere günstige Flugverbindungen, suche Hotelzimmer und Ferienwohnungen aus und informiere mich intensiv über die Reiserouten. Über unsere bevorzugten Reiseziele USA/Kanada und Spanien/Portugal habe ich mir gute Kenntnisse angeeignet, auf die ich bei der Beratung Ihrer Kunden zurückgreifen werde.

Der Hinweis auf den bevorstehenden Abschluss und die aktuellen Noten eröffnet den Schlussabsatz. Dass Lisa nur auf ihre Hauptfächer eingeht, ist möglicherweise ein gut kalkulierter Schachzug, um von weniger vorzeigbaren weiteren Zensuren abzulenken. Grundsätzlich in jeder Bewerbung ein Pluspunkt: das Praktikumsangebot.

Im nächsten Jahr erhalte ich die Fachhochschulreife (schulischer Teil). Aktuell erziele ich in allen Hauptfächern gute bis befriedigende Leistungen. Gerne biete ich Ihnen an, in den nächsten Schulferien ein Praktikum bei Ihnen zu absolvieren.

Der Lebenslauf

Lisas Bewerbungsfoto im Querformat hebt sich einerseits von den weitverbreiteten Hochformatbildern ab, andererseits fügt es sich harmonisch ins saubere Layout ihres Lebenslaufs ein. Was die Gliederung betrifft, vertraut sie auf die klassische Dreiteilung in die Bereiche Schule/Beruf/Zusatzkenntnisse. Zu jeder Station nennt sie inhaltliche Stichpunkte, die den jeweiligen Eintrag sinnvoll illustrieren. Im Anschreiben erklärt Lisa, wie sehr sie das Reisen ganz allgemein fasziniert. Im Lebenslauf spiegelt sich diese Begeisterung in der Rubrik „Interessen" wider, die ausschließlich touristische Aktivitäten umfasst.

Fazit

Lisas Bewerbung ist in jeder Hinsicht stimmig. Den programmatischen Schwerpunkt umreißt sie bereits im Einleitungssatz ihres Anschreibens: Sie will die Personalerin mit ihrem kaufmännischen Wissen, ihrer praktischen Erfahrung und ihrer Leidenschaft für Reisethemen für sich einnehmen. Der Wechsel auf die Fachoberschule erscheint nicht als biografischer Bruch, sondern als Ausdruck beruflicher Zielstrebigkeit.

Lisa Zimmermann

Niehler Weg 474a | 50735 Köln | 06121 345 32 11 oder 0141 239 99 87 | lisa.zimmermann@mail.tld

Köln, 15.10.2013

TravelPoint GmbH
Silvia Seidler
Zugweg 22
50677 Köln

Bewerbung um eine Ausbildung zur Tourismuskauffrau

Sehr geehrte Frau Seidler,

für eine erfolgreiche Ausbildung zur Tourismuskauffrau bringe ich gute kaufmännische Grundlagen, erste praktische Erfahrungen im Tourismus und ein sehr großes Interesse am Thema Reisen mit.

In den letzten Sommerferien habe ich an der Informationstheke der KölnTourismus GmbH Touristen über Ausflugsziele und Sehenswürdigkeiten im Kölner Raum informiert, Hotelzimmer vermittelt und Souvenirs verkauft. Dabei waren mir meine Englisch-, Französisch- und grundlegenden Spanischkenntnisse ebenso sehr hilfreich wie meine Freundlichkeit und Kontaktfähigkeit.

Praktische kaufmännische Erfahrungen sammelte ich im Rahmen eines Schülerpraktikums. Ich arbeitete in der Telefonzentrale, in der Buchhaltung und im Marketing mit und erhielt eine sehr gute Praktikumsbewertung der Grabowski GmbH. Dieses Praktikum weckte mein Interesse für den kaufmännischen Bereich. Ich wechselte nach dem erfolgreichen Abschluss der Realschule im letzten Jahr auf die Fachoberschule für Wirtschaft und Verwaltung. Meine Interessenschwerpunkte liegen hier in den Fächern BWL und Rechnungswesen, Wirtschaftsinformatik sowie Englisch.

Seit vielen Jahren bereite ich mit großer Begeisterung Reisen unserer Familie vor. Ich recherchiere günstige Flugverbindungen, suche Hotelzimmer und Ferienwohnungen aus und informiere mich intensiv über die Reiserouten. Über unsere bevorzugten Reiseziele USA/Kanada und Spanien/Portugal habe ich mir gute Kenntnisse angeeignet, auf die ich bei der Beratung Ihrer Kunden zurückgreifen werde.

Im nächsten Jahr erhalte ich die Fachhochschulreife (schulischer Teil). Aktuell erziele ich in allen Hauptfächern gute bis befriedigende Leistungen. Gerne biete ich Ihnen an, in den nächsten Schulferien ein Praktikum bei Ihnen zu absolvieren.

Ich freue mich auf ein Gespräch mit Ihnen.

Mit freundlichen Grüßen

Lisa Zimmermann

Lisa Zimmermann

Niehler Weg 474a | 50735 Köln | 06121 345 32 11 oder 0141 239 99 87 | lisa.zimmermann@mail.tld

Lisa Zimmermann

geboren am 27.09.1996
in Gummersbach

ledig

Schulausbildung

seit 09.2012	Fachoberschule für Wirtschaft und Verwaltung, Köln **Geplanter Abschluss: Fachhochschulreife (schulischer Teil)** Kernfächer: BWL mit Rechnungswesen/Wirtschaftsrecht, Mathematik, Englisch, VWL, Wirtschaftsinformatik, Spanisch, Deutsch
08.2006 – 07.2012	Jacques-Offenbach-Realschule **Fachoberschulreife (Abschlussnote: 2,2)** Sozialwissenschaftlicher Schwerpunkt: Wirtschaft und Gesellschaftslehre (Erdkunde, Geschichte, Politik)

Praktische Erfahrungen

07.2013 – 08.2013	**Ferientätigkeit, KölnTourismus GmbH** Beratung internationaler Touristen, Hotelvermittlung, Informationen zu Sehenswürdigkeiten, Ausgabe von Informationsmaterial, Souvenirverkauf
10.2011 – 11.2011	**Schulpraktikum, Heiner Grabowski GmbH, Köln** Annahme und Weiterleitung von Telefonaten, Erfassung und Ablage von Rechnungen, Erstellung von Excel-Listen für das Marketing

Zusatzqualifikationen

PC-Kenntnisse	OpenOffice (gute Kenntnisse, private Anwendung) Microsoft Word, Excel, PowerPoint (gute Kenntnisse, Unterricht in Wirtschaftsinformatik) Eudora 13.7 (E-Mail-Anwendungen)
Sprachen	Englisch (7 Jahre Schulunterricht) Französisch (3 Jahre Schulunterricht) Spanisch (1 Jahr Schulunterricht)
Interessen	Reisen (USA, Kanada, Spanien, Portugal, Tunesien)

Köln, 15.10.2013

Lisa Zimmermann

Verkäufer/in

Der Beruf

Verkäufer arbeiten in den verschiedenen Sparten des Einzelhandels – vom Supermarkt bis zum Sanitätsladen, vom Modehaus bis zum Elektrofachgeschäft. Dank ihrer Sortimentskenntnis können sie Kunden adäquat beraten und ihnen passende Produkte anbieten. Im Vorfeld nehmen sie angelieferte Waren entgegen, räumen sie ein und statten sie mit Preisschildern aus. Auch in die Dekoration der Verkaufsräume sind Verkäufer eingebunden. Grundsätzlich geeignet ist, wer über Kommunikationsgeschick, mathematische Sicherheit und ein Faible für die jeweilige Produktpalette verfügt.

Der Bewerber

Akim Buluts Leistungen auf der Hauptschule sind ziemlich durchwachsen. Dafür kann er allerdings bereits zwei Praktika vorweisen, beide in einem ausbildungsnahen Bereich. Eine ehemalige Praktikumsvorgesetzte war von Akims Arbeitseinstellung sogar so beeindruckt, dass sie sich als Referenzperson zur Verfügung gestellt hat. Die Berufsorientierungstage an seiner Schule hat Akim genutzt, um sich intensiv über verschiedene Ausbildungsmöglichkeiten zu informieren.

Das Anschreiben

Akim kommt ohne Umschweife zur Sache und beginnt mit seinem Hauptargument: den einschlägigen praktischen Erfahrungen.

das Einsortieren von Waren, der gesamte Warenein- und -ausgang und die Preisauszeichnung waren die wesentlichen Aufgaben in meinen beiden Praktika in einem Getränkemarkt und bei einem Lebensmitteldiscounter.

Im zweiten Absatz nennt Akim Details zu seinen Praktikumsaufgaben, bevor er mit seiner Referenz auftrumpft.

Diese Tätigkeiten haben mir großen Spaß gemacht. Außerdem habe ich die Lebensmittel auf Frische und Haltbarkeitsdatum kontrolliert, Leergut angenommen und Aufgaben in der Dekoration übernommen. Im Kontakt mit Kunden war ich immer freundlich und hilfsbereit. Dies bestätigt Ihnen gerne Frau Becker, die Filialleiterin des Koblenzer HIT-Markts (Tel.: 06121 – 170 00 58).

Nach diesen geballten Positivargumenten spricht Akim einen heiklen Bereich an, nämlich seine schulische Situation. Um die dürftigen Noten zu umschiffen, erwähnt er seine Lieblingsfächer und seine Lernfortschritte in der Mathe AG.

Die Clemens-Brentano-Schule werde ich im nächsten Jahr mit dem Hauptschulabschluss beenden. Meine Lieblingsfächer sind Deutsch und Arbeitslehre. In diesem Jahr nehme ich an der Mathe AG teil und verbessere meine Leistungen in Mathematik.

Nachdem Akim die Zensurengefahr entschärft hat, geht er im schulischen Bereich in die Offensive. Im Kontext der Berufsorientierungstage zeigt sich, dass Akim seine Berufsentscheidung sehr überlegt gefällt hat. Darüber hinaus kann er sich gute Sozialkompetenzen auf die Fahne schreiben, die er in der Schule und im Fußballverein unter Beweis stellt.

Innerhalb der Schule habe ich an Berufsorientierungstagen mit Fachleuten aus verschiedenen Berufen teilgenommen. Auch in diesen Gesprächen stellte sich heraus, dass Verkäufer der richtige Beruf für mich ist. Im Schulprojekt „Sozialkompetenzen entwickeln" erlernte ich in Übungen und Rollenspielen, wie man mit Kritik und Konflikten umgeht und offen auf Menschen zugeht. Diese Kenntnisse werden mir in der Arbeit mit Kunden hilfreich sein. Ich bin sehr teamfähig, was ich bei Gruppenarbeiten in der Schule und als aktiver Fußballspieler im Verein schon oft bewiesen habe.

Die Praktikumsofferte schließt Akims Anschreiben gelungen ab.

Der Lebenslauf

Im Lebenslauf macht Akim keine großen Worte: Er reduziert seinen Werdegang auf die Kerninformationen zu Schule und Praktika, ergänzt durch Sprachkenntnisse und Interessen. Außerdem nennt er noch einmal das wichtige Schulprojekt und die Referenz seiner früheren Vorgesetzten, damit diese Punkte beim schnellen Lesen der Bewerbungsunterlagen nicht untergehen. Daneben enthält das Dokument noch eine Neuigkeit: Akim erwähnt seine doppelte Staatsbürgerschaft und seinen Grundschulbesuch im türkischen Adana, was sein Profil um kulturelle und fremdsprachliche Kompetenzen bereichert.

Fazit

Viele Aufgaben im Verkauf hat Akim bereits im Rahmen seiner Praktika kennen gelernt: Dies stellt er in den ersten beiden Absätzen des Bewerbungsschreibens deutlich heraus. Den letzten Absatz widmet er seinen guten Sozialkompetenzen und seiner durchdachten Berufswahl. In den wenigen Zeilen zwischen Referenzperson und Berufsorientierungstagen handelt er das für ihn brisante Pflichtthema Schule kurz und knapp ab. Akims Lebenslauf konzentriert sich auf das Wesentliche und dient in erster Linie dazu, das starke Anschreiben informativ zu stützen.

Akim Bulut

Simon-Meister-Straße 123 • 56022 Koblenz • Tel.: 06121 – 197 85 60 • E-Mail: akim-bulut@mail.tld

Koblenz, 15.10.2013

Netto Verbrauchermarkt GmbH
Filialleitung
Herrn Boris Schrievers
Urftstraße 222
56031 Koblenz

Bewerbung um eine Ausbildung als Verkäufer

Sehr geehrter Herr Schrievers,

das Einsortieren von Waren, der gesamte Warenein- und -ausgang und die Preisauszeichnung waren die wesentlichen Aufgaben in meinen beiden Praktika in einem Getränkemarkt und bei einem Lebensmitteldiscounter.

Diese Tätigkeiten haben mir großen Spaß gemacht. Außerdem habe ich die Lebensmittel auf Frische und Haltbarkeitsdatum kontrolliert, Leergut angenommen und Aufgaben in der Dekoration übernommen. Im Kontakt mit Kunden war ich immer freundlich und hilfsbereit. Dies bestätigt Ihnen gerne Frau Becker, die Filialleiterin des Koblenzer HIT-Markts (Tel.: 06121 – 170 00 58).

Die Clemens-Brentano-Schule werde ich im nächsten Jahr mit dem Hauptschulabschluss beenden. Meine Lieblingsfächer sind Deutsch und Arbeitslehre. In diesem Jahr nehme ich an der Mathe AG teil und verbessere meine Leistungen in Mathematik.

Innerhalb der Schule habe ich an Berufsorientierungstagen mit Fachleuten aus verschiedenen Berufen teilgenommen. Auch in diesen Gesprächen stellte sich heraus, dass Verkäufer der richtige Beruf für mich ist. Im Schulprojekt „Sozialkompetenzen entwickeln" erlernte ich in Übungen und Rollenspielen, wie man mit Kritik und Konflikten umgeht und offen auf Menschen zugeht. Diese Kenntnisse werden mir in der Arbeit mit Kunden hilfreich sein. Ich bin sehr teamfähig, was ich bei Gruppenarbeiten in der Schule und als aktiver Fußballspieler im Verein schon oft bewiesen habe.

Gerne absolviere ich in den nächsten Monaten ein Praktikum in Ihrem Verbrauchermarkt, damit Sie sich ein genaues Bild von meinen Stärken machen können.

Auf ein Gespräch mit Ihnen freue ich mich.

Mit freundlichen Grüßen

Akim Bulut

Akim Bulut

Akim Bulut

Simon-Meister-Straße 123 • 56022 Koblenz • Tel.: 06121 – 197 85 60 • E-Mail: akim-bulut@mail.tld

Lebenslauf

Zur Person

Geburtsdatum:	23.12.1996
Geburtsort:	Adana / Türkei
Staatsangehörigkeit:	deutsch und türkisch

Schulausbildung

seit 08.2008	Clemens-Brentano-Schule, Koblenz voraussichtlicher Abschluss: Hauptschulabschluss Teilnahme am Projekt „Sozialkompetenzen entwickeln"
08.2004 – 06.2008	Henriette-Sontag-Grundschule, Koblenz
09.2003 – 06.2004	Grundschule in Adana / Türkei

Praktika

05.2013 – 06.2013	Praktikum als Verkäufer, HIT-Markt, Koblenz Waren ein- und ausräumen, Regalpflege, Warenauszeichnung Referenz: Frau Becker, Filialleiterin (Tel.: 06121 – 170 00 58)
10.2012	Praktikum als Lagerist, Brutto-Getränkemarkt, Koblenz Warenein- und -ausgang, Be- und Entladen, Waren einräumen

Sprachkenntnisse

Türkisch	Muttersprache
Deutsch	Zweite Muttersprache
Englisch	Schulkenntnisse

Interessen

Sport	Fußball (DJK Koblenz 1923 e. V.), Tischtennis, Inlineskating
Musik	E-Gitarre (Unterricht in der Musikfabrik Koblenz)

Koblenz, 15.10.2013

Akim Bulut

Akim Bulut

Berufe im Öffentlichen Dienst

Bundeswehr (Zeitsoldat)

Der Beruf

Soldaten auf Zeit (SaZ) durchlaufen eine verwendungsspezifische Qualifizierung, die in bestimmten Laufbahnen auch die Fachausbildung in einem gewerblichen Lehrberuf beinhaltet. Die konkreten Anforderungen unterscheiden sich je nach Einstiegsposition und Tätigkeitsbereich. Allgemein erfordern Soldatenberufe Belastbarkeit, Einsatzbereitschaft, Verantwortungsbewusstsein, Teamfähigkeit und Selbstdisziplin. Neben den militärischen Laufbahnen bietet die Bundeswehr auch zivilberufliche Ausbildungen an, unter anderem in der Bundeswehrverwaltung oder im Wehrtechnikbereich.

Der Bewerber

Nach dem Realschulabschluss im nächsten Jahr will sich Sebastian Gebhardt bei der Bundeswehr zum Elektroniker für Geräte und Systeme ausbilden lassen. Seine schulischen Stärken liegen im naturwissenschaftlich-informatischen Bereich. Sebastians berufspraktische Erfahrungen bestehen aus einem Praktikum bei einem PC-Dienstleister und einem Nebenjob als Zeitungs- bzw. Prospektausträger.

Das Anschreiben

Wie kam Sebastian zu seinem Ausbildungswunsch? Die Antwort gibt er gleich im ersten Absatz, garniert mit dem Hinweis auf sein physikalisch-technisches Talent.

beim Tag der offenen Tür des Jagdgeschwaders 13/II in der Guttenberg-Kaserne in Dresden habe ich vielfältige Informationen über den Alltag im Bundeswehrdienst und die Ausbildungsmöglichkeiten erhalten. Besonders interessiert mich die Ausbildung zum Elektroniker – Geräte und Systeme, da ich hier meine guten Kenntnisse in Physik sowie meine guten technischen Fertigkeiten umsetzen kann.

Im Folgenden belegt Sebastian, dass er sich umfassend über die angestrebte Ausbildung erkundigt hat, realistische Vorstellungen vom Arbeitgeber Bundeswehr besitzt und sich mit dessen Auftrag identifizieren kann.

Nach einem ausführlichen Gespräch mit dem Karrierecenter in Leipzig hat sich mein Entschluss verfestigt, Zeitsoldat bei der Bundeswehr zu werden. Ich habe mich außerdem intensiv mit der Entstehung und Entwicklung sowie dem Auftrag der Bundeswehr beschäftigt. Die persönlichen und gesundheitlichen Voraussetzungen für den Dienst in der Bundeswehr erfülle ich.

Dass Sebastian etwas von (Elektro-)Technik versteht, demonstriert er im dritten Absatz: Im Anschluss an seine aktuelle Schulsituation skizziert er mehrere physikalische Schulprojekte, an denen er teilgenommen hat.

Ich bin 17 Jahre alt und werde im nächsten Jahr die Realschule mit der Fachoberschulreife abschließen. Meine Stärken liegen vor allem in den naturwissenschaftlich-technischen Fächern und in Sport. In mehreren Physik-Projekten habe ich an der Herstellung einer eigenen Stromquelle, dem Bau eines Schaltkreises und dem Löten elektrischer Verbindungen mitgearbeitet. In der letztjährigen Projektwoche behandelten wir intensiv das Thema Energieumwandlung. Mit mehreren Mitschülern habe ich dabei einen Energiespeicher gebaut.

Abschließend geht Sebastian auf seine IT-Fähigkeiten ein, die er während eines Praktikums erwerben bzw. vertiefen konnte. Der Hinweis auf die positive Praktikumsbeurteilung erhöht die Chancen, dass der Personaler sie liest.

Während eines zweiwöchigen Praktikums in einer IT-Werkstatt lernte ich, Programme und Betriebssysteme zu installieren und zu konfigurieren. Außerdem assistierte ich einem Mitarbeiter bei der Fehlerdiagnose mit Prüf- und Messgeräten. Ich erhielt eine sehr gute Praktikumsbeurteilung und bin überzeugt, meine Kenntnisse auch in der Ausbildung nutzen zu können.

Der Lebenslauf

Sebastian ergänzt alle Einträge durch hilfreiche Zusatzinformationen: Im Schulbereich erwähnt er seine Schwerpunktfächer, seinen letzten Notenstand und die Teilnahme an der Elektronik-AG. Das Praktikum illustriert er durch verschiedene Aufgabengebiete. Besonders positiv fallen jedoch die umfangreichen Zusatzqualifikationen ins Auge, die Sebastians breites technisches Interesse und Know-how verdeutlichen. Darüber hinaus weisen gleich drei sportliche Hobbys auf eine gute körperliche Fitness hin – unabdingbar für eine soldatische Ausbildung bei der Bundeswehr.

Fazit

Sebastian setzt zwei Schwerpunkte: Zum einen hebt er seine technischen Fähigkeiten sowohl im Anschreiben als auch im Lebenslauf hervor. Zum anderen schildert er im Bewerbungsschreiben eingehend, wie intensiv er sich mit der Elektronikerausbildung bei der Bundeswehr befasst hat. Das signalisiert Entschlossenheit und lässt vermuten, dass er über die besonderen Ansprüche seines potenziellen künftigen Arbeitgebers bestens im Bilde ist.

Sebastian Gebhardt

Sebastian Gebhardt – Zwenkauer Straße 11 – 04109 Leipzig

Leipzig, 15.10.2013

Bundeswehr Dienstleistungszentrum Dresden
Herrn Günter-Peter Menge
Freitaler Straße 34
01228 Dresden

Bewerbung als Soldat auf Zeit / Ausbildung zum Elektroniker – Geräte und Systeme

Sehr geehrter Herr Menge,

beim Tag der offenen Tür des Jagdgeschwaders 13/II in der Guttenberg-Kaserne in Dresden habe ich vielfältige Informationen über den Alltag im Bundeswehrdienst und die Ausbildungsmöglichkeiten erhalten. Besonders interessiert mich die Ausbildung zum Elektroniker – Geräte und Systeme, da ich hier meine guten Kenntnisse in Physik sowie meine guten technischen Fertigkeiten umsetzen kann.

Nach einem ausführlichen Gespräch mit dem Karrierecenter in Leipzig hat sich mein Entschluss verfestigt, Zeitsoldat bei der Bundeswehr zu werden. Ich habe mich außerdem intensiv mit der Entstehung und Entwicklung sowie dem Auftrag der Bundeswehr beschäftigt. Die persönlichen und gesundheitlichen Voraussetzungen für den Dienst in der Bundeswehr erfülle ich.

Ich bin 17 Jahre alt und werde im nächsten Jahr die Realschule mit der Fachoberschulreife abschließen. Meine Stärken liegen vor allem in den naturwissenschaftlich-technischen Fächern und in Sport. In mehreren Physik-Projekten habe ich an der Herstellung einer eigenen Stromquelle, dem Bau eines Schaltkreises und dem Löten elektrischer Verbindungen mitgearbeitet. In der letztjährigen Projektwoche behandelten wir intensiv das Thema Energieumwandlung. Mit mehreren Mitschülern habe ich dabei einen Energiespeicher gebaut.

Während eines zweiwöchigen Praktikums in einer IT-Werkstatt lernte ich, Programme und Betriebssysteme zu installieren und zu konfigurieren. Außerdem assistierte ich einem Mitarbeiter bei der Fehlerdiagnose mit Prüf- und Messgeräten. Ich erhielt eine sehr gute Praktikumsbeurteilung und bin überzeugt, meine Kenntnisse auch in der Ausbildung nutzen zu können.

Auf Ihre Einladung zum Auswahlverfahren freue ich mich.

Mit freundlichen Grüßen

Sebastian Gebhardt

Zwenkauer Straße 11 – 04109 Leipzig – Mobil: 0147 900 34 77 – S.Gebhardt@mail.tld

Sebastian Gebhardt

Lebenslauf

Persönliche Daten

Geburtsdatum / -ort:	21.12.1995, Pirna
Familienstand:	ledig
Staatsangehörigkeit:	deutsch
Eltern:	Heinz Gebhardt, Malermeister Birgit Gebhardt, Fachverkäuferin

Schulausbildung

08.2008 bis heute	Nicolaus-Pistoris-Schule, Leipzig Schwerpunktfächer: Physik, Chemie, Informatik Notendurchschnitt (9. Klasse): 2,5 AG Elektronik (8. Klasse)
09.2004 – 06.2008	Benedikte-Naubert-Grundschule, Leipzig

Berufspraxis

10.2013	PC-Service Martin Schneider e. K., Leipzig Praktikum in der IT-Werkstatt PC-Service, Wartungsarbeiten, Einrichtung von PCs, Betriebssysteme
08.2012 – 06.2013	Verlag Sachsen-Woche GmbH, Leipzig Austragen von Werbeprospekten und Anzeigenblättern

Zusatzqualifikationen

Interessensgebiete IT und Technik	Betriebssysteme Windows Vista, 7, 8 Lotus Notes Elektronik Löten Energietechnik Analoge und digitale Messtechnik
Sport	Fußball, Badminton, Fitness (Freizeitsport)
Führerschein	Klasse A1

Leipzig, 15.10.2013

Sebastian Gebhardt

Zwenkauer Straße 11 – 04109 Leipzig – Mobil: 0147 900 34 77 – S.Gebhardt@mail.tld

Feuerwehr (mittlerer feuerwehrtechnischer Dienst)

Der Beruf

Retten, Löschen, Bergen, Schützen: Der Feuerwehralltag verlangt den Einsatztrupps einiges ab. Dementsprechend hoch sind die Ansprüche der Berufsfeuerwehren an ihre Nachwuchskräfte: Erwartet werden Robustheit, hohe körperliche Fitness, handwerkliches Geschick, praktische Intelligenz, Flexibilität, Entscheidungsfähigkeit und Verantwortungsbewusstsein. Als Mindestvoraussetzung für den Einstieg in den mittleren feuerwehrtechnischen Dienst gilt meist der Hauptschulabschluss, verbunden mit einer handwerklichen bzw. technischen Berufsausbildung. Bewerber für den höheren Dienst sollten in der Regel ein geeignetes Studium abgeschlossen haben.

Der Bewerber

Kandidaten für den mittleren feuerwehrtechnischen Dienst müssen vielerorts eine abgeschlossene, verwendungsförderliche Berufsausbildung vorweisen. Timo Ziegler befindet sich zurzeit in einer solchen Ausbildung: Er erlernt den Beruf des Wärme-, Kälte- und Schallschutzisolierers. Um seine Einstellungschancen zusätzlich zu erhöhen, hat er während seines letzten Urlaubs ein freiwilliges Praktikum in einer Feuerwache absolviert.

Das Anschreiben

Egal ob Muss- oder Kann-Kriterium: Eine bereits absolvierte Berufsausbildung sollten Feuerwehrbewerber unbedingt erwähnen. Timo tut dies bereits im ersten Absatz in angemessener Ausführlichkeit.

seit dem erfolgreichen Abschluss der Hauptschule absolviere ich eine Berufsausbildung zum Wärme-, Kälte- und Schallschutzisolierer. Ich erziele gute Noten in der Berufsschule und verfüge über sehr gute handwerkliche Fähigkeiten. In der Ausbildung arbeite ich hauptsächlich beim Neubau und bei der Sanierung von Gebäuden mit.

Einige der Ausbildungsfelder stehen in einem direkten Bezug zur Feuerwehrarbeit. Daher geht Timo darauf noch etwas detaillierter ein.

Ich sammle umfassende Kenntnisse in allen Isolierungsarbeiten und in der Isolierungstechnik sowie im vorbeugenden Brandschutz und in der Durchführung feuerhemmender Dämmungen. Zu meinen Tätigkeiten gehört auch die Wartung und Instandhaltung von Geräten und Werkzeugen.

Im Anschluss kommt Timo auf sein freiwilliges Praktikum zu sprechen. Dafür hat er sogar einige Urlaubstage geopfert – ein starker Motivationsbeleg. Das positive Feedback von Timos damaligem Vorgesetzten, einem Oberbrandmeister, wird beim Personalverantwortlichen der angeschriebenen Feuerwehr sicher Anerkennung finden.

Im nächsten Jahr werde ich die Ausbildung mit dem Gesellenbrief beenden. Da ich schon lange beabsichtige, nach der handwerklichen Ausbildung die Laufbahn im feuerwehrtechnischen Dienst einzuschlagen, habe ich während meines Urlaubs ein freiwilliges Praktikum in der Feuerwache Wittlich absolviert. Hier lernte ich die verschiedenen Aufgabenbereiche in der Wache kennen, vor allem die Schlauch- und Atemschutzwerkstatt und die Leitstellendisposition. Herr Oberbrandmeister Werner Kraft bestätigte mir ein hohes Interesse und eine sehr gute Eignung für den Feuerwehrdienst.

Der letzte Abschnitt liefert nützliche Zusatzinformationen: Timo nennt seine sportlichen Aktivitäten und seine Ersthelferkenntnisse, die er sogar schon einmal in einem Notfall angewendet hat.

In den letzten Jahren habe ich kontinuierlich Erste-Hilfe-Kurse absolviert und meine Kenntnisse bereits in einer Notfallsituation als Ersthelfer bei einem Autounfall mit Erfolg eingesetzt. Ich treibe regelmäßig Sport und verfüge über die notwendige gesundheitliche Eignung, körperliche Fitness und Belastbarkeit.

Der Lebenslauf

Die aktuelle Berufsausbildung, zwei Praktika, der Schulabschluss, wertvolle Zusatzkenntnisse: Timos Werdegang umfasst schon eine ganze Reihe an Stationen. In einem sauberen, auf das Wesentliche reduzierten Lebenslauflayout findet alles übersichtlich seinen Platz. Die Hauptinformationen betont Timo durch Fettdruck, ergänzende Angaben (Notendurchschnitt, Praktikumsinhalte) stehen in Normalschrift darunter. Unter „Weitere Kenntnisse und Interessen" listet er drei Punkte auf, die für die Ausbildung wichtig sind: die Sportleidenschaft, die Erste-Hilfe-Kenntnisse und den Führerscheinbesitz.

Fazit

Timo hat sich im Vorfeld intensiv mit den Einstellungsvoraussetzungen im mittleren feuerwehrtechnischen Dienst vertraut gemacht. So konnte er seine Bewerbung genau auf die geforderten Kriterien zuschneiden. Mit seiner Ausbildung, unterstützt durch zwei Praktika und wertvolle Zusatzkenntnisse, deckt er den kompletten typischen Anforderungskatalog einer Berufsfeuerwehr ab. Obendrein erhält der Feuerwehr-Personaler sogar noch eine Praktikumsbeurteilung aus der Hand eines Kollegen!

Timo Ziegler
Karl-von-Trier-Straße 42
54292 Trier
06121 – 231 52
T.Ziegler@mail.tld

Bewerbung

Stadtverwaltung Trier
Personalamt
Kennziffer 21.38
Josefine-Schalck-Straße 66
54295 Trier

Trier, 15.10.2013

Ausbildung zum Beamten im mittleren feuerwehrtechnischen Dienst

Sehr geehrte Damen und Herren,

seit dem erfolgreichen Abschluss der Hauptschule absolviere ich eine Berufsausbildung zum Wärme-, Kälte- und Schallschutzisolierer. Ich erziele gute Noten in der Berufsschule und verfüge über sehr gute handwerkliche Fähigkeiten. In der Ausbildung arbeite ich hauptsächlich beim Neubau und bei der Sanierung von Gebäuden mit.

Ich sammle umfassende Kenntnisse in allen Isolierungsarbeiten und in der Isolierungstechnik sowie im vorbeugenden Brandschutz und in der Durchführung feuerhemmender Dämmungen. Zu meinen Tätigkeiten gehört auch die Wartung und Instandhaltung von Geräten und Werkzeugen.

Im nächsten Jahr werde ich die Ausbildung mit dem Gesellenbrief beenden. Da ich schon lange beabsichtige, nach der handwerklichen Ausbildung die Laufbahn im feuerwehrtechnischen Dienst einzuschlagen, habe ich während meines Urlaubs ein freiwilliges Praktikum in der Feuerwache Wittlich absolviert. Hier lernte ich die verschiedenen Aufgabenbereiche in der Wache kennen, vor allem die Schlauch- und Atemschutzwerkstatt und die Leitstellendisposition. Herr Oberbrandmeister Werner Kraft bestätigte mir ein hohes Interesse und eine sehr gute Eignung für den Feuerwehrdienst.

In den letzten Jahren habe ich kontinuierlich Erste-Hilfe-Kurse absolviert und meine Kenntnisse bereits in einer Notfallsituation als Ersthelfer bei einem Autounfall mit Erfolg eingesetzt. Ich treibe regelmäßig Sport und verfüge über die notwendige gesundheitliche Eignung, körperliche Fitness und Belastbarkeit.

Gerne stelle ich mich persönlich bei Ihnen vor. Auf Ihre Einladung zum Auswahlgespräch freue ich mich.

Mit freundlichen Grüßen

Timo Ziegler

Timo Ziegler
Karl-von-Trier-Straße 42
54292 Trier
06121 – 231 52
T.Ziegler@mail.tld

Lebenslauf

Zur Person

Geburtsdatum:	12.06.1994
Geburtsort:	Konz
Familienstand:	verheiratet

Berufsausbildung

seit 08.2011	**Ausbildung zum Wärme-, Kälte- und Schallschutzisolierer bei der Gerber Isoliertechnik GmbH in Trier** Besuch der Berufsschule, Notendurchschnitt: 2,3 Voraussichtlicher Abschluss: Gesellenbrief (2014)

Praktika

08.2013	**Einwöchiges freiwilliges Praktikum während des Urlaubs bei der Feuerwache Wittlich** Kennenlernen der Aufgaben und Abteilungen, Gespräche mit Feuerwehrmitarbeitern, Hospitation in der Leitstelle
09.2010	**Dreiwöchiges Schülerpraktikum bei der Meier Isolierungen GmbH in Bad Breisig** Grundlagen der Wärmedämmung, Lagerung der Werkzeuge und Arbeitsgeräte

Schulausbildung

08.2005 – 06.2011	**Hauptschulabschluss** auf der August-Beer-Hauptschule in Trier

Weitere Kenntnisse und Interessen

PC-Kenntnisse	**MS-Word und Excel** (fortgeschrittene Kenntnisse)
Sprachen	**Englisch** (6 Jahre Schulenglisch)
Führerschein	**Klasse B**
Erste Hilfe	**Erste-Hilfe-Kurse** 2010, 2011 und 2013
Interessen	**Fitnesssport, Jogging, Radfahren**

Trier, 15.10.2013

Timo Ziegler

Justizverwaltung (mittlerer Justizdienst)

Der Beruf

In der Justizverwaltung arbeiten Justizfachwirte (mittlerer Beamtendienst), Diplom-Rechtspfleger (gehobener Beamtendienst) sowie Justizfachangestellte (kein Beamtenstatus). Sie unterstützen Richter und Staatsanwälte – indem sie Abrechnungen erstellen, den Schriftverkehr bearbeiten, Abschriften beglaubigen, Protokoll bei Gerichtsverhandlungen führen und vieles mehr. Rechtspfleger im gehobenen Justizdienst dürfen sogar eigenständig Rechtshandlungen vornehmen. Das verantwortungsvolle Aufgabenspektrum erfordert vor allem gute Sprach- und Rechenfähigkeiten, logisches Denkvermögen und ein Interesse an Rechtsthemen.

Die Bewerberin

Ein Fall im Gemeinschaftskundeunterricht hat Melanie Winkler veranlasst, sich näher mit dem Justizwesen zu befassen. Nun strebt sie eine Beamtenausbildung im mittleren Justizdienst an. Die dafür nötige Fachoberschulreife wird sie im kommenden Jahr erlangen. In ihrer Bewerbung kann sie auf ihre Büroerfahrung, ihre Kenntnisse im Maschinenschreiben sowie ihr Schulpraktikum im Landgericht zurückgreifen.

Das Anschreiben

Für eine Ausbildungsbewerbung beim Amtsgericht ist ein Praktikum im Landgericht natürlich Gold wert. Daher stellt Melanie ihre einschlägigen Vorerfahrungen direkt an den Anfang. Bei der Gelegenheit kann sie die Personalerin auch gleich auf ihre hervorragende Beurteilung aufmerksam machen.

das Führen von Gerichtsakten, die Verwaltung von Terminen sowie die Bearbeitung von Einträgen ins Grundbuch und ins Handelsregister waren die wesentlichen Aufgaben, die ich während eines Praktikums am Landgericht Eisenhüttenstadt kennen lernte. Außerdem hospitierte ich zwei Tage in der Mahnabteilung. Die Praktikumsbetreuerin, Frau Justizfachwirtin Hilde Engelbrecht, bescheinigte mir eine sehr gute Auffassungsgabe und eine hohe Lernmotivation.

Im zweiten Absatz schildert Melanie ihre schulische Situation. Dabei greift sie gezielt diejenigen Fächer heraus, die für die Ausbildung wichtig sind. Über ein Gemeinschaftskundethema leitet sie ihr berufliches Interesse her.

Ich bin zurzeit Schülerin der 10. Klasse der Reinhold-Platz-Schule in Cottbus. Am Ende dieses Schuljahrs werde ich die Fachoberschulreife erlangen. In Deutsch, Mathematik und Informationstechnik erziele ich befriedigende bis gute Leistungen. Großes Interesse hat bei mir das Fach Gemeinschaftskunde geweckt. Hier haben wir unter anderem einen Fall des Jugendstrafrechts näher behandelt. Dies veranlasste mich, mich auch in meiner Freizeit intensiver mit dem Thema Justiz auseinanderzusetzen.

In den folgenden Zeilen bündelt Melanie verschiedene vorteilhafte Zusatzkenntnisse. Der VHS-Maschinenschreibkurs zeugt dabei von besonderer Lernbereitschaft.

Ich verfüge über gute Kenntnisse in der deutschen Rechtschreibung und in der PC-Anwendung, vor allem in der Textverarbeitung mit Microsoft Word und OpenOffice. In einem VHS-Kurs erlernte ich das 10-Finger-System. Außerdem bringe ich ein gutes Zahlenverständnis mit.

Zum Schluss wartet Melanie mit einer Überraschung auf: Sie nennt einen ehemaligen Richter, der ihr das Amtsgericht Cottbus als Ausbildungsgericht ans Herz gelegt hat. Woher Melanie ihn kennt, bleibt zwar offen; im Idealfall kann sein Name dennoch zum Türöffner werden.

Herr Dr. Günter Hellweg, ehemaliger Richter am Bezirksgericht Frankfurt/Oder, empfahl mir das Amtsgericht Cottbus aufgrund seiner qualitativ hochwertigen Ausbildung.

Der Lebenslauf

Auf den ersten Blick folgt Melanie einem bewährten Muster: Sie unterteilt in die zwei großen Blöcke zu Schule und Praxiserfahrung und versieht darin jeden Eintrag mit knappen Zusatzinformationen. Schaut man genauer hin, macht allerdings stutzig, dass die gemeinhin übliche Rubrik zu den weiteren Qualifikationen und/oder Interessen fehlt. Beim Lesen zeigt sich jedoch rasch, dass alle wichtigen Sprach- und PC-Kenntnisse genannt werden, und zwar in den Kategorien „Schulausbildung" und „VHS-Kurse". Der Grund für diese Vorgehensweise: Indem Melanie für ihre volkshochschulische Weiterbildung einen separaten Bereich anlegt, kann sie ihre Lernmotivation noch deutlicher hervorheben.

Fazit

Eine gut ausbalancierte Bewerbung, die das Gerichtspraktikum in den Mittelpunkt stellt, ohne die Berufsmotivation, die schulischen Leistungen oder sonstige Qualifikationen zu vernachlässigen. Mit ihrer Praktikumsbetreuerin und einem ehemaligen Richter integriert Melanie zudem gleich zwei Referenzpersonen. Die Aufmerksamkeit der Personalerin dürfte ihr damit sicher sein.

Melanie Winkler
Hermann-Elias-Straße 1 – 03048 Cottbus – Tel.: 06121 121 23 54 – E-Mail: Melanie.Winkler@mail.tld

Melanie Winkler – Hermann-Elias-Straße 1 – 03048 Cottbus

Cottbus, 15.10.2013

Amtsgericht Cottbus
Abt: IV/1
Frau Pickenäcker
Untere Hauptstraße 124
03051 Cottbus

Bewerbung um eine Ausbildung zur Beamtin im mittleren Justizdienst
Kennziffer: 23.123 ABJ

Sehr geehrte Frau Pickenäcker,

das Führen von Gerichtsakten, die Verwaltung von Terminen sowie die Bearbeitung von Einträgen ins Grundbuch und ins Handelsregister waren die wesentlichen Aufgaben, die ich während eines Praktikums am Landgericht Eisenhüttenstadt kennen lernte. Außerdem hospitierte ich zwei Tage in der Mahnabteilung. Die Praktikumsbetreuerin, Frau Justizfachwirtin Hilde Engelbrecht, bescheinigte mir eine sehr gute Auffassungsgabe und eine hohe Lernmotivation.

Ich bin zurzeit Schülerin der 10. Klasse der Reinhold-Platz-Schule in Cottbus. Am Ende dieses Schuljahrs werde ich die Fachoberschulreife erlangen. In Deutsch, Mathematik und Informationstechnik erziele ich befriedigende bis gute Leistungen. Großes Interesse hat bei mir das Fach Gemeinschaftskunde geweckt. Hier haben wir unter anderem einen Fall des Jugendstrafrechts näher behandelt. Dies veranlasste mich, mich auch in meiner Freizeit intensiver mit dem Thema Justiz auseinanderzusetzen.

Ich verfüge über gute Kenntnisse in der deutschen Rechtschreibung und in der PC-Anwendung, vor allem in der Textverarbeitung mit Microsoft Word und OpenOffice. In einem VHS-Kurs erlernte ich das 10-Finger-System. Außerdem bringe ich ein gutes Zahlenverständnis mit.

Herr Dr. Günter Hellweg, ehemaliger Richter am Bezirksgericht Frankfurt/Oder, empfahl mir das Amtsgericht Cottbus aufgrund seiner qualitativ hochwertigen Ausbildung. Bieten Sie einer hochmotivierten Bewerberin im kommenden Jahr einen Ausbildungsplatz an? Dann freue ich mich auf Ihre Einladung.

Mit freundlichen Grüßen

Melanie Winkler

Melanie Winkler
Hermann-Elias-Straße 1 – 03048 Cottbus – Tel.: 06121 121 23 54 – E-Mail: Melanie.Winkler@mail.tld

Lebenslauf

Melanie Winkler
17 Jahre alt, geb. am 2. Februar 1996
deutsche Staatsangehörigkeit
ledig

Berufswunsch: Beamtin im mittleren Justizdienst

Schulausbildung

seit 08.2008 | Reinhold-Platz-Schule
Fachoberschulreife (2014)
Neigungsfächer: Deutsch, Mathematik, Gemeinschaftskunde
Wahlpflichtfach: Informationstechnik (MS Word, Excel, PowerPoint)

Praktische Erfahrung

03.2013 – 04.2013 | Landgericht Eisenhüttenstadt
Schülerpraktikum in der Justizverwaltung
Abteilungen Grundbuchstelle, Handelsregister, Mahnwesen

seit 01.2013 | Winkler Busreisen GmbH
Bürohilfe im Familienbetrieb (Nebentätigkeit)
Ablage, Kopierarbeiten, Postversand

07.2012 – 08.2012 | Suppenbar Am Markt, Cottbus
Küchenhilfe in den Schulferien

VHS-Kurse

02.2013 | Volkshochschule Cottbus
Maschinenschreiben / 10-Finger-System

09.2011 – 02.2012 | Volkshochschule Cottbus
Polnisch-Sprachkurs (Grundlagen)

Cottbus, 15. Oktober 2013

Melanie Winkler

Polizei (gehobener Polizeivollzugsdienst)

Der Beruf

Als „Freund und Helfer“ steht man im Dienst für Sicherheit und Ordnung, hauptsächlich zur Verbrechensbekämpfung und -prävention. Auf Bundesebene und bei den 16 deutschen Landespolizeien bieten sich vielfältige Einstiegsmöglichkeiten – bei der Schutzpolizei, Kriminalpolizei, Bereitschaftspolizei, Wasserschutzpolizei oder anderen Organisationseinheiten. Die beruflichen Anforderungen sind äußerst hoch: Zu den Grundvoraussetzungen zählen körperliche Fitness, psychische Robustheit, Kommunikationsvermögen, charakterliche Eignung und je nach Laufbahn eine entsprechende Schulqualifikation.

Der Bewerber

Jan Kaiser wird im nächsten Jahr die allgemeine Hochschulreife erwerben und strebt eine Ausbildung im gehobenen Polizeivollzugsdienst an. Auf mehreren Veranstaltungen hat er sich bereits ein detailliertes Bild von den polizeilichen Aufgaben und Tätigkeiten verschafft. Jan war bisher noch nicht beruflich aktiv und möchte deswegen seine guten Schulnoten, seine hohe Verantwortungsbereitschaft und seine Sportlichkeit in den Vordergrund stellen.

Das Anschreiben

Wie sehr sich Jan für den gewählten Beruf interessiert, wird sofort im ersten Satz klar: Jan berichtet von seinen Veranstaltungsbesuchen, bei denen er Ausbildungsinformationen aus erster Hand erhalten hat.

auf der Landespolizeischau in Aschersleben (2012) und dem Tag der offenen Tür im Polizeipräsidium Magdeburg (2013) habe ich mich ausführlich über den abwechslungsreichen Dienstalltag sowie über die Anforderungen und Risiken des Polizeiberufs informiert. Die interessanten Gespräche mit mehreren Polizeibeamten und die Einblicke in die Wach- und Schießausbildung haben bei mir den Wunsch verfestigt, eine Ausbildung im gehobenen Polizeivollzugsdienst zu absolvieren.

Der nächste Abschnitt steht im Zeichen schulischer Leistungen. Dass Jans Lernmotivation über den Unterricht hinausreicht, belegt er mit zwei Englischzertifikaten. Die einleitende Altersangabe kann für den Personaler hilfreich sein: Für eine Polizeiausbildung gelten bestimmte Mindestaltersgrenzen.

Ich bin 18 Jahre jung und werde in einem Jahr die Schule mit der allgemeinen Hochschulreife beenden. Mein aktueller Notendurchschnitt liegt bei 2,4 und meine Lieblingsfächer sind Englisch, Sport und Politik, in denen ich gute bis sehr gute Leistungen erziele. In Deutsch und Mathematik liegen meine Zensuren konstant im befriedigenden Bereich. Zur Erweiterung meiner Englischkenntnisse habe ich in den letzten Jahren zwei Cambridge ESOL-Zertifikate (zuletzt Level B1) erworben.

Daraufhin illustriert Jan seine beruflichen Beweggründe. Im Kontext seiner schulischen und sportlichen Aktivitäten präsentiert er sich als reife, charakterstarke Persönlichkeit, die den Anforderungen der Polizeiarbeit voll gewachsen ist.

Innerhalb des Politikunterrichts behandelten wir unter anderem die Themen Rechtsstaat, Demokratie und gesellschaftliche Verantwortung. Gerne möchte ich mich beruflich für die Sicherung der Grundwerte unseres Staatwesens einsetzen. Dafür bringe ich ein hohes Pflicht- und Verantwortungsbewusstsein mit, das ich als Klassen- und Kurssprecher sowie als Teamplayer im Sportverein seit vielen Jahren beweise.

Der Polizeiberuf erfordert eine hohe körperliche Fitness. Dass Jan dieses Kriterium erfüllt, kann er eindrucksvoll vermitteln.

Die körperlichen und persönlichen Anforderungen für den Polizeidienst erfülle ich. Seit meiner Kindheit treibe ich Mannschaftssport (Basketball und Schwimmen). Außerdem habe ich das Deutsche Sportabzeichen Jugend und den Deutschen Rettungsschwimmpass erlangt.

Der Lebenslauf

Jans Schulleistungen können sich sehen lassen: Er erzielt nicht nur gute Noten in ausbildungsrelevanten Fächern, sondern übernimmt auch seit Jahren Verantwortung als Klassen- bzw. Kurssprecher. Die Englischzertifikate finden in einer eigenen Kategorie Platz, wo sie der Personaler nicht übersehen kann. Auch die diversen sportlichen Aktivitäten, die man bei vielen Berufen eher im Bereich „Interessen" vermuten würde, ordnet Jan in eine separate Kategorie. Aus gutem Grund: Wer eine Polizeiausbildung anstrebt, sollte topfit sein. Die Rubrik „Zusatzqualifikationen" enthält mit den PC-Kenntnissen und dem Führerscheinerwerb zwei weitere beruflich nützliche Einträge.

Fazit

Jans Unterlagen bestechen durch eine ausgewogene Mischung aus beruflicher Motivation, persönlicher Reife, schulischen Stärken und sportlichen Betätigungen. Indem er die Bereiche sowohl im Anschreiben als auch im Lebenslauf nahezu gleichrangig behandelt, stellt er seine Bewerbung auf ein breites Fundament an Kompetenzen. Für die Ausbildung im gehobenen Polizeivollzugsdienst ist Jan trotz fehlender Praxiskenntnisse offensichtlich gut aufgestellt.

Jan Kaiser • An der Magdalenenkapelle 22 • 39120 Magdeburg
Tel.: 06121 / 671 235 01 • Mobil: 0143 / 299 003 12 • E-Mail: Jan.Kaiser@mail.tld

Magdeburg, 15. Oktober 2013

Bildungszentrum der Polizei
Sachsen-Anhalt
Referat 12.4
Otto-von-Bismarck-Platz 12a
39109 Magdeburg

Bewerbung um eine Ausbildung im gehobenen Polizeivollzugsdienst

Sehr geehrte Damen und Herren,

auf der Landespolizei-Schau in Aschersleben (2012) und dem Tag der offenen Tür im Polizeipräsidium Magdeburg (2013) habe ich mich ausführlich über den abwechslungsreichen Dienstalltag sowie über die Anforderungen und Risiken des Polizeiberufs informiert. Die interessanten Gespräche mit mehreren Polizeibeamten und die Einblicke in die Wach- und Schießausbildung haben bei mir den Wunsch verfestigt, eine Ausbildung im gehobenen Polizeivollzugsdienst zu absolvieren.

Ich bin 18 Jahre jung und werde in einem Jahr die Schule mit der allgemeinen Hochschulreife beenden. Mein aktueller Notendurchschnitt liegt bei 2,4 und meine Lieblingsfächer sind Englisch, Sport und Politik, in denen ich gute bis sehr gute Leistungen erziele. In Deutsch und Mathematik liegen meine Zensuren konstant im befriedigenden Bereich. Zur Erweiterung meiner Englischkenntnisse habe ich in den letzten Jahren zwei Cambridge ESOL-Zertifikate (zuletzt Level B1) erworben.

Innerhalb des Politikunterrichts behandelten wir unter anderem die Themen Rechtsstaat, Demokratie und gesellschaftliche Verantwortung. Gerne möchte ich mich beruflich für die Sicherung der Grundwerte unseres Staatswesens einsetzen. Dafür bringe ich ein hohes Pflicht- und Verantwortungsbewusstsein mit, das ich als Klassen- und Kurssprecher sowie als Teamplayer im Sportverein seit vielen Jahren beweise.

Die körperlichen und persönlichen Anforderungen für den Polizeidienst erfülle ich. Seit meiner Kindheit treibe ich Mannschaftssport (Basketball und Schwimmen). Außerdem habe ich das Deutsche Sportabzeichen Jugend und den Deutschen Rettungsschwimmpass erlangt.

Gerne stelle ich mich dem Auswahlverfahren für den gehobenen Dienst. Ich freue mich auf Ihre Einladung.

Mit freundlichen Grüßen

Jan Kaiser

Jan Kaiser • An der Magdalenenkapelle 22 • 39120 Magdeburg
Tel.: 06121 / 671 235 01 • Mobil: 0143 / 299 003 12 • E-Mail: Jan.Kaiser@mail.tld

Lebenslauf

Angaben zur Person

Geburtsdatum und -ort:	20. Oktober 1995, Magdeburg
Staatsangehörigkeit:	deutsch
Familienstand:	ledig

Schulausbildung

seit Aug. 2006 — Otto-von-Guericke-Schule, Magdeburg
Voraussichtlicher Abschluss: Allgemeine Hochschulreife
- Aktuelle Leistungen: Englisch (Leistungskurs: 2), Erdkunde (Leistungskurs: 3), Mathematik (3), Sport (1), Deutsch (3), Politik (2)
- Kurssprecher (Englisch, Sport), Klassensprecher (7.–10. Klasse)

Aug. 2002 – Jun. 2006 — Grundschule an der Stadtmauer

Sprachkurse

Febr. 2013 — Otto-von-Guericke-Schule, Magdeburg
Englisch – Cambridge ESOL Zertifikat (Preliminary)
- Level B1 (nach dem europäischen Referenzrahmen)

Aug. 2010 — Otto-von-Guericke-Schule, Magdeburg
Englisch – Cambridge ESOL Zertifikat (Key)
- Level A2 (nach dem europäischen Referenzrahmen)

Sportliche Aktivitäten

seit Sept. 2007	aktiv als Basketball-Spieler, Magdeburg Lions e. V.
seit Febr. 2004	aktiv als Schwimmer, Schwimmverband Sachsen-Anhalt, Magdeburg
2012	Deutscher Rettungsschwimmpass
2011	Deutsches Sportabzeichen Jugend

Zusatzqualifikationen

PC-Kenntnisse	MS-Word, PowerPoint, Excel (erweiterte Kenntnisse)
Führerschein	Klasse B (Prüfung Anfang 2014)

Magdeburg, 15. Oktober 2013

Jan Kaiser

Verwaltungsfachangestellte/r

Der Beruf

Verwaltungsfachangestellte arbeiten hauptsächlich bei Bundes-, Landes- oder Kommunalbehörden. Dort sind sie vor allem in der Büroorganisation, in der Sachbearbeitung sowie in der Bürgerberatung tätig. Die inhaltlichen Schwerpunkte unterscheiden sich je nach Einsatzbereich: Klassische Aufgabenfelder sind Meldewesen, Finanzen, Personal, Baurecht, Soziales, Umweltschutz sowie öffentliche Sicherheit und Ordnung. Auf jeden Fall sollten Bewerber gute Sprachkenntnisse, mathematische Sicherheit, Kommunikationsgeschick und ein allgemeines Interesse am öffentlichen Dienst mitbringen.

Die Bewerberin

Anna Ludwigs hat ihren Schulabschluss – das Abitur – bereits in der Tasche. Um neue Perspektiven und noch etwas Zeit für ihre Berufsfindung zu gewinnen, engagiert sie sich zurzeit im Bundesfreiwilligendienst. Ein Nebenjob als Bürohilfe und ein Kurzpraktikum bei der Volkshochschule runden ihr Portfolio an beruflichen Erfahrungen ab.

Das Anschreiben

Anna bewirbt sich bei einer Kommunalverwaltung – und viele Volkshochschulen (VHS) werden von den Kommunen getragen. Für Anna liegt es daher nahe, ihr VHS-Praktikum gleich zu Beginn herauszustellen.

im Rahmen eines Praktikums bei der Volkshochschule Wuppertal erhielt ich einen ersten Einblick in die Arbeit der Kommunalverwaltung. Ich lernte Aufgaben in der Anmeldung und Datenerfassung kennen und teilte Informationsmaterialien für Interessenten aus. Außerdem habe ich einen Tag in der Kostenstelle hospitiert.

Im Anschluss verknüpft Anna das Praktikum mit ihrer Berufswahl. Unterstützend führt sie Themen aus dem Politikunterricht ins Feld, die sie veranlasst haben, sich näher mit dem Staatsaufbau zu beschäftigen.

Diese Arbeitsbereiche haben mich motiviert, mich näher mit den Aufgaben in der Stadtverwaltung zu befassen. Im Politikunterricht sprach mich das Thema Bund-Land-Kommunen, insbesondere die Aufgabenverteilung der öffentlichen Verwaltung in Deutschland und die Anwendung unterschiedlicher Rechtsvorschriften, sehr an.

Im dritten Absatz geht Anna auf ihren Schulabschluss ein. Mit Deutsch und Mathematik hebt sie dabei zwei ihrer Abiturfächer hervor, die für ihre berufliche Eignung besonders aussagekräftig sind.

Im letzten Sommer habe ich die Schule mit der allgemeinen Hochschulreife abgeschlossen. Ich erzielte einen Notendurchschnitt von 2,6 und hatte unter anderem Deutsch und Mathematik zu meinen Abiturfächern gewählt.

Daraufhin beschreibt Anna ihre aktuelle Arbeit im Familienbildungszentrum. Sinnvollerweise konzentriert sie sich auf Bereiche, in denen sie auch als angehende Verwaltungsfachangestellte tätig wäre: Organisation, Verwaltung, Beratung.

Um mich für das Gemeinwohl zu engagieren, entschied ich mich, innerhalb des Bundesfreiwilligendiensts für ein Jahr eine gemeinnützige Aufgabe zu übernehmen. Seit einigen Wochen arbeite ich im Familienbildungszentrum Heckinghausen mit. Meine Aufgaben liegen im organisatorisch-verwaltenden Bereich und in der Beratung von Familien und Kindern. Ich helfe bei der Vorbereitung von Workshops und Sprechstunden sowie bei der Nachhilfe für Kinder.

Abschließend bekräftigt Anna noch einmal, dass sie sich mit den Aufgaben des gewählten Berufs voll identifizieren kann.

Mein Ziel ist eine Ausbildung zur Verwaltungsfachangestellten der Fachrichtung Kommunalverwaltung ab dem nächsten Ausbildungsjahr, weil ich in diesem Beruf sowohl Verwaltungs- als auch Beratungstätigkeiten ausüben kann.

Der Lebenslauf

Im Unterschied zum Anschreiben steht in Annas Lebenslauf der Bundesfreiwilligendienst weit oben. Zum einen mag dies der zeitlichen Reihenfolge geschuldet sein; zum anderen kann Anna so andere Facetten ihres Profils betonen: Die Arbeit im Familienbildungszentrum erweitert ihre Praxiskenntnisse und zeugt von gesellschaftlichem Engagement. Mit ihren Sprach- und PC-Fähigkeiten sowie ihrem Nebenjob liefert Anna dem Personaler außerdem Zusatzinformationen, die sie im Bewerbungsschreiben aus Platzgründen nicht mehr erwähnen wollte.

Fazit

Anna beleuchtet ihre Talente im Anschreiben etwas anders als in ihrem Lebenslauf. In der Zusammenschau beider Dokumente entsteht ein rundum gelungener Eindruck: Anna präsentiert sich als gut vorbereitete und vorbehaltlos geeignete Bewerberin. Darüber hinaus fallen ihre Unterlagen durch eine ansprechende Gestaltung auf, die mit einem frischen, aber nicht unseriös-knalligen Rotton Akzente setzt.

Anna Ludwigs

Pina-Bausch-Weg 23 • 42368 Wuppertal • Tel.: 06121 56 98 74 • Mobil: 0143 987 65 32 • E-Mail: anna.ludwigs@mail.tld

Wuppertal, 15.10.2013

Stadtverwaltung Wuppertal
Personalamt
Referat 12.6
Markt 26
42109 Wuppertal

Bewerbung um eine Ausbildung zur Verwaltungsfachangestellten

Sehr geehrte Damen und Herren,

im Rahmen eines Praktikums bei der Volkshochschule Wuppertal erhielt ich einen ersten Einblick in die Arbeit der Kommunalverwaltung. Ich lernte Aufgaben in der Anmeldung und Datenerfassung kennen und teilte Informationsmaterialien für Interessenten aus. Außerdem habe ich einen Tag in der Kostenstelle hospitiert.

Diese Arbeitsbereiche haben mich motiviert, mich näher mit den Aufgaben in der Stadtverwaltung zu befassen. Im Politikunterricht sprach mich das Thema Bund-Land-Kommunen, insbesondere die Aufgabenverteilung der öffentlichen Verwaltung in Deutschland und die Anwendung unterschiedlicher Rechtsvorschriften, sehr an.

Im letzten Sommer habe ich die Schule mit der allgemeinen Hochschulreife abgeschlossen. Ich erzielte einen Notendurchschnitt von 2,6 und hatte unter anderem Deutsch und Mathematik zu meinen Abiturfächern gewählt.

Um mich für das Gemeinwohl zu engagieren, entschied ich mich, innerhalb des Bundesfreiwilligendiensts für ein Jahr eine gemeinnützige Aufgabe zu übernehmen. Seit einigen Wochen arbeite ich im Familienbildungszentrum Heckinghausen mit. Meine Aufgaben liegen im organisatorisch-verwaltenden Bereich und in der Beratung von Familien und Kindern. Ich helfe bei der Vorbereitung von Workshops und Sprechstunden sowie bei der Nachhilfe für Kinder.

Mein Ziel ist eine Ausbildung zur Verwaltungsfachangestellten der Fachrichtung Kommunalverwaltung ab dem nächsten Ausbildungsjahr, weil ich in diesem Beruf sowohl Verwaltungs- als auch Beratungstätigkeiten ausüben kann.

Ich freue mich auf ein Gespräch mit Ihnen.

Mit freundlichen Grüßen

Anna Ludwigs

Anna Ludwigs

Anna Ludwigs

Pina-Bausch-Weg 23 • 42368 Wuppertal • Tel.: 06121 56 98 74 • Mobil: 0143 987 65 32 • E-Mail: anna.ludwigs@mail.tld

Persönliche Daten

Geburtsdatum und -ort:	28.11.1994, Wülfrath
Familienstand:	ledig
Staatsangehörigkeit:	deutsch

Bundesfreiwilligendienst

seit 08.2013	ASB e. V., Wuppertal Mitarbeit im Familienbildungszentrum Heckinghausen Betreuung des Familiencafés, Vorbereitung der Sprechstunde für Menschen mit Migrationshintergrund, Hausaufgabenbetreuung, Organisation des Tanz-Workshops

Schulausbildung

08.2005 – 06.2013	Johannes-Rau-Gymnasium, Wuppertal Allgemeine Hochschulreife Abiturfächer: Deutsch, Pädagogik, Biologie, Mathematik Abschlussnote: 2,6
09.2001 – 07.2005	Wilhelm-Dörpfeld-Grundschule, Wuppertal

Nebentätigkeit und Praktikum

05.2012 – 12.2012	Klemens GmbH, Wuppertal Bürohilfe Aktenablage, Archiv, Botendienste, Bestellwesen
10.2011	Volkshochschule Wuppertal Schülerpraktikum Anmeldung, Kundeninformation, Datenerfassung, Kostenstelle

Zusatzqualifikationen

PC-Kenntnisse	MS-Word und Excel (gute Kenntnisse) MS-PowerPoint und Outlook (gute Grundlagen)
Sprachen	Englisch (gute Schulkenntnisse) Spanisch (VHS-Grundkurs)
Führerschein	Klasse B

Wuppertal, 15.10.2013

Anna Ludwigs

Anna Ludwigs

Zoll (mittlerer Zolldienst)

Der Beruf

Das Aufgabenspektrum der Bundeszollverwaltung ist gewaltig: Sie kann überall da zum Zuge kommen, wo staatliche Abgaben- und Steuerbestimmungen umzusetzen sind. Die „Wirtschafts- und Einnahmeverwaltung des Bundes" (so die behördliche Selbstbezeichnung) überwacht den grenzüberschreitenden Warenverkehr, erhebt Zollabgaben, treibt Verbrauchsteuern ein, überprüft Unternehmen, bekämpft Schwarzarbeit und Lohndumping und einiges mehr. Um dem Zolldienst gewachsen zu sein, braucht man Deutschkenntnisse, Zahlensicherheit, Flexibilität, Fitness sowie ein Interesse an Rechts- und Wirtschaftsthemen.

Die Bewerberin

Nadja Neustädter strebt eine Ausbildung im mittleren Dienst an. Das dafür vorausgesetzte Schulkriterium – Realschulabschluss oder vergleichbar – wird sie im kommenden Jahr mit Erlangung der Fachoberschulreife erfüllen. Abgesehen von ihren schulischen Kenntnissen möchte Nadja vor allem mit ihren breit gestreuten Zusatzqualifikationen und ihren Sozialkompetenzen punkten.

Das Anschreiben

Schon der Einstiegssatz hat es in sich: Mit der Ausrichtung ihrer Berufsfachschule, dem angestrebten Abschluss und ihrem Interesse an Recht und Wirtschaft bringt Nadja darin gleich drei wichtige Informationen unter.

die Themen Wirtschaft und Recht gehören zu meinen Interessenschwerpunkten auf der Berufsfachschule für Wirtschaft und Verwaltung, auf der ich im nächsten Jahr die Fachoberschulreife erlangen werde.

Dass Nadja sich ganz gezielt beim Zoll bewirbt, belegt der nächste Absatz. Im Unterricht hat sie bereits einiges über das Aufgabenspektrum der Behörde erfahren. Darüber hinaus hat sie auch die Zoll-Ausbildungsbroschüre aufmerksam studiert.

In Betriebswirtschaftslehre und Gemeinschaftskunde haben wir ausführlich die Aufgaben des Zolls und der Finanzverwaltung sowie die Verwendung von Steuern behandelt. Dabei wurden auch rechtliche Aspekte angesprochen. Diese Themen haben mich sehr fasziniert, so dass ich mich in Ihrer Broschüre „Karriere beim Zoll" intensiv über die Ausbildungswege informiert habe. Die vielseitigen Aufgaben in der Überwachung und Umsetzung von Vorschriften im internationalen Personen- und Warenverkehr sprechen mich sehr an.

Im dritten Abschnitt legt Nadja mit einer Reihe von Zusatzqualifikationen nach. Dabei bindet sie auch ihren Ferienjob ein, von dem aus sie gezielt Bezüge zur Zollarbeit herstellt.

Für eine erfolgreiche Ausbildung bringe ich weiterhin ein ausgeprägtes Zahlenverständnis, gutes Ausdrucksvermögen und grundlegende PC-Kenntnisse mit. Außerdem sammelte ich im Rahmen einer Ferientätigkeit erste Erfahrung in der sorgfältigen Prüfung von Lieferpapieren, auch für den Versand von Waren ins Ausland.

Danach deutet Nadja an, dass sie auch körperlich und charakterlich für den Zollberuf geeignet ist. Neben ihren sportlichen Hobbys kommt ihr dabei zugute, dass sie auf der Hauptschule drei Jahre lang als Streitschlichterin aktiv war: Konfliktsituationen gibt es hin und wieder auch im Zolldienst.

Ich erfülle alle Voraussetzungen hinsichtlich der körperlichen Fitness und Sehfähigkeit. Im Verein treibe ich seit mehreren Jahren aktiv Sport (Selbstverteidigung, Karate und Fitness). Meine Konfliktfähigkeit habe ich während meines dreijährigen Amts als Streitschlichterin auf der Schule bewiesen. Für meinen Einsatz und mein Engagement erhielt ich eine Belobigung des Schuldirektors.

Um den Personaler früh auf ihr eintragsloses Führungszeugnis aufmerksam zu machen, platziert Nadja noch im Textteil ihres Anschreibens einen Anlagenverweis. Damit signalisiert sie, dass sie nichts zu verbergen hat.

In der Anlage erhalten Sie meine Zeugnisse einschließlich eines eintragslosen Führungszeugnisses.

Der Lebenslauf

Nadjas Lebenslauf glänzt durch Liebe zum Detail. Die ergänzenden Stichpunkte sind klug gewählt: Die berufsschulischen Kernfächer verdeutlichen Nadjas Faible für zollverwandte Themen, während die Zusatzangaben zum Hauptschul-Eintrag Sozialkompetenzen, Sportlichkeit und Engagement betonen. Die Rubrik „Zusatzkenntnisse und Interessen" untermauert Nadjas PC-Fähigkeiten, ihre rege sportliche Aktivität und ihren wirtschaftlich-politischen Wissensdrang.

Fazit

Ein Praktikum mit direktem Bezug zur Zollarbeit kann Nadja nicht vorweisen. Doch auch so schafft sie es, zahlreiche Zusammenhänge zwischen ihren Erfahrungen, Stärken und Interessen und ihrer Wunschausbildung herzustellen. Darüber hinaus deutet sie einen hohen beruflichen Ehrgeiz an. In einem erfrischenden Layout vermittelt Nadjas Bewerbung das Bild einer selbstbewussten Frau, die weiß, was sie will – einen Ausbildungsplatz beim Zoll.

Nadja Neustädter

Michael-Henkel-Weg 23 • 36039 Fulda • 06121 / 234 567 • n.neustaedter@mail.tld

Fulda, 15.10.2013

Hessisches Zollamt
Abteilung Personal
Clara-Harnack-Straße 123
36043 Fulda

Bewerbung um eine Ausbildung zur Beamtin im mittleren Zolldienst

Sehr geehrte Damen und Herren,

die Themen Wirtschaft und Recht gehören zu meinen Interessenschwerpunkten auf der Berufsfachschule für Wirtschaft und Verwaltung, auf der ich im nächsten Jahr die Fachoberschulreife erlangen werde.

In Betriebswirtschaftslehre und Gemeinschaftskunde haben wir ausführlich die Aufgaben des Zolls und der Finanzverwaltung sowie die Verwendung von Steuern behandelt. Dabei wurden auch rechtliche Aspekte angesprochen. Diese Themen haben mich sehr fasziniert, so dass ich mich in Ihrer Broschüre „Karriere beim Zoll" intensiv über die Ausbildungswege informiert habe. Die vielseitigen Aufgaben in der Überwachung und Umsetzung von Vorschriften im internationalen Personen- und Warenverkehr sprechen mich sehr an.

Für eine erfolgreiche Ausbildung bringe ich weiterhin ein ausgeprägtes Zahlenverständnis, gutes Ausdrucksvermögen und grundlegende PC-Kenntnisse mit. Außerdem sammelte ich im Rahmen einer Ferientätigkeit erste Erfahrung in der sorgfältigen Prüfung von Lieferpapieren, auch für den Versand von Waren ins Ausland.

Ich erfülle alle Voraussetzungen hinsichtlich der körperlichen Fitness und Sehfähigkeit. Im Verein treibe ich seit mehreren Jahren aktiv Sport (Selbstverteidigung, Karate und Fitness). Meine Konfliktfähigkeit habe ich während meines dreijährigen Amts als Streitschlichterin auf der Schule bewiesen. Für meinen Einsatz und mein Engagement erhielt ich eine Belobigung des Schuldirektors.

In der Anlage erhalten Sie meine Zeugnisse einschließlich eines eintragslosen Führungszeugnisses. Gerne stelle ich mich Ihrem Auswahlverfahren. Ich freue mich auf Ihre Einladung.

Mit freundlichen Grüßen

Nadja Neustädter
Nadja Neustädter

Anlagen

Nadja Neustädter

Michael-Henkel-Weg 23 • 36039 Fulda • 06121 / 234 567 • n.neustaedter@mail.tld

Persönliches

geboren am 01.08.1995 in Fulda

deutsche Staatsangehörigkeit

ledig

Schule

seit 08.2012	Zweijährige Berufsfachschule für Wirtschaft und Verwaltung **Angestrebter Abschluss: Fachoberschulreife** Kernfächer: Deutsch, Englisch, Mathematik, Gemeinschaftskunde (Sozialwesen und Recht), Betriebswirtschaft, Informatik
08.2006 – 06.2012	Ferdinand-Braun-Hauptschule **Abschluss: Qualifizierender Hauptschulabschluss** Klassen 8 bis 10: Streitschlichterin Klasse 10: Selbstverteidigungskurs für Schüler Projekt Klasse 10: Spendensammlung zur Finanzierung einer Schulfahrt

Ferientätigkeit und Praktikum

07.2013 – 08.2013	Hollhuber GmbH, Fulda **Ferientätigkeit im Büro** Rechnungskontrolle, Versandpapiere und Lieferscheine prüfen, Paket- und Postversand
03.2012	Anhäuser & Bertram GmbH, Fulda **Schülerpraktikum im Büro** Telefonzentrale, Poststelle, Botendienste, Ablage

Zusatzkenntnisse und Interessen

PC-Kenntnisse	Microsoft Word und Excel (Informatikunterricht, private Anwendung)
Sprachen	Englisch (8 Jahre Schulunterricht, aktuelle Note: befriedigend)
Führerschein	Klasse B
Interessen	Aktiver Sport: Selbstverteidigung (seit 2011), Karate (seit 2009), Joggen Wirtschaft und Politik (Zeitschriften, Nachrichten, TV-Magazine)

Fulda, 15.10.2013

Nadja Neustädter
Nadja Neustädter

Berufe im Gesundheitswesen

Altenpfleger/in

Der Beruf

Altenpfleger helfen Senioren bei der Bewältigung ihres Alltags. Dazu gehört zunächst die medizinisch-pflegerische Betreuung: Die Pflegekräfte wechseln Verbände, verabreichen Medikamente, sie helfen bei der Ernährung, der Körperhygiene und in Notfällen. Außerdem tragen sie als motivierende Begleiter zu einem sinnvoll gefüllten Tagesablauf bei und sind wichtige Ansprechpartner für Ärzte und Angehörige. Der anspruchsvolle Beruf erfordert körperliche und geistige Robustheit, Kommunikationsvermögen und soziale Intelligenz; vorteilhaft sind außerdem Kreativität und ein Bewusstsein für religiöse Fragen. Im schulischen Bereich stehen die Fächer Deutsch, Mathematik und Sozialkunde im Fokus.

Der Bewerber

Nach seinem Abitur im nächsten Jahr will Alex Hoffer ein duales Studium aufnehmen, das eine Berufsausbildung mit einer hochschulischen Qualifikation kombiniert. In einer Altenpflegeeinrichtung war Alex bisher noch nicht tätig. Was es bedeutet, sich um pflegebedürftige Senioren zu kümmern, hat Alex jedoch bereits erfahren: bei einem Schulprojekt auf theoretischer, im privaten Rahmen auf praktischer Ebene.

Das Anschreiben

Im ersten Absatz zeigt Alex, dass er bereits Einblicke in die Altenpflege gewinnen konnte und sich bewusst für diesen Berufsbereich entschieden hat.

die Pflege meines Großvaters und die aktive Mitarbeit bei dem Schulprojekt „Alt und Jung zusammen“ waren ausschlaggebend für meine Berufswahl und mein ausgeprägtes Interesse für die Altenarbeit.

Daraufhin betont er seine Praxiskenntnisse: Er beschreibt, welche Aufgaben er bei der Betreuung seines Großvaters konkret übernommen hat.

Gemeinsam mit anderen Familienmitgliedern unterstützte ich ein Jahr lang die professionelle Pflege meines bettlägerigen Großvaters. Ich habe unter anderem beim Umbetten, bei der Nahrungsaufnahme und Freizeitgestaltung (Vorlesen, Musik, Malen) geholfen.

Der Folgeabschnitt macht deutlich, dass die familiären Eindrücke für Alex' Berufsentscheidung wegweisend waren. In der Schule hat er sich deswegen in einem Generationenprojekt engagiert, dessen Pflegebezug er differenziert herausarbeitet.

Diese verantwortungsvollen Aufgaben haben mich motiviert, am freiwilligen Generationenprojekt „Alt und Jung zusammen" im Ethik-Unterricht teilzunehmen. Hier habe ich mich vor allem mit der gesellschaftlichen Verantwortung in der Altenpflege, mit pflegepolitischen Fragestellungen und dem Zusammenleben mehrerer Generationen unter einem Dach befasst.

Erst nachdem er seine Berufswahl begründet und seine Vorkenntnisse eingehend beschrieben hat, spricht Alex das Schulthema an. Zu Recht hebt er seine Schwerpunktfächer hervor: Sein Bewusstsein für ethische Fragen und seine (human-)biologischen Kenntnisse werden ihm bei der pflegerisch-medizinischen Betreuung der Senioren sehr hilfreich sein. Seine künstlerische Ader dürfte ihm außerdem bei der Freizeitgestaltung zugutekommen.

Nächstes Jahr werde ich die Luise-Rainer-Gesamtschule mit dem Abitur beenden. In meinen Schwerpunktfächern – insbesondere Ethik und Biologie, dazu Kunst und Englisch – erwerbe ich vielfältige Kenntnisse, die mir in der praktischen Pflegearbeit und später im Pflegemanagement nützlich sein werden. Mein aktueller Notendurchschnitt beträgt 2,1.

Abschließend erklärt Alex, warum ihn gerade die spezielle Qualifikationsform eines dualen Studiums anspricht.

Das Duale Studium mit der Kombination von Ausbildung und begleitendem Studium bietet hervorragende Möglichkeiten, theoretische und praktische Fertigkeiten zu erlangen und auf eine verantwortungsvolle Aufgabe im Pflegebereich vorbereitet zu werden.

Der Lebenslauf

Die Rubrik „Schule" enthält lediglich den Notenschnitt und die Abiturfächer. Das argumentative Zentrum des Lebenslaufs bildet die folgende Kategorie zum schulischen und privaten Engagement: Hier bringt Alex seine gebündelten Theorie- und Praxiserfahrungen unter. Dadurch treten sein Bewusstsein für soziale Themen, seine menschliche Kompetenz und sein Vorwissen im Pflegebereich deutlich zutage. Mit der Tutortätigkeit und dem Ehrenamt finden sich darüber hinaus noch zwei aussagekräftige Aktivitäten, die nicht im Anschreiben erwähnt werden. Die Kategorien „Interessen und Freizeitaktivitäten" und „Zusatzqualifikationen" vertiefen die Informationen des Bewerbungsschreibens.

Fazit

Alex' Bewerbung demonstriert, dass er sich mit den Aufgaben und Ansprüchen der Altenpflege voll identifizieren kann. Vor dem Hintergrund des familiären Betreuungsszenarios und des Schulprojekts wird klar: Alex weiß, welche besonderen Herausforderungen die Arbeit mit hilfsbedürftigen Senioren mit sich bringt – und diese Herausforderungen versteht er zu meistern. Dieser Eindruck wird bestärkt durch passende Abiturfächer und umfassende soziale Aktivitäten.

Alex Hoffer
Bahnhofstraße 22
40102 Düsseldorf
06121 215463
0144 9665412
A.Hoffer@mail.tld

Bildungszentrum Wohlfahrt und Pflege e. V.
Frau Gabriele Münstermann
Gustaf-Gründgens-Straße 265
40135 Düsseldorf

15.10.2013

Bewerbung Duales Studium
Altenpfleger / Bachelorstudiengang Pflegemanagement

Sehr geehrte Frau Münstermann,

die Pflege meines Großvaters und die aktive Mitarbeit bei dem Schulprojekt „Alt und Jung zusammen" waren ausschlaggebend für meine Berufswahl und mein ausgeprägtes Interesse für die Altenarbeit.

Gemeinsam mit anderen Familienmitgliedern unterstützte ich ein Jahr lang die professionelle Pflege meines bettlägerigen Großvaters. Ich habe unter anderem beim Umbetten, bei der Nahrungsaufnahme und Freizeitgestaltung (Vorlesen, Musik, Malen) geholfen.

Diese verantwortungsvollen Aufgaben haben mich motiviert, am freiwilligen Generationenprojekt „Alt und Jung zusammen" im Ethik-Unterricht teilzunehmen. Hier habe ich mich vor allem mit der gesellschaftlichen Verantwortung in der Altenpflege, mit pflegepolitischen Fragestellungen und dem Zusammenleben mehrerer Generationen unter einem Dach befasst.

Nächstes Jahr werde ich die Luise-Rainer-Gesamtschule mit dem Abitur beenden. In meinen Schwerpunktfächern – insbesondere Ethik und Biologie, dazu Kunst und Englisch – erwerbe ich vielfältige Kenntnisse, die mir in der praktischen Pflegearbeit und später im Pflegemanagement nützlich sein werden. Mein aktueller Notendurchschnitt beträgt 2,1.

Das Duale Studium mit der Kombination von Ausbildung und begleitendem Studium bietet hervorragende Möglichkeiten, theoretische und praktische Fertigkeiten zu erlangen und auf eine verantwortungsvolle Aufgabe im Pflegebereich vorbereitet zu werden.

Gerne stelle ich mich persönlich bei Ihnen vor. Auf Ihre Einladung zu einem Gespräch freue ich mich.

Mit freundlichen Grüßen

Alex Hoffer

Lebenslauf

Alex Hoffer
Bahnhofstraße 22
40102 Düsseldorf
06121 215463
0144 9665412
A.Hoffer@mail.tld

geboren am 15.12.1994
in Düsseldorf

ledig

Ausbildungsziel:
Duale Ausbildung
Altenpfleger / B.A.
Pflegemanagement

Schule

seit 08.2005	**Luise-Rainer-Gesamtschule, Düsseldorf** Abiturfächer: Englisch, Kunst, Ethik, Biologie Aktueller Notendurchschnitt: 2,1
08.2001 – 06.2005	Evangelische Grundschule Oberbilk, Düsseldorf

Schulisches und privates Engagement

02.2013 – 06.2013	**Mitarbeit im freiwilligen Generationenprojekt „Alt und Jung zusammen"** im Rahmen des Ethik-Unterrichts der Luise-Rainer-Gesamtschule
12.2011 – 11.2012	**Unterstützung bei der Pflege des Großvaters** (im häuslichen Bereich)
08.2011 – 06.2012	**Tutor für Fünftklässler**, Luise-Rainer-Gesamtschule
seit 10.2008	**Ehrenamtliche Mithilfe „Geschenke der Hoffnung"** (Geschenkaktion für Kinder in Not, jährlich in der Vorweihnachtszeit)

Interessen und Freizeitaktivitäten

Musik	Klavier und Gitarre spielen
Kunst	Zeichnen
Sport	Basketball (aktiv beim TuS Düsseldorf seit 2006)

Zusatzqualifikationen

Sprachen	Englisch (gute Kenntnisse) Spanisch (Grundlagen)
PC-Kenntnisse	Word, Excel, Photoshop (gute Kenntnisse)

Düsseldorf, 28.10.2013

Alex Hoffer

3

Bewerbungsbeispiele

Gesundheits- und Krankenpfleger/in

Der Beruf

Gesundheits- und Krankenpfleger arbeiten hauptsächlich in Krankenhäusern, Arztpraxen und Pflegeeinrichtungen. Sie assistieren Ärzten, betreuen Patienten, dokumentieren Behandlungsverläufe und führen Therapiemaßnahmen durch. Die theoretische Ausbildung findet in Krankenpflegeschulen statt, hinzu kommt die praktische Tätigkeit im jeweiligen Pflegebetrieb. Förderlich sind Mathe-, Biologie- und Chemiekenntnisse, ein gutes Kommunikationsverhalten, die Bereitschaft zum „Anpacken" und ein Interesse an Medizinfragen. Darüber hinaus sollte man in der Lage sein, Stress- und Konfliktsituationen souverän zu meistern.

Die Bewerberin

Das Aufgabenfeld einer Gesundheits- und Krankenpflegerin ist Silke Möller von Kindheit an vertraut: Ihre Mutter ist examinierte Krankenschwester. Davon abgesehen hat sich Silke auch schon mit eigenen Augen ein Bild von den beruflichen Anforderungen verschafft – durch ihr schulisches Wahlpflichtmodul und ein Praktikum. In den nächsten Monaten wird sie sogar noch ein zweites Praktikum draufsatteln; so verfügt sie schon vor Ausbildungsbeginn über eine Fülle von Praxiskenntnissen.

Das Anschreiben

Mit dem Hinweis auf ihren familiären Hintergrund verdeutlicht Silke, wie lange sie sich schon mit der Gesundheitsbranche beschäftigt. Dass sie mit den Jahren eine gehörige berufliche Eigeninitiative entwickelt hat, bezeugt das Klinikpraktikum. Ein Einstieg, der neugierig macht!

bereits vor vielen Jahren habe ich mein Interesse für das Gesundheitswesen entdeckt. Meine Mutter ist ausgebildete Krankenschwester und dadurch habe ich viel über den pflegerischen Bereich erfahren. Daher habe ich mich entschlossen, während der Schulzeit ein Praktikum im Kreiskrankenhaus Gifhorn zu absolvieren.

Die Praktikumsdetails finden sich im zweiten Absatz: Hier kann Silke Aufgabenbereiche nennen, die denen der angestrebten Ausbildung exakt entsprechen. Gleichzeitig nutzt sie die Gelegenheit für einen kurzen Schwenk zu ihren Stärken und ihrer exzellent vorbereiteten Berufswahl (Berufserkundung, Girls' Day).

Dort habe ich den Pflegekräften in der Allgemeinmedizin bei allen Arbeiten hospitiert und erste Einblicke in die Grund- und Behandlungspflege sowie die Patientenbetreuung und -verwaltung erhalten. Meine positiven Eindrücke des

Berufsfelds, die ich zuvor bei einer Berufserkundung im Gesundheitswesen und beim Girls' Day gewonnen habe, haben sich während des Praktikums bestätigt. Verantwortungsbewusstsein, Einfühlungsvermögen und Belastbarkeit sind meine besonderen Stärken, die ich für die Arbeit mit Patienten mitbringe.

Silke möchte vor der Ausbildung noch weitere Praxiseindrücke sammeln. Dazu wird sie in Kürze ein zweites Praktikum im Gesundheitsbereich absolvieren. Obwohl dieses Ereignis in der Zukunft liegt, tut Silke gut daran, es anzusprechen. Die vorliegende Zusage erwähnt sie, um dem Personaler die Gewissheit zu geben, dass das geplante Praktikum auch tatsächlich stattfinden wird.

Für die nächsten Osterferien habe ich bereits eine Zusage einer internistischen Arztpraxis für ein weiteres Praktikum im medizinischen Bereich.

Danach schildert Silke ihre Schulsituation. Sie nennt die Schulform und den angestrebten Abschluss und betont ihr ausbildungsförderliches naturwissenschaftliches Interesse. Um ihr zielgerichtetes Vorgehen bei der Berufswahl zu unterstreichen, geht Silke näher auf ihr Wahlpflichtmodul ein.

In der Realschule, die ich nächstes Jahr mit der Fachoberschulreife beenden werde, liegen meine Interessenschwerpunkte in den naturwissenschaftlichen Fächern, besonders in Biologie. Seit diesem Schuljahr belege ich zudem das Wahlpflichtmodul „Gesundheit und Pflege". Dort werden unter anderem Themen zur Gesundheitsprävention und zum deutschen Gesundheitssystem behandelt.

Den letzten Absatz widmet Silke einer besonderen Einstellungsvoraussetzung: Manche Krankenhäuser verlangen von Bewerbern eine bestimmte konfessionelle Ausrichtung. Derartige Spezialkriterien werden normalerweise ausdrücklich in der Stellenausschreibung genannt und sollten im Anschreiben entsprechend aufgegriffen werden. Silke tut dies ausführlich: Sie erwähnt nicht nur ihre Mitgliedschaft in der katholischen Kirche, sondern gibt auch zu verstehen, dass sie sich mit den christlichen Leitlinien der Klinik beschäftigt hat. Eventuell ergibt sich daraus sogar ein Anknüpfungspunkt im Vorstellungsgespräch: Der Personaler könnte zum Beispiel fragen, welche Prinzipien Silke besonders zugesagt haben.

Ich bin aktives Mitglied in der katholischen Kirche und habe mich ausführlich über die Leitlinien und Grundsätze des Heilig-Geist-Krankenhauses informiert.

Der Lebenslauf

Silke hat sich für eine leicht nachvollziehbare chronologische Sortierung entschieden und ordnet ihre Einträge von früh (oben) bis spät (unten). Ihr Werdegang bietet sich dafür hervorragend an: Studiert man die Einträge der Reihe nach, ergibt sich der Eindruck, dass jede Station logisch und konsequent auf der vorherigen aufbaut. Ihre Biografie steuert zielgerichtet von der Schule über die

3

Bewerbungsbeispiele

Berufsorientierung auf die Praktika zu. Der Schritt zur Ausbildung erscheint fast schon zwingend!

Im Bereich der persönlichen Angaben fällt auf, dass Silke ihre Konfession und die Berufe ihrer Eltern erwähnt. Damit verfolgt sie dieselbe Strategie wie im Anschreiben: Zum einen erkennt der Personaler sofort, dass Silkes Mutter als Krankenschwester arbeitet, was auf einen guten beruflichen Informationsstand schließen lässt. Zum anderen zeigt Silke, dass sie das konfessionelle Einstellungskriterium erfüllt – sie bewirbt sich bei einem kirchlich gebundenen Arbeitgeber, der von Bewerbern eine Kirchenmitgliedschaft verlangt. Kein ungewöhnlicher Fall im Gesundheitsbereich.

Fazit

Silke beweist in ihren Bewerbungsunterlagen eine hohe Motivation und eine außergewöhnliche Zielstrebigkeit. Ihre Schulsituation, ihr Berufswahlprozess und ihre Praxiserfahrung verknüpft Silke so geschickt, dass sie für die Ausbildung nahezu prädestiniert wirkt. Dass sie überdies das konfessionelle Muss-Kriterium erfüllt, über das viele Bewerber bei religiös ausgerichteten Arbeitgebern stolpern, vergisst sie nicht zu betonen.

Silke Möller • Hauptstraße 12 • 30129 Hannover • Tel.: 06121 – 22 33 44 • Mobil: 0142 – 987 65 43 • silkemoeller@mail.tld

Hannover, 15.10.2013

Heilig-Geist-Klinik Hannover
Geschäftsbereich Personal
Zentrale Ausbildung
Ferdinand-Sauerbruch-Straße 123
30198 Hannover

Bewerbung um eine Ausbildung als Gesundheits- und Krankenpflegerin

Sehr geehrte Damen und Herren,

bereits vor vielen Jahren habe ich mein Interesse für das Gesundheitswesen entdeckt. Meine Mutter ist ausgebildete Krankenschwester und dadurch habe ich viel über den pflegerischen Bereich erfahren. Daher habe ich mich entschlossen, während der Schulzeit ein Praktikum im Kreiskrankenhaus Gifhorn zu absolvieren.

Dort habe ich den Pflegekräften in der Allgemeinmedizin bei allen Arbeiten hospitiert und erste Einblicke in die Grund- und Behandlungspflege sowie die Patientenbetreuung und -verwaltung erhalten. Meine positiven Eindrücke des Berufsfelds, die ich zuvor bei einer Berufserkundung im Gesundheitswesen und beim Girls' Day gewonnen habe, haben sich während des Praktikums bestätigt. Verantwortungsbewusstsein, Einfühlungsvermögen und Belastbarkeit sind meine besonderen Stärken, die ich für die Arbeit mit Patienten mitbringe.

Für die nächsten Osterferien habe ich bereits eine Zusage einer internistischen Arztpraxis für ein weiteres Praktikum im medizinischen Bereich.

In der Realschule, die ich nächstes Jahr mit der Fachoberschulreife beenden werde, liegen meine Interessenschwerpunkte in den naturwissenschaftlichen Fächern, besonders in Biologie. Seit diesem Schuljahr belege ich zudem das Wahlpflichtmodul „Gesundheit und Pflege". Dort werden unter anderem Themen zur Gesundheitsprävention und zum deutschen Gesundheitssystem behandelt.

Ich bin aktives Mitglied in der katholischen Kirche und habe mich ausführlich über die Leitlinien und Grundsätze des Heilig-Geist-Krankenhauses informiert. Gerne möchte ich meine Ausbildung ab dem kommenden Ausbildungsjahr in Ihrem Hause absolvieren.

Auf eine Einladung zu einem persönlichen Gespräch freue ich mich.

Mit freundlichen Grüßen

Silke Möller

Silke Möller • Hauptstraße 12 • 30129 Hannover • Tel.: 06121 – 22 33 44 • Mobil: 0142 – 987 65 43 • silkemoeller@mail.tld

Lebenslauf

Silke Möller
geboren am 22.01.1998 in Augsburg
katholisch

Eltern:
Karl-Heinz Möller, Kaufmann
Inge Möller, examinierte Krankenschwester

Berufswunsch: Gesundheits- und Krankenpflegerin

Schulausbildung

07.2004 – 06.2008	Hermann-Gmeiner-Grundschule, Augsburg
08.2008 – 06.2010	Realschule Mitte, Augsburg anschließend Umzug nach Hannover
seit 08.2010	Wilhelm-Busch-Schule, Hannover voraussichtlicher Abschluss: Fachoberschulreife (2014) seit der 9. Klasse: Belegung des Wahlpflichtmoduls „Gesundheit und Pflege"

Berufsorientierung

01.2012	Initiative „Schule meets Ausbildung" 2-tägige Berufserkundung Gesundheitswesen
05.2012	Girls' Day: Medizintechnik 1-tägige Hospitation beim Medizingerätehersteller MedInnovation AG, Hannover

Praktika

03.2013	Kreiskrankenhaus Gifhorn 3-wöchiges Schülerpraktikum im Bereich Allgemeinmedizin Kennenlernen der Abläufe, Begleitung der Pflegefachkräfte im Berufsalltag, Archivierung von Patientenakten
04.2014	Internistische Arztpraxis Dr. med. Kaiser, Hannover Geplantes 2-wöchiges Praktikum in den Osterferien

Zusatzkenntnisse und Interessen

PC-Kenntnisse	MS-Word und Excel (gute Grundlagen / Informatik-Unterricht) Orbis (Patientenverwaltung, Einblicke im Rahmen des Krankenhaus-Praktikums)
Sprachen	Englisch (6 Jahre Schulenglisch)
Interessen	Sport (Badminton, Tennis), Musik (Gitarre spielen)

Hannover, 15.10.2013

Silke Möller

Medizinische/r Fachangestellte/r

Der Beruf

Als Bindeglieder zwischen Praxis und Patienten sind Medizinische Fachangestellte wichtige Stützen eines ärztlichen Betriebs. Ihr Tätigkeitsfeld umfasst den Empfang und die Betreuung der Patienten, die Assistenz bei Behandlungen sowie allgemeine Verwaltungstätigkeiten (Termine koordinieren, Akten führen …). Geeignet ist, wer über Kommunikationsvermögen, Genauigkeit, PC-Fähigkeiten, ein grundlegendes technisches Verständnis und gute Schulleistungen in naturwissenschaftlichen Fächern verfügt.

Die Bewerberin

Pia Bergmann wird die Realschule in einigen Monaten mit der Fachoberschulreife beenden. Vorzuweisen hat sie bisher im Wesentlichen ihre Schulausbildung, die sie mit der Fachoberschulreife abschließen will, und ein dreiwöchiges Praktikum in einem medizinischen Labor. Als besonderer Trumpf können ihre PC-Kurse dienen, die neben besonderen Computerfähigkeiten auch Lernwillen bezeugen.

Das Anschreiben

Für eine Ausbildung zur Medizinischen Fachangestellten wird meist ein mittlerer Schulabschluss erwartet, den Pia bald erlangen wird. Ihre klassische Einleitung verknüpft Schulqualifikation und berufliche Ambition.

nach Erhalt der Fachoberschulreife im kommenden Jahr möchte ich gerne Ihr Praxisteam verstärken.

Pias Schulpraktikum fand zwar nicht in einer Arztpraxis, aber in einer recht verwandten Einrichtung statt: nämlich in einem medizinischen Labor, das Dienstleistungen für Ärzte anbietet. Ihre nützlichen Einblicke schildert Pia ausführlich.

Im letzten Jahr habe ich ein dreiwöchiges Praktikum in einer Laborgemeinschaft absolviert. Ich war in die Vorbereitung von Blutprobenuntersuchungen eingebunden und habe Untersuchungsprotokolle und Anmeldebögen ausgefüllt und erfasst. Außerdem erhielt ich einen Einblick in die Bestimmungen zur Lagerung der Blutproben. Diese Arbeit im medizinischen Umfeld hat mir sehr gut gefallen.

Bei ihrer Labortätigkeit hat Pia nicht nur festgestellt, dass ihr die medizinische Arbeit liegt: Sie hat auch gemerkt, wie wichtig ihr der Kontakt mit Menschen ist. Beide Erkenntnisse stützen ihre Berufsentscheidung.

Weil ich aber auch ein sehr offener und kontaktfreudiger Mensch bin, habe ich mich für eine Ausbildung zur Medizinischen Fachangestellten entschlossen. In diesem Beruf kann ich direkt mit Patienten zusammenarbeiten und Hilfestellung bei Untersuchungen und ärztlichen Maßnahmen leisten.

Dass Pia sich auch in der Schule eingehend mit Gesundheitsthemen befasst hat, belegt sie im nächsten Textabschnitt.

In der Schule liegen meine besonderen Stärken in den Fächern Biologie und Deutsch. Im Wahlpflichtfach Hauswirtschaft und Sozialwesen waren die Themen Gesundheit und Ernährung und die intensive Beschäftigung mit den verschiedenen Lebensphasen eines Menschen für mich von besonderem Interesse. Dabei lernten wir unter anderem das deutsche Gesundheitssystem näher kennen.

Anschließend unterstreicht Pia ihre guten persönlichen Voraussetzungen. Die Auskünfte zum Privatbereich betonen ihr Gesundheitsbewusstsein und ihre medizinische Wissbegier, zusätzlich erwähnt sie ihre PC-Kenntnisse.

Auch in meiner Freizeit spielen gesunde Ernährung und Sport eine wichtige Rolle. Ich treibe regelmäßig Sport und verfolge im Fernsehen medizinische Themen und Sendungen mit großem Interesse. Weiterhin eignete ich mir in mehreren Kursen gute PC-Kenntnisse, vor allem in Word und Excel, an.

Das abschließende Praktikumsangebot erhöht Pias Bewerbungschancen.

In den Herbstferien absolviere ich gerne ein Praktikum bei Ihnen, damit Sie mich besser kennen lernen können.

Der Lebenslauf

Pias chronologischer Lebenslauf ist klar, übersichtlich und schnörkellos. Die Auskünfte in den Bereichen „Schulausbildung" und „Praktikum" unterstützen größtenteils das Bewerbungsschreiben. Weit darüber hinaus reicht die dritte Kategorie „Fortbildung", die Pia speziell für ihre zahlreichen PC-Kurse eingerichtet hat: Hier kommen Pias diverse Computerkenntnisse und ihr außerschulischer Lerneifer voll zur Geltung. Die Rubrik „Kenntnisse und Interessen" spiegelt wiederum vor allem die Informationen des Anschreibens wider.

Fazit

Pias Werdegang verfügt noch nicht über besonders viele Einträge. Die vorhandenen Stationen nutzt sie jedoch vorbildlich aus. Im Anschreiben beruft sie sich auf das Laborpraktikum, um ihre Vorliebe für medizinische Tätigkeiten herauszustellen. Dass ihr im Labor der Patientenkontakt gefehlt hat, bekräftigt ihren Ausbildungswunsch zusätzlich. Unterfüttert mit schulischen Erfahrungen, persönlichen Interessen und privaten Beschäftigungen kann Pia ihre Berufswahl gut begründen und ihre Motivation wirksam transportieren.

Pia Bergmann

Otto-Gebhard-Straße 3 – 93055 Regensburg – Tel.: 06121 211 366 – Mobil: 0142 234 98 65 – E-Mail: Pia-Bergmann@mail.tld

Regensburg, 15.10.2013

Internistische Praxis
Dr. Goldmann
Leo-von-Klenze-Straße 126
93058 Regensburg

Ausbildung zur Medizinischen Fachangestellten
Ihre Anzeige im Regensburger Abendblatt

Sehr geehrter Herr Dr. Goldmann,

nach Erhalt der Fachoberschulreife im kommenden Jahr möchte ich gerne Ihr Praxisteam verstärken.

Im letzten Jahr habe ich ein dreiwöchiges Praktikum in einer Laborgemeinschaft absolviert. Ich war in die Vorbereitung von Blutprobenuntersuchungen eingebunden und habe Untersuchungsprotokolle und Anmeldebögen ausgefüllt und erfasst. Außerdem erhielt ich einen Einblick in die Bestimmungen zur Lagerung der Blutproben. Diese Arbeit im medizinischen Umfeld hat mir sehr gut gefallen.

Weil ich aber auch ein sehr offener und kontaktfreudiger Mensch bin, habe ich mich für eine Ausbildung zur Medizinischen Fachangestellten entschlossen. In diesem Beruf kann ich direkt mit Patienten zusammenarbeiten und Hilfestellung bei Untersuchungen und ärztlichen Maßnahmen leisten.

In der Schule liegen meine besonderen Stärken in den Fächern Biologie und Deutsch. Im Wahlpflichtfach Hauswirtschaft und Sozialwesen waren die Themen Gesundheit und Ernährung und die intensive Beschäftigung mit den verschiedenen Lebensphasen eines Menschen für mich von besonderem Interesse. Dabei lernten wir unter anderem das deutsche Gesundheitssystem näher kennen.

Auch in meiner Freizeit spielen gesunde Ernährung und Sport eine wichtige Rolle. Ich treibe regelmäßig Sport und verfolge im Fernsehen medizinische Themen und Sendungen mit großem Interesse. Weiterhin eignete ich mir in mehreren Kursen gute PC-Kenntnisse, vor allem in Word und Excel, an.

In den Herbstferien absolviere ich gerne ein Praktikum bei Ihnen, damit Sie mich besser kennen lernen können. Ich freue mich auf Ihre Einladung.

Mit freundlichen Grüßen

Pia Bergmann

Pia Bergmann

Otto-Gebhard-Straße 3 – 93055 Regensburg – Tel.: 06121 211 366 – Mobil: 0142 234 98 65 – E-Mail: Pia-Bergmann@mail.tld

Lebenslauf

Pia Bergmann
geboren am 23.08.1996
in Weiden

Ausbildungsziel:
Medizinische Fachangestellte

Schulausbildung

seit 08/2008	Barbara-Blomberg-Realschule, Regensburg Lieblingsfächer: Deutsch (3), Biologie (2) Wahlpflichtbereich: Hauswirtschaft und Sozialwesen Voraussichtlicher Abschluss: Fachoberschulreife

Praktikum

10/2012 – 11/2012	Laborgemeinschaft Dr. Kraus & Dr. Michels, Regensburg Schulpraktikum: Vorbereitung von Laboruntersuchungen, Kennenlernen von Lagerungs- und Hygienebestimmungen, Datenerfassung

Fortbildung

02/2013 – 05/2013	Lernwerkstatt Regensburg e. V. PC-Kurse: Betriebssysteme, Textverarbeitung mit Word, Tabellenkalkulation mit Excel, Datensicherheit

Kenntnisse und Interessen

PC-Kenntnisse	Word, Excel, PowerPoint (jeweils gute Kenntnisse)
Sprachen	Englisch (aktuelle Schulnote: befriedigend) Französisch (Grundlagen)
Interessen	Medizin, Badminton, Volleyball

Regensburg, 15.10.2013

Pia Bergmann

Zahnmedizinische/r Fachangestellte/r

Der Beruf

Zahnmedizinische Fachangestellte werden speziell für die Arbeit in Zahnarztpraxen ausgebildet. Abseits zahnheilkundlicher Fachbelange entspricht ihr Aufgabenspektrum demjenigen der Medizinischen Fachangestellten: Sie unterstützen Ärzte bei Behandlungen, betreuen Patienten, organisieren Praxisabläufe und rechnen Leistungen mit Krankenkassen ab. Arbeitgeber achten hier besonders auf Kommunikationsfähigkeit und die Schulnoten in Deutsch und Mathematik. Hilfreich sind außerdem EDV-, Biologie- und Chemiekenntnisse sowie technisches Geschick.

Die Bewerberin

Silvia Mohr strebt die Fachoberschulreife an. Sie blickt bereits auf diverse berufliche Stationen zurück, darunter Tätigkeiten im Einzelhandel, in der Gastronomie und in einem Gesundheitsamt. In ihrer Bewerbung möchte sie nun gezielt die Arbeitserfahrungen hervorheben, die für die Ausbildung zur Medizinischen Fachangestellten nützlich sind. Darüber hinaus kann sie als Schulsanitäterin auf gute Erste-Hilfe-Kenntnisse verweisen.

Das Anschreiben

Am Anfang liefert Silvia einen kompakten Abriss ihrer Kompetenzen, um ihre berufliche Eignung zu begründen.

erste Einblicke in den Gesundheitsbereich und praktische Erfahrung im Kundenempfang und in der Terminvergabe qualifizieren mich für eine Ausbildung zur Zahnmedizinischen Fachangestellten.

Die angeschnittenen Themen werden im weiteren Verlauf konkretisiert. Zuerst geht Silvia auf den Schulbereich ein, wobei sie auch ihre Ersthelferqualitäten erwähnt. Im Mittelpunkt des Absatzes steht jedoch ihr Biologiereferat über ein zahnmedizinisches Thema.

Im kommenden Sommer werde ich die Ludwig-Quidde-Schule mit der Fachoberschulreife abschließen. Innerhalb der AG Schulsanitäter habe ich hier mit Erfolg einen Erste-Hilfe-Kurs absolviert. Im Fach Biologie hielt ich in der 9. Klasse ein Referat über den anatomischen Aufbau des Zahns und der Mundhöhle, das mit der Note „gut" bewertet wurde. Auf diese Kenntnisse werde ich innerhalb meiner Ausbildung zurückgreifen.

Im nächsten Schritt befasst sich Silvia mit ihrem Abschneiden in relevanten Schulfächern. Während sie in Informatik und Mathematik recht respektable Zensuren vorweisen kann, vollführt sie bei ihren Deutschleistungen ein kleines Ausweichmanöver: Statt ihrer Note erwähnt sie lieber ihre Rechtschreibsicherheit.

Meine besonderen Stärken liegen weiterhin im Wahlpflichtfach Informatik, in dem ich mir Kenntnisse in Word, Excel und PowerPoint angeeignet habe. In Mathematik erziele ich gute bis befriedigende Leistungen und in Deutsch zeichne ich mich durch gute Rechtschreibkenntnisse aus.

Daraufhin geht Silvia zu ihren berufspraktischen Erfahrungen über, beginnend mit ihrem Ferienjob in einem Restaurant. Ihre ausführliche Beschreibung enthält eine Reihe von Tätigkeiten, die auch in einer Zahnarztpraxis anfallen. Die Rückmeldung ihres Vorgesetzten bezeugt Silvias gute Arbeit und lässt für die Ausbildung viel Positives hoffen.

Während der letzten Sommerferien übte ich eine Nebentätigkeit im Restaurant Schaaf in Bremen aus. Zu meinen Schwerpunkten zählten die telefonische und persönliche Annahme von Reservierungen, die Eintragung der Terminwünsche sowie der Empfang und die Begrüßung der Gäste. Mein Vorgesetzter, Herr Klaus Schaaf, bestätigte mir eine hohe Kontaktfreudigkeit und einen offenen und freundlichen Umgang mit den Gästen.

Eine zweite nützliche Praxisstation findet sich im nächsten Absatz. Mit dem Praktikum im Gesundheitsamt stellt Silvia nicht nur einen Bezug zum Gesundheitswesen her, sondern verdeutlicht ebenso ihre Kenntnisse in der ärztlichen Büroarbeit. Dabei kann sie ein weiteres positives Feedback vermelden.

Aufgaben in der Verwaltung, Aktenführung und Dokumentation übernahm ich in einem dreiwöchigen Praktikum beim Gesundheitsamt Bremen im Referat „Amtsärztliche Verwaltungsangelegenheiten“. Auch hier erhielt ich eine sehr gute Bewertung für meinen Fleiß und meine Einsatzbereitschaft.

Um ihre Aussichten noch weiter zu verbessern, bietet Silvia ein Schnupperpraktikum an.

Gerne hospitiere ich in den Herbstferien einige Tage in Ihrer Zahnarztpraxis, damit Sie mich näher kennen lernen können.

Der Lebenslauf

Im Lebenslauf führt Silvia sämtliche Qualifikationen auf, die sie auch im Anschreiben erwähnt. Und noch einige mehr: Das Dokument bietet genug Raum, um auch diejenigen Aktivitäten und Kenntnisse aufzuführen, die im Bewerbungsschreiben platzbedingt unter den Tisch fallen mussten. Damit ihr Werdegang nicht zu unübersichtlich gerät, beschränkt Silvia jeden Eintrag auf die zentralen Informationen. Im Bereich „Praktika und Nebentätigkeiten“ gibt sie die wichtigsten Arbeitsbereiche in Fettschrift wieder, um sie besonders hervorzuheben. Dass Silvia zu jedem Job exakt drei Bereiche aufzählt, spricht für ihr strukturiertes Vorgehen.

Fazit

Die Fülle an bisherigen Aktivitäten zwingt Silvia zu einer durchdachten Auswahl. Welche Informationen soll sie in ihrer Bewerbung berücksichtigen und welche nicht? Das Ergebnis überzeugt auf ganzer Linie: Aus sämtlichen Erfahrungen filtert sie genau diejenigen heraus, die für eine Ausbildung im zahnmedizinischen Bereich vorteilhaft sind. Dabei gelingt es ihr hervorragend, ihre schulischen und beruflichen Eindrücke mit den Anforderungen des Wunschberufs zu verbinden.

Silvia Mohr

Grüner Weg 12 – 28198 Bremen – 06121 600 33 20 – silvia.mohr@mail.tld

Bremen, 15.10.2013

Zahnarztpraxis Dr. med. dent. Gisela Kaiser
Gottfried-Menkens-Straße 223
28165 Bremen

Ausbildung zur Zahnmedizinischen Fachangestellten

Sehr geehrte Frau Dr. Kaiser,

erste Einblicke in den Gesundheitsbereich und praktische Erfahrung im Kundenempfang und in der Terminvergabe qualifizieren mich für eine Ausbildung zur Zahnmedizinischen Fachangestellten.

Im kommenden Sommer werde ich die Ludwig-Quidde-Schule mit der Fachoberschulreife abschließen. Innerhalb der AG Schulsanitäter habe ich hier mit Erfolg einen Erste-Hilfe-Kurs absolviert. Im Fach Biologie hielt ich in der 9. Klasse ein Referat über den anatomischen Aufbau des Zahns und der Mundhöhle, das mit der Note „gut" bewertet wurde. Auf diese Kenntnisse werde ich innerhalb meiner Ausbildung zurückgreifen.

Meine besonderen Stärken liegen weiterhin im Wahlpflichtfach Informatik, in dem ich mir Kenntnisse in Word, Excel und PowerPoint angeeignet habe. In Mathematik erziele ich gute bis befriedigende Leistungen und in Deutsch zeichne ich mich durch gute Rechtschreibkenntnisse aus.

Während der letzten Sommerferien übte ich eine Nebentätigkeit im Restaurant Schaaf in Bremen aus. Zu meinen Schwerpunkten zählten die telefonische und persönliche Annahme von Reservierungen, die Eintragung der Terminwünsche sowie der Empfang und die Begrüßung der Gäste. Mein Vorgesetzter, Herr Klaus Schaaf, bestätigte mir eine hohe Kontaktfreudigkeit und einen offenen und freundlichen Umgang mit den Gästen.

Aufgaben in der Verwaltung, Aktenführung und Dokumentation übernahm ich in einem dreiwöchigen Praktikum beim Gesundheitsamt Bremen im Referat „Amtsärztliche Verwaltungsangelegenheiten". Auch hier erhielt ich eine sehr gute Bewertung für meinen Fleiß und meine Einsatzbereitschaft.

Gerne hospitiere ich in den Herbstferien einige Tage in Ihrer Zahnarztpraxis, damit Sie mich näher kennen lernen können. Auf ein Gespräch mit Ihnen freue ich mich.

Mit freundlichen Grüßen

Silvia Mohr

Anlagen

Silvia Mohr
Grüner Weg 12 – 28198 Bremen – 06121 600 33 20 – silvia.mohr@mail.tld

Lebenslauf

Persönliche Daten

geboren am 3. September 1997
in Bremen
ledig

Schule

seit 09.2009	Ludwig-Quidde-Schule, Bremen **Angestrebter Abschluss: Fachoberschulreife** Wahlpflichtfach 9. und 10. Klasse: Informatik Arbeitsgemeinschaft 9. Klasse: Schulsanitäter / Erste-Hilfe-Kurs Schüleraustausch 8. Klasse: Liverpool / England

Praktika und Nebentätigkeiten

07.2013 bis 08.2013	Restaurant Schaaf, Bremen **Nebentätigkeit: Gästeservice, Reservierungen, Empfang**
04.2013	Gesundheitsamt Stadt Bremen **Praktikum: Verwaltung, Aktenführung, Botendienste**
10.2012 bis 12.2012	Nahkauf eG, Bremen **Nebentätigkeit: Regalpflege, Leergutannahme, Kundenbedienung**
09.2012	Hornbach GmbH, Bremen **Praktikum: Kundeninformation, Lager, Service**

Zusatzqualifikationen

Erste Hilfe	Absolvierung des Erste-Hilfe-Kurses
Informatik	Gute Kenntnisse in Word und Excel Grundkenntnisse in PowerPoint
Sprachen	Englisch (seit der 5. Klasse) Französisch (seit der 9. Klasse)

Bremen, 15.10.2013

Silvia Mohr

Berufe in der Gastronomie und Hotellerie

Hotelfachmann/-frau

Der Beruf

Wo man seine Kundschaft verpflegt und beherbergt, ist Gastlichkeit das A und O. Wer wüsste das besser als Hotelfachleute? Zimmer herrichten, Restaurantgäste bedienen, Besucher am Empfang begrüßen – im Tagesgeschäft findet man sie fast überall. „Hinter den Kulissen" kümmern sie sich um das Marketing, die Eventplanung, die Buchhaltung und das Personalwesen. Grundsätzlich erfordert der Beruf eine hohe Kommunikationsfähigkeit, in Tourismusregionen und Messestädten auch im fremdsprachlichen Bereich (vor allem Englisch). Darüber hinaus sind rechnerische Sicherheit, Servicedenken, Organisationstalent und Belastbarkeit gefragt. Hotelfachleute haben häufig unregelmäßige Arbeitszeiten, auch abends und am Wochenende.

Der Bewerber

Der Hauptschulabschluss von Selman Caragöz liegt schon fast drei Jahre zurück. In der Zwischenzeit war Selman zunächst einige Monate bei seinem Onkel in der Türkei, nach der Rückkehr besuchte er die Berufsfachschule, seit gut einem Jahr jobbt er jetzt in der Gastronomie. Selmans kurvenreiche Biografie ist keine Idealvoraussetzung für eine zielgerichtete Bewerbung. In der jüngeren Vergangenheit hat er allerdings – ablesbar an seiner schulischen und praktischen Spezialisierung – erkennbar Kurs auf das Gastgewerbe genommen. Dass er nun eine Ausbildung in der Hotellerie ansteuert, wirkt somit nicht abwegig.

Das Anschreiben

Selman weiß, dass er den Personaler vor allem mit seinen gastgewerblichen Erfahrungen beeindrucken kann. Daher zeigt er gleich zu Beginn, dass er die zentralen Prinzipien von Gastlichkeit und Servicedenken verinnerlicht hat.

die schnelle und zuvorkommende Bedienung und Betreuung von Gästen sowie die Sicherstellung reibungsloser Abläufe im Service sind wesentliche Aufgaben, die ich im Rahmen meiner Tätigkeiten in Gastronomie und Hotellerie kennen gelernt habe.

Im Folgenden schildert Selman seine Entwicklung im Gastgewerbe. Er beginnt dabei mit der Berufsfachschule, auf die seine frühesten Brancheneinblicke zurückgehen. Wenngleich diese Etappe recht kurz war, liefert sie mit theoretischen Hintergründen und einem integrierten Praktikum viel Substanzielles.

Bereits auf der einjährigen Berufsfachschule Gastronomie eignete ich mir grundlegende Kenntnisse in den Bereichen Service, Küche und Magazin an. In einem vierwöchigen Praktikum im Ibis-Hotel habe ich bei der Zubereitung kleiner Speisen und bei der Begrüßung von Gästen am Empfang mitgearbeitet.

Die positiven Eindrücke auf der Berufsfachschule haben Selmans Interesse offensichtlich bestärkt: Nach der bestandenen Abschlussprüfung arbeitete er vier Monate lang als Servicekraft in einem Restaurant. In der Tätigkeitsbeschreibung bringt er elegant seine Englischkenntnisse unter.

Diese Aufgaben haben mir sehr viel Spaß gemacht. Daher habe ich mich entschieden, danach eine Tätigkeit in einem Restaurant aufzunehmen. Während des Vorweihnachtsgeschäfts war ich dort im Rahmen eines befristeten Vertrags für die Gästebedienung zuständig. Zu den Kunden zählten vor allem internationale Messebesucher. Dabei habe ich meine guten Schulkenntnisse in Englisch angewandt.

Mit seiner bis heute währenden Anstellung im Hotel „Zur Post" verfügt Selmans Biografie noch über eine weitere Praxisstation. Die nutzt er für den Fingerzeig, dass er auch die Schattenseiten eines gastgewerblichen Berufs in Form anstrengender Schichtdienste kennt. Geschickt vermeidet er dabei jeden negativen Unterton: Vielmehr betont er, dass er dank einer guten Arbeitsorganisation alle anstehenden Aufgaben schnell und zuverlässig erledigt.

Seit Januar arbeite ich im Frühstücksservice im Hotel Zur Post. Ich kümmere mich um einen ordentlichen Zustand des Frühstücksraums und richte das Buffet und die Speisen an, damit zum Frühstücksbeginn um 6.30 Uhr alle Vorbereitungen abgeschlossen sind. Während des Frühstücks bin ich Ansprechpartner für die Gäste. Im Anschluss übernehme ich das Abräumen und Herrichten des Raums.

Auch im letzten Abschnitt bleibt Selman seiner Linie treu, das Anschreiben an der Berufspraxis auszurichten. Nun vollzieht er den Schritt von der Vergangenheit zur angestrebten Ausbildung. Er gibt zu verstehen, dass er sich über die Angebotspalette des Hotels bereits sehr gut informiert hat, und kann durch einen Urlaub sogar einen persönlichen Bezug zur Region herstellen. Abschließend zeigt Selman, dass er sich mit der Frage des Wohnortwechsels auseinandergesetzt hat und ein Umzug kein Problem für ihn wäre.

Nach insgesamt 9 Monaten in diesem Berufsfeld bin ich überzeugt, dass eine Ausbildung zum Hotelfachmann die richtige Berufswahl ist. Gerne möchte ich diesen Beruf in Ihrem Hotel erlernen, da das Hotel Strandkorb auch vielfältige Veranstaltungen in den Ferienmonaten sowie ein breit gefächertes Freizeit- und Wellnessprogramm für die Gäste anbietet. Die Insel Rügen habe ich letztes Jahr während meines Urlaubs kennen gelernt. Zu einem Umzug bin ich selbstverständlich bereit.

Der Lebenslauf

Schule – Auslandsaufenthalt – Berufsfachschule – Berufstätigkeit: Folgt man dem zeitlichen Ablauf, erscheint Selmans Werdegang recht unentschlossen und wechselhaft. Daher ordnet Selman die Stationen gegenchronologisch, wodurch die in den letzten Jahren erworbenen Branchenkenntnisse in den Vordergrund treten. Im Ergebnis wirkt seine Biografie so wesentlich konsequenter. Ein Gespür für Feinheiten beweist Selman durch seine informativen Zusatzangaben, insbesondere beim Eintrag zum Restaurant „Am Wasserturm": Da er dort nur wenige Monate lang tätig war, vermerkt er in Klammern den Hinweis „befristet". Damit begegnet er möglichen Bedenken eines Personalers, der das kurze Arbeitsverhältnis als Indiz für mangelhafte Leistungen werten könnte.

Fazit

Wie waren Selmans Schulleistungen? Warum hat er nicht gleich den Berufseinstieg gesucht, anstatt erst noch ein Jahr in der Türkei zu verbringen? Auf diese heiklen Aspekte geht Selman in seiner Bewerbung bewusst nicht ein. Indem er sich auf sein Branchenwissen konzentriert, vermittelt er den Eindruck, die beruflichen Anforderungen sehr gut zu kennen. In einem späteren Vorstellungsgespräch könnte der Personaler die erwähnten Schwachpunkte natürlich immer noch ansprechen. Dann jedoch hat Selman die Chance, biografische Makel durch seine Persönlichkeit und einen gewinnenden Auftritt vergessen zu machen.

Selman Caragöz
Henkelstraße 2
60412 Frankfurt / Main
Tel.: 06121 170 06 85
Mobil: 0147 96 24 56
E-Mail: s.caragoez@mail.tld

Hotel Strandkorb
Herrn Paulsen
Seebadstraße 12
18586 Sellin

Frankfurt / Main, 15.10.2013

Ausbildung zum Hotelfachmann

Sehr geehrter Herr Paulsen,

die schnelle und zuvorkommende Bedienung und Betreuung von Gästen sowie die Sicherstellung reibungsloser Abläufe im Service sind wesentliche Aufgaben, die ich im Rahmen meiner Tätigkeiten in Gastronomie und Hotellerie kennen gelernt habe.

Bereits auf der einjährigen Berufsfachschule Gastronomie eignete ich mir grundlegende Kenntnisse in den Bereichen Service, Küche und Magazin an. In einem vierwöchigen Praktikum im Ibis-Hotel habe ich bei der Zubereitung kleiner Speisen und bei der Begrüßung von Gästen am Empfang mitgearbeitet.

Diese Aufgaben haben mir sehr viel Spaß gemacht. Daher habe ich mich entschieden, danach eine Tätigkeit in einem Restaurant aufzunehmen. Während des Vorweihnachtsgeschäfts war ich dort im Rahmen eines befristeten Vertrags für die Gästebedienung zuständig. Zu den Kunden zählten vor allem internationale Messebesucher. Dabei habe ich meine guten Schulkenntnisse in Englisch angewandt.

Seit Januar arbeite ich im Frühstücksservice im Hotel Zur Post. Ich kümmere mich um einen ordentlichen Zustand des Frühstücksraums und richte das Buffet und die Speisen an, damit zum Frühstücksbeginn um 6.30 Uhr alle Vorbereitungen abgeschlossen sind. Während des Frühstücks bin ich Ansprechpartner für die Gäste. Im Anschluss übernehme ich das Abräumen und Herrichten des Raums.

Nach insgesamt 9 Monaten in diesem Berufsfeld bin ich überzeugt, dass eine Ausbildung zum Hotelfachmann die richtige Berufswahl ist. Gerne möchte ich diesen Beruf in Ihrem Hotel erlernen, da das Hotel Strandkorb auch vielfältige Veranstaltungen in den Ferienmonaten sowie ein breit gefächertes Freizeit- und Wellnessprogramm für die Gäste anbietet. Die Insel Rügen habe ich letztes Jahr während meines Urlaubs kennen gelernt. Zu einem Umzug bin ich selbstverständlich bereit.

Ich freue mich auf ein Gespräch mit Ihnen.

Mit freundlichen Grüßen

Selman Caragöz

Selman Caragöz
Henkelstraße 2
60412 Frankfurt / Main
Tel.: 06121 170 06 85
Mobil: 0147 96 24 56
E-Mail: s.caragoez@mail.tld

Lebenslauf

Persönliche Daten

Geburtsdatum:	25.06.1993 in Antalya / Türkei
Staatsangehörigkeit:	deutsch
Familienstand:	ledig
Berufliches Ziel:	Hotelfachmann

Berufstätigkeit

seit 01.2013	Hotel Zur Post, Frankfurt Mitarbeiter im Frühstücksservice Vorbereitung des Buffets, Eindecken und Abräumen der Tische, Anrichten von Speisen
09.2012 – 12.2012	Restaurant Am Wasserturm, Frankfurt Servicemitarbeiter (befristet) Gästebedienung, Abrechnung

Berufsfachschule

08.2011 – 07.2012	Städtische Schule Frankfurt-Ost Einjährige Berufsfachschule Gastronomie Berufsbezogener Unterricht: Service, Küche, Magazin 4-wöchiges Praktikum in der Küche und am Empfang im Ibis-Hotel, Frankfurt Bestandene Abschlussprüfung

Auslandsaufenthalt

08.2010 – 06.2011	Aufenthalt in der Türkei Mithilfe im Obst- und Gemüsehandel des Onkels (Lager, Verkauf)

Schulausbildung

08.2004 – 07.2010	Otto-Hahn-Schule, Frankfurt Qualifizierender Hauptschulabschluss
08.2000 – 07.2004	Gemeinschaftsgrundschule Hermesgasse, Frankfurt
08.1999 – 06.2000	Grundschule in Antalya, Türkei

Zusatzqualifikationen

Führerschein	Klasse B
Sprachen	Türkisch (Muttersprache), Englisch (gute Schulkenntnisse)

Frankfurt / Main, 15.10.2013

Selman Caragöz

Koch/Köchin

Der Beruf

Angehenden Köchen eröffnet sich ein überaus breites Tätigkeitsfeld: Fähigen Nachwuchs braucht man in Hotels und Restaurants ebenso wie in Kantinen, Bistros, Jugendherbergen und Cateringbetrieben. Köche kreieren Gerichte, stellen Menüpläne zusammen und bereiten einzelne Speisen zu. Oft sind sie außerdem für den Einkauf und die fachgerechte Lagerung der Lebensmittel verantwortlich. Berufseinsteiger sollten Freude am Kochen, ein Interesse an Ernährungsthemen, rechnerische Zuverlässigkeit und ein Verständnis für chemische Prozesse mitbringen.

Der Bewerber

Während seiner Schulzeit hat Heiko Cremer ein Praktikum bei einem Fliesenleger absolviert, doch diese Arbeit konnte ihn nicht überzeugen. Beruflich noch ziemlich unentschlossen, meldete sich Heiko nach seinem Hauptschulabschluss erst einmal zum freiwilligen Bundeswehrdienst. Sein Einsatzgebiet ist seitdem die Truppenküche – hier wurde ihm klar, wie gern er schon immer in der Schule und zu Hause gekocht hat. So reifte Heikos Entschluss, eine Kochlehre aufzunehmen.

Das Anschreiben

Zu Beginn setzt Heiko den Personaler erst einmal über seine aktuelle Situation in Kenntnis. Der Hinweis auf die Truppenküche macht neugierig und regt dazu an, mehr über Heikos kulinarische Ader zu erfahren.

seit dem erfolgreichen Abschluss der Hauptschule mit dem qualifizierenden Hauptschulabschluss absolviere ich den freiwilligen Bundeswehrdienst. In der Heeresfliegerkaserne in Würzburg bin ich in der Truppenküche tätig.

Die beiden folgenden Absätze drehen sich um Heikos kulinarische Begeisterung. Zunächst verdeutlicht er in Bezug auf den Privatbereich, dass ihm die Arbeit in der Küche großen Spaß macht.

Kochen ist eine meiner Leidenschaften. Ich koche zu Hause gerne für Familie und Freunde, probiere neue Rezepte aus und helfe bei Familienfesten bei der Zusammenstellung der Speisen. Besonders gerne bereite ich Nudelgerichte und Nachtische zu.

Anschließend geht Heiko auf den Arbeitslehreunterricht an der Hauptschule ein: Im Bereich „Hauswirtschaft" spielten die Themen Kochen und Ernährung eine große Rolle. Heiko erläutert ausführlich, welche Erfahrungen er dabei sammeln konnte.

In der Schule habe ich in der 9. und 10. Klasse das Fach Arbeitslehre gewählt. Dazu gehörte der Bereich Hauswirtschaft und Kochen. Hier erwarb ich grundlegende Kenntnisse zu den Themen Ernährung und Vorratshaltung. Großen Spaß machte mir das gemeinsame Kochen mit den Mitschülern. Zu den Schwerpunkten zählten hier Suppen und Eintöpfe. Im letzten Schuljahr habe ich mit meiner Klasse das Schulfrühstück durchgeführt. Meine Aufgabe lag dabei in der Zubereitung von Brötchen und frischem Obst.

Bei der Bundeswehr kocht Heiko nicht. Allerdings übernimmt er in der Truppenküche viele Tätigkeiten, die auch ein Koch ausführt.

In mein derzeitiges Aufgabengebiet bei der Bundeswehr fallen die Essensausgabe sowie die vorschriftsmäßige Lagerung und Verwaltung der Lebensmittel. Dies beinhaltet die Kontrolle der Mindesthaltbarkeitsdaten und der Lagertemperatur sowie die Bereitstellung der Vorräte entsprechend dem Speisenplan. Außerdem bin ich für die Wartung und Reinigung der Küchengeräte zuständig.

Am Ende bringt Heiko seine Kernargumente noch einmal auf den Punkt. Der Hinweis auf das Dienstzeitende zeigt dem Personaler, ab wann Heiko für die Ausbildung zur Verfügung steht.

In einer Ausbildung zum Koch kann ich meine Leidenschaft für das Kochen sehr gut mit meinen Kenntnissen im Bereich Ernährung und in der Einhaltung von Hygienevorschriften kombinieren. Den freiwilligen Bundeswehrdienst werde ich im kommenden Juni beenden.

Der Lebenslauf

Heikos Praktikum verlief relativ enttäuschend und besitzt für eine Kochausbildung kaum Aussagekraft. Erwähnen sollte er die Station natürlich trotzdem, immerhin kann er dadurch etwas Berufserfahrung vorweisen. Nach reiflicher Überlegung hat sich Heiko für eine funktionale Gliederung entschieden: So rückt die Tätigkeit in der Fliesenlegerei in den Hintergrund – zugunsten der Bereiche Schule und Wehrdienst. In diesen Kategorien kann Heiko gezielt Schulfächer und Aufgabenfelder nennen, die sein berufliches Interesse und seine Eignung hervorheben.

Fazit

Trotz des fachfremden Praktikums kann Heiko seine Berufswahl stichhaltig begründen. Er stellt seine Bewerbung auf drei Pfeiler: zum einen auf sein privates Interesse am Kochen, zum anderen auf seine Kenntnisse aus dem Arbeitslehreunterricht, zum dritten auf seine aktuelle Beschäftigung in der Truppenküche der Heeresfliegerstaffel.

Heiko Cremer

Willibald-Pirckheimer-Straße 12 • 90409 Nürnberg • Mobil: 0141 / 398 745 32 • E-Mail: H.Cremer@mail.tld

---

Nürnberg, 15.10.2013

Matthäus & Meier Catering GmbH
Herrn Hans-Peter Hopp
Am Frankenplatz 98
90415 Nürnberg

Bewerbung um eine Ausbildung als Koch

Sehr geehrter Herr Hopp,

seit dem erfolgreichen Abschluss der Hauptschule mit dem qualifizierenden Hauptschulabschluss absolviere ich den freiwilligen Bundeswehrdienst. In der Heeresfliegerkaserne in Würzburg bin ich in der Truppenküche tätig.

Kochen ist eine meiner Leidenschaften. Ich koche zu Hause gerne für Familie und Freunde, probiere neue Rezepte aus und helfe bei Familienfesten bei der Zusammenstellung der Speisen. Besonders gerne bereite ich Nudelgerichte und Nachtische zu.

In der Schule habe ich in der 9. und 10. Klasse das Fach Arbeitslehre gewählt. Dazu gehörte der Bereich Hauswirtschaft und Kochen. Hier erwarb ich grundlegende Kenntnisse zu den Themen Ernährung und Vorratshaltung. Großen Spaß machte mir das gemeinsame Kochen mit den Mitschülern. Zu den Schwerpunkten zählten hier Suppen und Eintöpfe. Im letzten Schuljahr habe ich mit meiner Klasse das Schulfrühstück durchgeführt. Meine Aufgabe lag dabei in der Zubereitung von Brötchen und frischem Obst.

In mein derzeitiges Aufgabengebiet bei der Bundeswehr fallen die Essensausgabe sowie die vorschriftsmäßige Lagerung und Verwaltung der Lebensmittel. Dies beinhaltet die Kontrolle der Mindesthaltbarkeitsdaten und der Lagertemperatur sowie die Bereitstellung der Vorräte entsprechend dem Speisenplan. Außerdem bin ich für die Wartung und Reinigung der Küchengeräte zuständig.

In einer Ausbildung zum Koch kann ich meine Leidenschaft für das Kochen sehr gut mit meinen Kenntnissen im Bereich Ernährung und in der Einhaltung von Hygienevorschriften kombinieren. Den freiwilligen Bundeswehrdienst werde ich im kommenden Juni beenden. Ich freue mich auf ein Gespräch mit Ihnen.

Mit freundlichen Grüßen

Heiko Cremer
Heiko Cremer

Heiko Cremer
Willibald-Pirckheimer-Straße 12 • 90409 Nürnberg • Mobil: 0141 / 398 745 32 • E-Mail: H.Cremer@mail.tld

Lebenslauf

Heiko Cremer

Geburtsdatum:	31.07.1995
Geburtsort:	Nürnberg
Familienstand:	ledig

Wehrdienst

seit 07.2013	Heeresfliegerstaffel 15, Würzburg **Freiwilliger Wehrdienst** ▪ Einsatz in der Truppenküche, Lebensmittellagerung und -verwaltung

Schulausbildung

08.2006 – 06.2013	Richard-Lindner-Hauptschule, Nürnberg **Qualifizierender Hauptschulabschluss** ▪ Lieblingsfächer: Chemie, Sport, Arbeitslehre (insbesondere Hauswirtschaft) ▪ Vorbereitung des Schulfrühstücks (10. Klasse)
08.2002 – 06.2006	Max-Morlock-Grundschule, Nürnberg

Praktikum

10.2012 – 11.2012	Fliesen Hoffmann GmbH, Nürnberg **Praktikant** ▪ Be- und Entladetätigkeiten, Assistenz bei Fassadenverkleidungen, Pflege von Werkzeugen und Maschinen

Zusatzkenntnisse und Interessen

Sprachen	Englisch (fortgeschrittene Schulkenntnisse)
PC-Kenntnisse	Internet- und E-Mail-Anwendungen, Grundlagen Word und Excel
Interessen	Kochen, Tischtennis

Nürnberg, 15.10.2013
Heiko Cremer
Heiko Cremer

Medien- und IT-Berufe

Fachinformatiker/in

Der Beruf

Fachinformatiker werden in der Fachrichtung Anwendungsentwicklung oder Systemintegration ausgebildet. Je nach Spezialisierung unterscheiden sich die Arbeitsschwerpunkte: Während Anwendungsentwickler Programme und Benutzeroberflächen entwickeln und analysieren, beschäftigen sich Fachinformatiker für Systemintegration mit der Planung, Installation und Überprüfung vernetzter IT-Systeme. Bei der Bewerberauswahl zählen neben fachspezifischem Informatikwissen, logischem Denken, technischem Verständnis und Mathematik auch Kenntnisse in Englisch, der „Muttersprache" der IT.

Der Bewerber

Elian Burger kann breit gefächerte IT-Erfahrungen im schulischen, beruflichen und privaten Bereich vorweisen. Diese möchte er sich nun in seiner Bewerbung zunutze machen. Er weiß, dass ihm vor allem seine Programmierkenntnisse helfen können, die Wunschausbildung zum Fachinformatiker für Anwendungsentwicklung zu bekommen. Zurzeit bereitet sich Elian in der gymnasialen Oberstufe auf das Abitur vor.

Das Anschreiben

Der ausführliche Einstiegsabsatz belegt Elians umfangreiches Know-how im Anwendungsbereich. Mit einem Querschnitt seiner bisherigen Projektarbeit gibt Elian einen schnellen Überblick über seine Fähigkeiten. Der dritte Platz in einem Programmierwettbewerb ragt dabei besonders heraus.

die Erstellung von Webseiten mithilfe von PHP und CSS, die Mitarbeit bei der Entwicklung eines Mini-Roboters und die Programmierung eines Handy-Spiels mit Java sind die wesentlichen Ergebnisse meiner bisherigen Aktivitäten in der Anwendungsentwicklung. Für das Handy-Spiel erhielt die Informatik-AG den 3. Preis beim Landeswettbewerb „Jugend programmiert". Bei der Preisverleihung habe ich den Aufbau und die Funktionsweise des Spiels vor Schul- und Landesvertretern präsentiert.

Im zweiten Abschnitt nennt Elian weitere IT-Kenntnisse, die seine Vielseitigkeit sehr gut widerspiegeln, wenngleich nicht alle direkt mit der Anwendungsentwicklung zu tun haben.

Weitere Praxiserfahrung sammelte ich bei der PC-Blitz GmbH. Hier lag mein Aufgabenschwerpunkt in der Arbeit mit Linux-Betriebssystemen. Seit vielen Jahren helfe ich zudem im Freundes- und Bekanntenkreis bei der Software- und Betriebssysteminstallation und Problemen bei der Einrichtung von Drahtlosverbindungen, Routern und Firewalls. Weiterhin verfüge ich über grundlegende Kenntnisse in Windows-Betriebssystemen, in MySQL und in der Programmiersprache C.

Den nächsten Schwerpunkt bilden Elians Schulleistungen, insbesondere seine Stärken in den beruflichen Schlüsselfächern Mathematik und Informatik. Elian kann seinen Informatiklehrer als Referenz aufführen, was seine Auskünfte zusätzlich bekräftigt.

Im nächsten Sommer werde ich die Theo-Kellner-Schule mit dem Abitur abschließen. In meinen Abiturfächern Informatik und Mathematik erziele ich gute bis sehr gute Leistungen. Gerne bestätigt Ihnen mein Informatiklehrer, Herr Grönemann, meine Fähigkeit, komplexe IT-Fragestellungen anschaulich darzustellen und gemeinsam mit anderen Schülern im Team Lösungen zu erarbeiten. Sie erreichen ihn nachmittags unter 06121 / 321 43 26.

Abschließend gibt Elian zu verstehen, dass er die Firmenhomepage intensiv studiert hat, um mehr über das Unternehmen und die Ausbildungsinhalte zu erfahren. Dadurch betont er seine Motivation und seine Zielstrebigkeit.

Auf Ihrer Internetpräsenz habe ich mich ausführlich über Ihre Ausbildungsschwerpunkte und die sehr guten Perspektiven informiert. Besonders spricht mich an, dass Sie Auszubildende von Beginn an in spannende Softwareprojekte für Kunden einbinden.

Das Deckblatt

Sein umfangreiches IT-Fachwissen möchte Elian in der Bewerbung besonders hervorheben. Daher legt er ein Deckblatt an: Hier platziert er neben dem Bewerbungsfoto und seinen persönlichen Angaben auch eine Kenntnisübersicht, sinnvoll unterteilt in verschiedene Kompetenzbereiche. Diese Auflistung entlastet den Lebenslauf und wird bei der Personalerin besondere Beachtung finden.

Der Lebenslauf

Die Angaben auf dem Deckblatt muss Elian im Lebenslauf nicht noch einmal wiederholen. Und da ein Foto pro Bewerbung genügt, bleibt das Dokument ausnahmsweise unbebildert. Den freigewordenen Raum nutzt Elian für zusätzliche Informationen, etwa zu den Abiturfächern nebst aktuellen Noten. Das schulische Engagement tritt in einer eigenen Rubrik besonders hervor, in der sich die Einträge zur Informatik AG, zur Projektwoche und zum Relaunch der Schulhomepage finden. Die dritte Kategorie widmet Elian schließlich seinen IT-Aktivitäten im privaten und beruflichen Bereich.

Wie überlegt Elian vorgeht, belegen die Details: So nennt er etwa zu jedem Websiteprojekt die betreffende Internetadresse, damit sich die Personalerin schnell ein eigenes Bild von Elians Leistungen verschaffen kann.

Fazit

Elians Unterlagen vermitteln eine enorme berufliche Erfahrung. Dabei war er streng genommen bislang gerade einmal vier Wochen lang berufstätig, nämlich während seines Praktikums. Seiner Bewerbung merkt man das nicht an: Verantwortlich dafür sind Elians vielfältige praxisorientierte Aktivitäten innerhalb und außerhalb der Schule, die er ausführlich beschreibt und intelligent anordnet. Ein weiterer Bestandteil seiner Erfolgsstrategie ist das Deckblatt, das alle Fachkenntnisse prägnant hervorhebt.

Elian Burger
Otto-Ritschl-Straße 45
99081 Erfurt
06121 / 908 736 45
0146 / 836 456 30
e-burger@mail.tld

Erfurt, 15.10.2013

SoftwareXProjects
Human Resources
Heike Sawinski
Langer Weg 3a
99089 Erfurt

Bewerbung: Ausbildung zum Fachinformatiker – Anwendungsentwicklung
Ihre Anzeige auf www.jobs.de

Sehr geehrte Frau Sawinski,

die Erstellung von Webseiten mithilfe von PHP und CSS, die Mitarbeit bei der Entwicklung eines Mini-Roboters und die Programmierung eines Handy-Spiels mit Java sind die wesentlichen Ergebnisse meiner bisherigen Aktivitäten in der Anwendungsentwicklung. Für das Handy-Spiel erhielt die Informatik-AG den 3. Preis beim Landeswettbewerb „Jugend programmiert". Bei der Preisverleihung habe ich den Aufbau und die Funktionsweise des Spiels vor Schul- und Landesvertretern präsentiert.

Weitere Praxiserfahrung sammelte ich bei der PC-Blitz GmbH. Hier lag mein Aufgabenschwerpunkt in der Arbeit mit Linux-Betriebssystemen. Seit vielen Jahren helfe ich zudem im Freundes- und Bekanntenkreis bei der Software- und Betriebssysteminstallation und Problemen bei der Einrichtung von Drahtlosverbindungen, Routern und Firewalls. Weiterhin verfüge ich über grundlegende Kenntnisse in Windows-Betriebssystemen, in MySQL und in der Programmiersprache C.

Im nächsten Sommer werde ich die Theo-Kellner-Schule mit dem Abitur abschließen. In meinen Abiturfächern Informatik und Mathematik erziele ich gute bis sehr gute Leistungen. Gerne bestätigt Ihnen mein Informatiklehrer, Herr Grönemann, meine Fähigkeit, komplexe IT-Fragestellungen anschaulich darzustellen und gemeinsam mit anderen Schülern im Team Lösungen zu erarbeiten. Sie erreichen ihn nachmittags unter 06121 / 321 43 26.

Auf Ihrer Internetpräsenz habe ich mich ausführlich über Ihre Ausbildungsschwerpunkte und die sehr guten Perspektiven informiert. Besonders spricht mich an, dass Sie Auszubildende von Beginn an in spannende Softwareprojekte für Kunden einbinden.

Ich freue mich sehr, wenn ich an Ihrem Auswahlverfahren teilnehmen kann.

Mit freundlichen Grüßen
Elian Burger
Elian Burger

Elian Burger
Otto-Ritschl-Straße 45
99081 Erfurt
06121 / 908 736 45
0146 / 836 456 30
e-burger@mail.tld

Bewerbungsunterlagen

Ausbildungsberuf:

Fachinformatiker
Fachrichtung Anwendungsentwicklung

Elian Burger
geb. am 26.01.1995 in Erfurt
deutsche Staatsangehörigkeit

IT-Fachkenntnisse

Betriebssysteme	Windows Server 2008 und 2012 Windows XP, Vista, 7 Linux (Suse, Debian)
Webentwicklung	PHP, MySQL, CSS
Programmierung	C, Java
Netzwerktechnik	WAN, LAN, WLAN, Routing, Switching
Virtualisierung	VMWare
Anwendungssoftware	MS-Word, Excel, PowerPoint, Outlook Adobe Photoshop

Elian Burger
Otto-Ritschl-Straße 45
99081 Erfurt
06121 / 908 736 45
0146 / 836 456 30
e-burger@mail.tld

Lebenslauf

Schulausbildung

seit 08.2006	Theo-Kellner-Schule, Erfurt Voraussichtlicher Abschluss: allgemeine Hochschulreife Abiturfächer: Informatik (Leistungskurs, Note: sehr gut), Englisch (Leistungskurs, Note: befriedigend), Mathematik (Note: gut), Erdkunde (Note: befriedigend)

Schulisches Engagement

seit 09.2012	Informatik AG: Programmierung eines Spiels für Mobiltelefone mit Java (3. Preis im Wettbewerb „Schule programmiert" des Landes Thüringen)
12.2012	Projektwoche: Entwicklung eines Lego-Mini-Roboters
04.2012 – 05.2012	Mitarbeit an der Neugestaltung der Internetpräsenz anlässlich der 200-Jahr-Feier der Schule (www.theo-kellner-schule.de)

Praktikum und außerschulische Aktivitäten

02.2013	Praktikum, PC-Blitz GmbH, Erfurt Reparatur von Rechnern, Konfiguration von Linux-Betriebssystemen
01.2011 – 06.2011	Entwicklung der Webseite des TSV Erfurt 1902 e. V. (www.tsv-erfurt.de)
seit 2009	Unterstützung von Freunden und Bekannten bei PC-Problemen, Installation von Programmen und Betriebssystemen, Einrichtung von kleinen Heimnetzwerken

Erfurt, 15.10.2013
Elian Burger

Elian Burger

Mediengestalter/in

Der Beruf

Die Ausbildung zum Mediengestalter ist in den Fachgebieten Digital und Print, Bild und Ton oder Flexografie möglich. Einstiegschancen bieten sich bei Film, Funk und Fernsehen, bei Druck-, Medien- oder Verlagshäusern, in Tonstudios, Werbeagenturen oder Marketingabteilungen von Unternehmen. Typischerweise stehen Mediengestalter im regen Kontakt mit ihren Auftraggebern, für die sie Konzepte erarbeiten und mediale Produkte kreieren – die jeweilige Zielgruppe immer fest im Blick. Die Personaler achten vor allem auf Kreativität, Kommunikationsstärke, PC-Fähigkeiten sowie die Schulnoten in Mathematik, Deutsch und oft auch Englisch.

Die Bewerberin

Leonie Seidel wird im nächsten Jahr die allgemeine Hochschulreife erwerben. Dass Leonie ein Händchen für Gestaltungsfragen besitzt, belegen ihre Freizeitbeschäftigungen – sie produziert hobbymäßig Videos und Flyer. Durch die Ausbildung zur Mediengestalterin Digital und Print möchte Leonie ihre kreative Begabung nun professionell umsetzen. Worum es im angestrebten Berufsfeld geht, weiß sie schon ganz gut, da sie bereits für eine Kommunikationsagentur und ein Druckhaus gearbeitet hat.

Das Anschreiben

Leonie hat vorab mit einem Betriebsvertreter telefoniert und sich dadurch einen Startvorteil verschafft: Indem sie an das Gespräch anknüpft, kann sie direkt eine persönliche Beziehung aufbauen.

vielen Dank, dass Sie sich heute Morgen Zeit für ein Telefonat genommen haben. Ihre Informationen haben mich überzeugt, dass ich bei Ihnen eine qualifizierte und anspruchsvolle Ausbildung erhalten werde.

Danach führt Leonie ihr Hauptargument aus – ihre kreative Produktivität im beruflichen und privaten Rahmen. Zunächst lässt sie Taten sprechen: Sie verweist auf Gestaltungsbeispiele, die sie der Bewerbung beigefügt bzw. online gestellt hat. Gerade im Medienbereich sagen Arbeitsproben häufig mehr als viele Worte.

Im Dateianhang sende ich Ihnen als Arbeitsprobe die Entwürfe eines Zeitschriftencovers und der Startseite einer Onlinepräsenz sowie zwei privat gestaltete Einladungsflyer. Meine selbst kreierten Videos können Sie sich unter *www.youtube.com/user/LS-Mannheim* ansehen.

Danach fasst Leonie zusammen, welche Erfahrungen sie in ihren zwei Praktika gesammelt hat.

In meinen Praktika machte mir die Entwicklung von Grafiken und Motiven, die Abstimmung von Text und Fotos sowie die Auswahl passender Bilder besonderen Spaß. Ich habe Kundenwünsche mit Skizzen visualisiert, Ideen zur Optimierung eines Internetauftritts eingebracht und Konzepte für Kunden redigiert. Außerdem schnupperte ich jeweils einige Tage in die Abteilungen Marketing und Vertrieb hinein.

Dass Leonie sich bereits mit Grafiksoftware, Layoutprogrammen und den Grundlagen typografischer Gestaltung auskennt, möchte sie besonders betonen. Daher hebt sie diese Punkte in einem separaten Absatz hervor.

Mit Photoshop, InDesign und Illustrator arbeite ich sicher. Typografische Kenntnisse eignete ich mir in einer kleinen Druckerei an.

Im Anschluss spricht Leonie ihre Leistungen in den ausbildungsrelevanten Schulfächern an. Auf ihre Zensuren geht sie nicht ein – möglicherweise gibt es dafür einen guten Grund in Form nicht ganz so guter Noten.

Nächstes Jahr mache ich das Abitur. Im Leistungskurs Kunst befasse ich mich intensiv mit Farb- und Formgestaltung, mit Skizzen und Zeichnungen. In Deutsch und Englisch beweise ich meine sprachlichen Fähigkeiten und mein gutes Textverständnis.

Ausbildungen zum Mediengestalter sind äußerst begehrt. Um leichter einen Fuß in die Tür zu bekommen, bietet Leonie an, einen Tag lang probeweise im Betrieb zu arbeiten. Dank dem abschließenden Erreichbarkeitshinweis kann der Personaler sie unkompliziert kontaktieren.

Ich freue mich, wenn Ihnen meine Unterlagen zusagen und ich einen Probearbeitstag bei Ihnen absolvieren kann. Sie erreichen mich telefonisch täglich ab 14.30 Uhr.

Der Lebenslauf

Mit ihrem individuellen Layout weicht Leonie bewusst von verbreiteten Konventionen ab: Sie gliedert ihren Lebenslauf in drei Spalten, schmückt ihn mit Piktogrammen aus dem Medienbereich und verwandelt ihn so in eine zusätzliche Arbeitsprobe. Keine schlechte Idee, schließlich geht es um eine Ausbildung in einem Kreativberuf! Inhaltlich leistet sich Leonie indes keine Extravaganzen – sie liefert alle Informationen, die auch in einen „klassisch" designten Lebenslauf gehören. Die zentralen Kategorien Schule, Berufstätigkeit und gestalterische Freizeitaktivitäten unterfüttert sie mit aussagekräftigen Stichpunkten (Abiturfächer,

AG-Teilnahme, Projekte, Praktikumstätigkeiten …). Am unteren Seitenrand platziert Leonie ihre Software- und Sprachkenntnisse, die sie anhand eines optisch ansprechenden, leicht verständlichen Punkteschemas einordnet.

Fazit

Schon das Design ihrer Bewerbungsunterlagen demonstriert Leonies Gestaltungstalent. Doch dabei bleibt es nicht, denn auch inhaltlich hat sie einiges zu bieten: insbesondere wichtige Softwarefähigkeiten, aussagekräftige schulische Aktivitäten und wertvolle berufliche Vorkenntnisse im Medienbereich. Darüber hinaus beweisen ihre Arbeitsproben, wie zielführend sie ihren Einfallsreichtum umzusetzen versteht.

Leonie Seidel

Hauptstraße 81 B
68189 Mannheim
Tel.: 06121 – 753 159 64
Mobil: 0142 – 222 33 01
E-Mail: Leonie.Seidel@mail.tld

xpress marketing + kommunikation gmbh
Lars Beckmann
Karl-von-Fischer-Straße 623
68259 Mannheim

Mannheim, 15.10.2013

Mein Ziel: Eine Ausbildung zur Mediengestalterin Digital und Print

Guten Tag Herr Beckmann,

vielen Dank, dass Sie sich heute Morgen Zeit für ein Telefonat genommen haben. Ihre Informationen haben mich überzeugt, dass ich bei Ihnen eine qualifizierte und anspruchsvolle Ausbildung erhalten werde.

Im Dateianhang sende ich Ihnen als Arbeitsprobe die Entwürfe eines Zeitschriftencovers und der Startseite einer Onlinepräsenz sowie zwei privat gestaltete Einladungsflyer. Meine selbst kreierten Videos können Sie sich unter *www.youtube.com/user/LS-Mannheim* ansehen.

In meinen Praktika machte mir die Entwicklung von Grafiken und Motiven, die Abstimmung von Text und Fotos sowie die Auswahl passender Bilder besonderen Spaß. Ich habe Kundenwünsche mit Skizzen visualisiert, Ideen zur Optimierung eines Internetauftritts eingebracht und Konzepte für Kunden redigiert. Außerdem schnupperte ich jeweils einige Tage in die Abteilungen Marketing und Vertrieb hinein.

Mit Photoshop, InDesign und Illustrator arbeite ich sicher. Typografische Kenntnisse eignete ich mir in einer kleinen Druckerei an.

Nächstes Jahr mache ich das Abitur. Im Leistungskurs Kunst befasse ich mich intensiv mit Farb- und Formgestaltung, mit Skizzen und Zeichnungen. In Deutsch und Englisch beweise ich meine sprachlichen Fähigkeiten und mein gutes Textverständnis.

Ich freue mich, wenn Ihnen meine Unterlagen zusagen und ich einen Probearbeitstag bei Ihnen absolvieren kann. Sie erreichen mich telefonisch täglich ab 14.30 Uhr.

Mit freundlichen Grüßen

Leonie Seidel

Leonie Seidel

Lebenslauf

Leonie Seidel

Hauptstraße 81 B
68189 Mannheim

Tel.: 06121 – 753 159 64
Mobil: 0142 – 222 33 01

E-Mail: Leonie.Seidel@mail.tld

31.08.1994	geboren in Mannheim
seit 08.2005	**Johanna-Geissmar-Schule** Abiturkurse: Deutsch • Kunst • Englisch • Biologie AG Bild und Ton: Video- und Fotobearbeitung Grafikprogramme
seit 2010	**Mediengestaltung in der Freizeit** • Gestaltung und Bearbeitung von Filmen (www.youtube.com/user/LS-Mannheim) • Entwurf von Einladungen und Flyern für Geburtstags-, Familien- und Hochzeitsfeiern
10.2012 bis 03.2013	**Praktikum und Nebentätigkeit: AfK SüdWest – Agentur für Kommunikation** • Gestaltungsentwürfe für Medienprodukte • Optimierung von Internetauftritten • Marketing • Bildauswahl
06.2013	**Praktikum: Druck und Copy Lauterbach GmbH** • Textgestaltung • Druckvorbereitung • Bildbearbeitung

IT- und Sprachkenntnisse

Adobe Photoshop ●●●●
Illustrator ●●●●
InDesign ●●●●
Word ●●●●
PowerPoint ●●●●

HTML ●●
XML ●●

Englisch ●●●●

Handwerkliche und technische Berufe

Anlagenmechaniker/in für Sanitär-, Heizungs- und Klimatechnik

Der Beruf

Anlagenmechaniker für Sanitär-, Heizungs- und Klimatechnik planen, installieren und warten versorgungstechnische Systeme: in erster Linie sanitäre Anlagen, Heizungen oder Klimageräte. Lehrstellen finden sich hauptsächlich bei handwerklichen Installationsbetrieben, aber auch bei Wartungsdiensten oder im Bereich des Facility Managements. Angehende Auszubildende sollten ein solides technisch-physikalisches Verständnis, mathematische Sicherheit, Gründlichkeit und die nötigen sprachlichen Fähigkeiten nachweisen.

Der Bewerber

Vor einigen Monaten hat Moritz Pfeiffer den Sekundarabschluss I – sprich: die Mittlere Reife – erworben. Aktuell besucht er den technischen Zweig einer Fachoberschule mit einem integrierten Langzeitpraktikum im Bereich Versorgungstechnik. Da ihm das praktische Arbeiten sehr liegt, möchte er die Fachoberschule nach der 11. Klasse verlassen und eine Ausbildung zum Anlagenmechaniker für Sanitär-, Heizungs- und Klimatechnik aufnehmen.

Das Anschreiben

Im ersten Absatz informiert Moritz den Personaler über den aktuellen Stand seiner Schul- und Berufslaufbahn. Das versorgungstechnische Praktikum dürfte dabei auf besonderes Interesse stoßen.

nach meinem erfolgreichen Sekundarabschluss I besuche ich zurzeit die 11. Klasse der Fachoberschule mit der Fachrichtung Technik. Neben praxisbezogenem technischem Unterricht liegt der Schwerpunkt in einem mehrmonatigen Praktikum. Dieses absolviere ich momentan im Bereich Versorgungstechnik des Dezernats für Gebäudemanagement der Stadt Göttingen.

Im zweiten Absatz vertieft Moritz seine Praktikumsbeschreibung, indem er Aufgabenschwerpunkte und Lernerfolge nennt.

Hier habe ich zunächst grundlegende Einblicke in die Arbeit mit versorgungstechnischen Einrichtungen gewonnen. Ich begleitete einen städtischen Mitarbeiter bei der Kontrolle und Wartung von sanitär-, heizungs- und klimatechnischen Anlagen. Dabei habe ich kleinere Messungen durchgeführt und die Ergebnisse in das Wartungsprotokoll eingetragen. Seit zwei Wochen helfe ich bei den Arbeiten zur Erneuerung von Rohrleitungen für das Gebäude des Straßenverkehrsamts. Dabei lerne ich von Grund auf die manuelle Bearbeitung von Rohren und Blechen kennen.

Daraufhin thematisiert Moritz die theoretische Facette seiner aktuellen schulischen Station. Besondere Aufmerksamkeit genießen dabei umwelttechnische Aspekte – die Themen Umweltschutz und Energiesparen spielen schließlich auch in seinem Wunschberuf eine immer größere Rolle.

Parallel dazu eigne ich mir im Blockunterricht der Fachoberschule gute Kenntnisse im Lesen und Erstellen technischer Unterlagen und in der Planung von Arbeitsprozessen an. Meine Stärken und Interessen liegen in den Fächern Physik, Technik und Deutsch. Im Technikunterricht haben wir unter anderem das Thema Umwelttechnik behandelt. Dabei habe ich viel über die Nutzung umweltfreundlicher Dämm-, Dichtungs- und Schutzmaßnahmen gelernt.

Dank eines Ferienjobs kann Moritz zusätzliche berufliche Erfahrungen vorweisen. Allerdings fehlt ihm noch das betreffende Arbeitszeugnis, was bei Personalern oft Argwohn hervorruft. Daher kündigt Moritz an, den Beleg so bald wie möglich nachzureichen.

Praktische Erfahrung in der Montage von Kunststoffteilen sammelte ich während einer Ferientätigkeit bei den Heller-Werken. Das Arbeitszeugnis sende ich Ihnen zu, sobald ich es erhalten habe.

Auf der Fachoberschule könnte Moritz auch die Fachhochschulreife erwerben und danach ein Studium beginnen. Offensichtlich steht ihm danach allerdings nicht der Sinn. Warum, deutet er im letzten Absatz an: Es zieht ihn in die Berufspraxis.

Nach der 11. Klasse möchte ich gerne ab dem kommenden Sommer eine praktische Ausbildung zum Anlagenmechaniker für Sanitär-, Heizungs- und Klimatechnik absolvieren.

Der Lebenslauf

Moritz vertraut auf ein sehr sachliches, aufgeräumtes Layout mit drei Themenblöcken. Als wichtigstes Standbein dient ihm der Bereich „Schule und Praktikum“: Hier verknüpft Moritz die theoretische Schulausbildung mit seiner Praxistätigkeit im Bereich Versorgungstechnik. In der Rubrik darunter finden sich die für den gewählten Beruf etwas weniger aussagekräftigen Nebenjobs. Die Schlusskategorie „Engagement und Zusatzkenntnisse" wirkt auf den ersten Blick wie eine reine Formalität, enthält aber neben den unspektakulären PC-Kenntnissen eine sehr aufschlussreiche Information: Moritz' Engagement im Umweltverein bekräftigt sein im Anschreiben angedeutetes Interesse an umwelttechnischen Themen.

Fazit

Welche Prioritäten Moritz in seiner Bewerbung setzt, lässt sich schnell erkennen: Nicht nur im Anschreiben, auch im Lebenslauf steht der aktuelle Schulbesuch mit dem integrierten Praktikum deutlich im Vordergrund. Moritz hat erkannt, dass er auf diese Weise starke Bezüge zu seinem Wunschberuf herstellen kann. Dabei ergänzen sich die kompakten Einträge im Lebenslauf und die ausführlicheren Schilderungen im Anschreiben.

Moritz Pfeiffer

Moritz Pfeiffer ▪ Gebrüder-Grimm-Weg 83 ▪ 37054 Göttingen

Göttingen, 15.10.2013

SHK – Die Heizungs- und Sanitärprofis oHG
Harald Voigt
Untere Dorfstraße 54
37083 Göttingen

Bewerbung um eine Ausbildung zum Anlagenmechaniker –
Fachrichtung Sanitär-, Heizungs- und Klimatechnik

Sehr geehrter Herr Voigt,

nach meinem erfolgreichen Sekundarabschluss I besuche ich zurzeit die 11. Klasse der Fachoberschule mit der Fachrichtung Technik. Neben praxisbezogenem technischem Unterricht liegt der Schwerpunkt in einem mehrmonatigen Praktikum. Dieses absolviere ich momentan im Bereich Versorgungstechnik des Dezernats für Gebäudemanagement der Stadt Göttingen.

Hier habe ich zunächst grundlegende Einblicke in die Arbeit mit versorgungstechnischen Einrichtungen gewonnen. Ich begleitete einen städtischen Mitarbeiter bei der Kontrolle und Wartung von sanitär-, heizungs- und klimatechnischen Anlagen. Dabei habe ich kleinere Messungen durchgeführt und die Ergebnisse in das Wartungsprotokoll eingetragen. Seit zwei Wochen helfe ich bei den Arbeiten zur Erneuerung von Rohrleitungen für das Gebäude des Straßenverkehrsamts. Dabei lerne ich von Grund auf die manuelle Bearbeitung von Rohren und Blechen kennen.

Parallel dazu eigne ich mir im Blockunterricht der Fachoberschule gute Kenntnisse im Lesen und Erstellen technischer Unterlagen und in der Planung von Arbeitsprozessen an. Meine Stärken und Interessen liegen in den Fächern Physik, Technik und Deutsch. Im Technikunterricht haben wir unter anderem das Thema Umwelttechnik behandelt. Dabei habe ich viel über die Nutzung umweltfreundlicher Dämm-, Dichtungs- und Schutzmaßnahmen gelernt.

Praktische Erfahrung in der Montage von Kunststoffteilen sammelte ich während einer Ferientätigkeit bei den Heller-Werken. Das Arbeitszeugnis sende ich Ihnen zu, sobald ich es erhalten habe.

Nach der 11. Klasse möchte ich gerne ab dem kommenden Sommer eine praktische Ausbildung zum Anlagenmechaniker für Sanitär-, Heizungs- und Klimatechnik absolvieren. Ich freue mich, wenn Sie mich zu einem Gespräch einladen.

Mit freundlichen Grüßen

Moritz Pfeiffer
Moritz Pfeiffer

Gebrüder-Grimm-Weg 83 ▪ 37054 Göttingen ▪ Tel.: 06121 87 69 55 ▪ Moritz-Pfeiffer@mail.tld

Moritz Pfeiffer

Lebenslauf

Moritz Pfeiffer

geboren am 28.02.1997
in Göttingen

Berufsziel: Anlagenmechaniker
Sanitär-, Heizungs- und Klimatechnik

Schule und Praktikum

seit 08.2013	Max-Planck-Fachoberschule – Fachrichtung Technik Integriertes Praktikum (insg. 960 Stunden) bei der Stadtverwaltung Göttingen – Abt. Gebäude- und Liegenschaftsmanagement Schwerpunkt: Versorgungstechnik
08.2009 – 06.2013	Clemens-Brentano-Gesamtschule, Göttingen Sekundarabschluss I Notendurchschnitt: 3,0
08.2007 – 06.2009	Hauptschule Waldweg, Göttingen

Nebentätigkeiten

06.2013 – 07.2013	Heller-Werke AG, Göttingen Produktionsmitarbeiter Montage von Kunststoffteilen für Staubsauger
01.2013	Bauhaus AG, Göttingen Mitarbeit bei der Inventur

Engagement und Zusatzkenntnisse

seit 09.2012	Göttinger Umweltverein e. V. Kurse und Aktionen zum Umweltschutz
EDV-Kenntnisse	MS Word und Excel (Grundlagen) Betriebssysteme Windows 7 und 8 (Grundlagen)

Göttingen, 15.10.2013

Moritz Pfeiffer

Moritz Pfeiffer

Gebrüder-Grimm-Weg 83 ▪ 37054 Göttingen ▪ Tel.: 06121 87 69 55 ▪ Moritz-Pfeiffer@mail.tld

Bauzeichner/in

Der Beruf

Die Arbeitsgrundlage von Bauzeichnern besteht aus architektonischen Skizzen und ingenieurtechnischen Berechnungen. Daraus erstellen sie mithilfe spezieller Software maßstabsgerechte Zeichnungen. Als Hüter der baurelevanten Grundrisse und Ansichten bekommen es Bauzeichner außerdem oft mit allerlei organisatorischen Aufgaben zu tun. Der Beruf erfordert physikalisch-technisches Verständnis, einen Sinn für Präzision, PC- und Mathematik-Kenntnisse sowie Kommunikations- und Koordinationsvermögen.

Der Bewerber

Max Hahnwald ist nach dem Realschulabschluss auf die Oberstufe einer Gesamtschule gewechselt, um die Fachhochschulreife anzustreben. Mit zwei Praktika in einem Konstruktionsbüro ist er für die Ausbildung zum Bauzeichner schon ganz gut aufgestellt. Eine Facharbeit zum Thema Wassergewinnung hat Max dazu angespornt, sich beim regionalen Wasserverband zu bewerben.

Das Anschreiben

Wenige Zeilen mit vielen Informationen – so kann man Max' Einstieg zusammenfassen. Kurz und bündig bringt er seine Kenntnisse, Fähigkeiten und beruflichen Beweggründe auf den Punkt.

erste Erfahrungen in der Arbeit mit AutoCAD sowie gute mathematische und zeichnerische Fähigkeiten qualifizieren mich für eine Ausbildung zum Bauzeichner. Die Ausbildung möchte ich gerne bei der NWV absolvieren, da ich mich sehr für die Wassergewinnung und -nutzung interessiere.

Seine Praktika haben Max viele Einblicke beschert, die für eine Bauzeichnerausbildung nützlich sind. Verständlich, dass er diese Punkte deutlich hervorheben möchte. Im zweiten Absatz beschreibt er detailliert, was er im Konstruktionsbüro getan – und vor allem: gelernt – hat.

In zwei dreiwöchigen Praktika in einem Konstruktionsbüro sammelte ich praktische Kenntnisse im Erstellen einfacher Bauzeichnungen und Konstruktionsunterlagen. Ich habe bei der Anfertigung von Unterlagen für Ausschreibungen mitgeholfen und Mengen- und Flächenberechnungen durchgeführt. Außerdem erhielt ich eine Einweisung in die Arbeit mit AutoCAD. Am Ende des zweiten Praktikums habe ich den Ingenieur zwei Tage auf Baustellen begleitet. Dabei gewann ich einen guten Einblick in die Zusammenarbeit von Konstruktion, Bauämtern und Bauträgern.

Bewerbungsbeispiele

3

Bereits dieser Abschnitt signalisiert: Max kennt die Tätigkeiten eines Bauzeichners nicht nur, er findet sie auch sehr spannend. Gleichwohl erläutert er seine Berufsentscheidung im Folgenden noch etwas genauer. Im Verweis auf ein Beratungsgespräch untermauert er dabei sein Engagement und seine Eignung.

Die positiven Eindrücke aus den Praktika haben dazu geführt, dass ich mich näher mit der Ausbildung zum Bauzeichner befasst habe. Auch der Berufsberater der Arbeitsagentur bestätigte mir die Eignung für diesen Beruf.

Die Frage nach der Schulsituation sollte in keiner Bewerbung offen bleiben. Max geht im vierten Absatz darauf ein, wobei er geschickt seine berufsrelevanten Lieblingsfächer herausstellt.

Nach dem Abschluss der Realschule mit der Fachoberschulreife wechselte ich letztes Jahr auf die Gesamtschule. Im kommenden Jahr werde ich den schulischen Teil der Fachhochschulreife erlangen. Meine Interessenschwerpunkte liegen in den Fächern Mathematik, Erdkunde und Physik.

Das Stichwort „Erdkunde" greift Max daraufhin noch einmal elegant auf, um sein Interesse am Unternehmen zu bekräftigen: Im Rahmen einer Facharbeit hat er sich intensiv mit den Themen Wassergewinnung und -nutzung befasst, was schließlich ausschlaggebend für die Bewerbung beim Wasserverband war.

In einer Facharbeit in Erdkunde eignete ich mir grundlegende Kenntnisse zum Thema Wassergewinnung und -nutzung in Deutschland an. Ich befasste mich dabei mit verschiedenen Arten von Oberflächenwasser und der Wasseraufbereitung. Dieses Themengebiet finde ich sehr spannend, so dass ich mich für eine Bewerbung beim Niedersächsischen Wasserverband entschieden habe.

Der Lebenslauf

Max hat zwei Praktika bei ein und demselben Arbeitgeber absolviert. Die funktionale Lebenslaufgliederung erlaubt es ihm, beide Einträge in einem Block zu bündeln. Diesen hätte Max auch eine Position nach oben schieben können, um seine Berufserfahrung zu betonen. Er hat sich allerdings dagegen entschieden, damit die Personalerin sofort erkennt, dass Max aktuell den schulischen Teil der Fachhochschulreife anstrebt. Im Bereich „Zusatzqualifikationen und Interessen" fallen vor allem Max' Kenntnisse in AutoCAD ins Auge: Dabei handelt es sich um ein professionelles Modellierungsprogramm, mit dem viele Bauzeichner beruflich arbeiten. Auch seine privaten Interessen sind gut gewählt – sie hängen alle mit dem Wunschberuf zusammen.

Fazit

Warum sich Max ausgerechnet bei einem Wasserverband bewirbt, kann er einleuchtend begründen; die Zielorientierung tritt im Anschreiben deutlich hervor. Formal setzt Max auf bewährte Konventionen, inhaltlich berücksichtigt er alle wichtigen Einstellungskriterien. Seine Referenzperson nennt Max nur im Lebenslauf, da er im bereits sehr umfangreichen Bewerbungsschreiben nicht noch eine weitere Information unterbringen möchte.

Max Hahnwald
Konrad-Koch-Straße 67 ▪ 38108 Braunschweig ▪ 06121 – 123 654 ▪ Max.Hahnwald@mail.tld

Braunschweig, 15.10.2013

NWV Niedersächsischer Wasserverband
Abteilung Personal und Ausbildung
Ulrike Hammerschmidt
Carl-Friedrich-Gauß-Straße 188–192
38105 Braunschweig

Bewerbung um eine Ausbildung zum Bauzeichner
Referenz-Nummer: ABZ 1298/13

Sehr geehrte Frau Hammerschmidt,

erste Erfahrungen in der Arbeit mit AutoCAD sowie gute mathematische und zeichnerische Fähigkeiten qualifizieren mich für eine Ausbildung zum Bauzeichner. Die Ausbildung möchte ich gerne bei der NWV absolvieren, da ich mich sehr für die Wassergewinnung und -nutzung interessiere.

In zwei dreiwöchigen Praktika in einem Konstruktionsbüro sammelte ich praktische Kenntnisse im Erstellen einfacher Bauzeichnungen und Konstruktionsunterlagen. Ich habe bei der Anfertigung von Unterlagen für Ausschreibungen mitgeholfen und Mengen- und Flächenberechnungen durchgeführt. Außerdem erhielt ich eine Einweisung in die Arbeit mit AutoCAD. Am Ende des zweiten Praktikums habe ich den Ingenieur zwei Tage auf Baustellen begleitet. Dabei gewann ich einen guten Einblick in die Zusammenarbeit von Konstruktion, Bauämtern und Bauträgern.

Die positiven Eindrücke aus den Praktika haben dazu geführt, dass ich mich näher mit der Ausbildung zum Bauzeichner befasst habe. Auch der Berufsberater der Arbeitsagentur bestätigte mir die Eignung für diesen Beruf.

Nach dem Abschluss der Realschule mit der Fachoberschulreife wechselte ich letztes Jahr auf die Gesamtschule. Im kommenden Jahr werde ich den schulischen Teil der Fachhochschulreife erlangen. Meine Interessenschwerpunkte liegen in den Fächern Mathematik, Erdkunde und Physik.

In einer Facharbeit in Erdkunde eignete ich mir grundlegende Kenntnisse zum Thema Wassergewinnung und -nutzung in Deutschland an. Ich befasste mich dabei mit verschiedenen Arten von Oberflächenwasser und der Wasseraufbereitung. Dieses Themengebiet finde ich sehr spannend, so dass ich mich für eine Bewerbung beim Niedersächsischen Wasserverband entschieden habe.

Ich freue mich, wenn Sie meine Bewerbung berücksichtigen. Gerne stelle ich mich persönlich beim NWV vor.

Mit freundlichen Grüßen

Max Hahnwald
Max Hahnwald

Max Hahnwald
Konrad-Koch-Straße 67 ▪ 38108 Braunschweig ▪ 06121 – 123 654 ▪ Max.Hahnwald@mail.tld

Lebenslauf

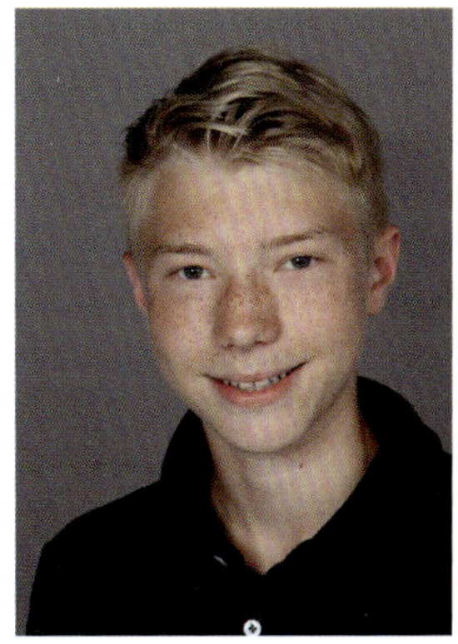

Persönliche Daten

Geburtsdatum:	21.03.1996
Geburtsort:	Wolfenbüttel
Familienstand:	ledig

Schulausbildung

seit 08.2012	Wilhelmine-Reichard-Gesamtschule, Braunschweig **Geplanter Abschluss: Fachhochschulreife (schulischer Teil)** Schwerpunkte: Mathematik, Erdkunde, Physik
08.2006 – 06.2012	Realschule Hansemannstraße, Braunschweig **Abschluss: Fachoberschulreife** Notendurchschnitt: 2,4

Praktika

10.2012 und 04.2013	Konstruktionsbüro Dipl.-Ing. Bernd Schulte, Braunschweig **Schülerpraktika** Aufgabenschwerpunkte: Zusammenstellen von Ausschreibungsunterlagen, Mithilfe bei der Fotodokumentation, Entwurf von Skizzen, Durchführung von technischen Berechnungen, Erlernen von CAD-Grundlagen, Begleitung auf Baustellen Referenz: Dipl.-Ing. Bernd Schulte Tel.: 06121 – 912 365 41, E-Mail: Konstruktion@schulte.tld

Zusatzqualifikationen und Interessen

IT-Kenntnisse	AutoCAD (gute Grundlagen) MS-Word und Excel (gute Kenntnisse) Adobe Illustrator (gute Grundlagen) Internetanwendungen, Social-Media-Plattformen
Sprachen	Englisch (aktuelle Schulnote: befriedigend)
Interessen	Zeichnen, Architektur, Fotografie

Braunschweig, 15.10.2013

Max Hahnwald
Max Hahnwald

3

Bewerbungsbeispiele

Chemielaborant/in

Der Beruf

Chemielaboranten nutzen moderne Laborgeräte, um organische und anorganische Stoffe mithilfe chemischer und physikalischer Verfahren zu untersuchen. Größtenteils sind sie in industriellen Forschungs- und Entwicklungslabors tätig, daneben auch in wissenschaftlichen Instituten oder Umweltämtern. Chemielaboranten arbeiten gründlich und genau – von der Arbeitsplanung bis zur Reinigung der verwendeten Arbeitsmittel. Bewerber sollten ein ausgeprägtes Faible für Chemie, fundierte Physik- und Biologiekenntnisse, mathematische Sicherheit und technisches Verständnis mitbringen.

Die Bewerberin

Laura Meißner besucht die Realschule und möchte die Fachoberschulreife erlangen. Da sie sich bisher stark auf ihre schulische Laufbahn konzentriert hat, kann sie noch keine Berufserfahrung vorweisen – jedenfalls im engeren Sinne: Ein Labor-Schnuppertag, die Teilnahme an der Schüleruniversität und ihr privates naturwissenschaftliches Engagement belegen, dass Laura sich durchaus gerne tatkräftig einbringt.

Das Anschreiben

Für Laura stand schon früh fest, welche berufliche Richtung sie einschlagen möchte: Sie interessiert sich seit jeher für chemisch-naturwissenschaftliche Fragen. Ihre enorme Motivation möchte sie gleich zu Beginn verdeutlichen, wozu sie auf zwei Veranstaltungen zurückgreift.

die Teilnahme an einem Schnuppertag im Medizinischen Labor der Uniklinik Dortmund und an der Schüleruniversität mit Schwerpunkt Naturwissenschaften und Technik haben mich in meiner Berufswahl, Chemielaborantin zu werden, bestärkt.

Auf die erwähnten Veranstaltungen geht Laura im Folgenden detaillierter ein, um ihre fachlichen Vorkenntnisse anzudeuten. Sie beginnt mit ihren Erfahrungen an der Schüleruniversität.

Die Herstellung von Stoffgemischen einschließlich Versuchsaufbau und -dokumentation hat mich an der Schüleruniversität besonders begeistert. Auch die Untersuchung von besonderen Eigenschaften fester, flüssiger und gasförmiger Stoffe fand ich sehr spannend.

Anschließend beschreibt sie, welche Einblicke in die professionelle Laborarbeit sie beim Schnuppertag an der Uniklinik gewinnen konnte.

Im medizinischen Labor der Uniklinik haben mich besonders die vielfältigen Einsatzmöglichkeiten der Laborgeräte angesprochen. Hier habe ich den gesamten Ablauf von der Probennahme bis zum fertigen Laborergebnis verfolgt.

Als eingefleischte Naturwissenschaftlerin kann Laura selbstredend auch auf entsprechende Schulleistungen verweisen. Indem sie die zuletzt behandelten Unterrichtsthemen nennt, signalisiert sie, wie präsent ihr der Schulstoff ist.

Auf der Realschule, die ich nächstes Jahr mit der Fachoberschulreife abschließen werde, liegen meine Schwerpunkte in den naturwissenschaftlichen Fächern. In den letzten beiden Schuljahren habe ich hier im Durchschnitt gute Noten erhalten. In diesem Jahr behandeln wir vor allem die Themen Farb- und Kunststoffe, Versuchsaufbauten und die Anlage von Zellkulturen.

Der folgende Absatz zeigt, dass naturwissenschaftliche Themen auch in Lauras Privatleben eine große Rolle spielen: In ihrer Freizeit bringt sie sich in einem einschlägigen Internetforum ein, wo sie Ratsuchenden auf die Sprünge hilft. Dadurch beweist sie nicht nur Sachkenntnis, sondern auch soziale Kompetenzen.

Ergänzend zum Schulunterricht bin ich aktives Mitglied in einem naturwissenschaftlichen Internetforum. Dort tausche ich mich regelmäßig mit anderen Schülerinnen über den Unterrichtsstoff in Chemie, Biologie und Physik aus. Dabei leiste ich unter anderem Hilfestellung bei der Vorbereitung von Klassenarbeiten.

Der Lebenslauf

Eine selbstbewusste Bewerberin mit Profil – so möchte Laura der Personalerin in Erinnerung bleiben. Um sich abzuheben, baut sie ihren Lebenslauf relativ ungewöhnlich auf: Die Kalenderdaten und Überschriften stehen in der rechten Spalte, die Inhalte und das Bewerbungsfoto finden sich links. Dass Laura noch nicht berufstätig war, kompensiert sie geschickt: Sie gliedert ihren Werdegang konservativ in drei Bereiche, wobei sie jedoch die gewohnte Kategorie zur beruflichen Erfahrung einfach durch die Rubrik „Aktivitäten" ersetzt, die ihre herausragende naturwissenschaftliche Einsatzfreude dokumentiert. Die Zusatzqualifikationen schließen den Lebenslauf sinnvoll ab.

Fazit

Keine Praktika, keine Nebenjobs – und trotzdem überzeugend! Ungeachtet der nicht vorhandenen berufspraktischen Erfahrung kann Laura eindrucksvoll belegen, wie attraktiv sie ihren Wunschberuf findet. Darüber hinaus verdeutlicht sie anhand ihres umfassenden Engagements und ihrer schulischen Leistungen, dass sie auch über das nötige Grundlagenwissen und viel Leistungsbereitschaft verfügt.

Laura Meißner
Kardinal-Degenhardt-Straße 77
58103 Hagen

Tel.: 06121 / 123 98 01
Mobil: 0141 / 298 456 30
E-Mail: L.Meissner@mail.tld

Hagen, 15.10.2013

Institut für Lebensmittel- und Umweltchemie
Frau Irmgard Neumann
Funckestraße 71
58095 Hagen

Ausbildung zur Chemielaborantin

Sehr geehrte Frau Neumann,

die Teilnahme an einem Schnuppertag im Medizinischen Labor der Uniklinik Dortmund und an der Schüleruniversität mit Schwerpunkt Naturwissenschaften und Technik haben mich in meiner Berufswahl, Chemielaborantin zu werden, bestärkt.

Die Herstellung von Stoffgemischen einschließlich Versuchsaufbau und -dokumentation hat mich an der Schüleruniversität besonders begeistert. Auch die Untersuchung von besonderen Eigenschaften fester, flüssiger und gasförmiger Stoffe fand ich sehr spannend.

Im medizinischen Labor der Uniklinik haben mich besonders die vielfältigen Einsatzmöglichkeiten der Laborgeräte angesprochen. Hier habe ich den gesamten Ablauf von der Probennahme bis zum fertigen Laborergebnis verfolgt.

Auf der Realschule, die ich nächstes Jahr mit der Fachoberschulreife abschließen werde, liegen meine Schwerpunkte in den naturwissenschaftlichen Fächern. In den letzten beiden Schuljahren habe ich hier im Durchschnitt gute Noten erhalten. In diesem Jahr behandeln wir vor allem die Themen Farb- und Kunststoffe, Versuchsaufbauten und die Anlage von Zellkulturen.

Ergänzend zum Schulunterricht bin ich aktives Mitglied in einem naturwissenschaftlichen Internetforum. Dort tausche ich mich regelmäßig mit anderen Schülerinnen über den Unterrichtsstoff in Chemie, Biologie und Physik aus. Dabei leiste ich unter anderem Hilfestellung bei der Vorbereitung von Klassenarbeiten.

Ich freue mich auf ein Vorstellungsgespräch in Ihrem Institut.

Mit freundlichen Grüßen

Laura Meißner

Laura Meißner
Kardinal-Degenhardt-Straße 77
58103 Hagen

Tel.: 06121 / 123 98 01
Mobil: 0141 / 298 456 30
E-Mail: L.Meissner@mail.tld

Laura Meißner

Geburtsdatum: 22.02.1997

Geburtsort: Hagen

Ausbildungsziel: Chemielaborantin

Lebenslauf

Schule

Friedrich-Harkort-Schule, Hagen (Realschule) — seit 08.2010
- Naturwissenschaftlich-technischer Schwerpunkt (Mathematik, Chemie, Physik, Biologie, Informatik)
- Voraussichtlicher Abschluss: Fachoberschulreife

Hauptschule Am Gleisdreieck, Hagen — 08.2008 – 06.2010

Aktivitäten

Aktive Teilnahme und Meinungsaustausch: www.MINT-Forum.net — seit 12.2011
- Forum für naturwissenschaftliche Fragen für Schülerinnen
- Austausch und Hilfestellung bei Themen in den Bereichen Chemie, Physik und Biologie

Schüler studieren, Hochschule Hagen — 07.2013
- 5-tägige Schüleruniversität, Schwerpunkt Naturwissenschaften und Technik
- Chemie im Alltag, Eigenschaften von Stoffen, Versuche zur Herstellung von Stoffgemischen

Schnuppertag, Medizinisches Labor, Universitätsklinik Dortmund — 03.2013
- Kennenlernen der Laboraufgaben, -geräte und -abläufe

IT- und Sprachkenntnisse

IT-Kenntnisse:
PCS-Laborsoftware (Grundlagen, Schüleruniversität)
MS-Word, Excel, PowerPoint (gute Kenntnisse, Anwendung im Informatikunterricht und durch private Nutzung)

Sprachen:
Englisch (Schulunterricht, Reisen nach England und Kanada)
Französisch (Grundlagen, 5 Jahre Schulunterricht)

Hagen, 15.10.2013

Laura Meißner

Elektroniker/in für Betriebstechnik

Der Beruf

Industrie und Handwerk bieten verschiedene elektrotechnische Ausbildungen mit unterschiedlichem Einschlag an. Elektroniker für Betriebstechnik sind hauptsächlich in Industriebetrieben tätig, wo sie elektronische Anlagen und Systeme installieren, programmieren und reparieren. Weitere Einsatzgebiete finden sich unter anderem in der Energie- und Kommunikationstechnik oder im Gebäudemanagement. Erwartet werden vor allem gute Mathematik- und Physikkenntnisse, handwerklich-praktische Intelligenz und ein IT-Grundverständnis.

Der Bewerber

Jonas Schultes Talente liegen eindeutig im Bereich Technik und Naturwissenschaften. Im Rahmen der schulischen Berufsorientierung konnte er bereits in mehrere Arbeitsgebiete hineinschnuppern, unter anderem durch ein Praktikum bei einem Gebäudetechnik-Dienstleister. Im nächsten Jahr möchte Jonas mit der Mittleren Reife von der Schule abgehen, um eine Ausbildung zum Elektroniker für Betriebstechnik zu beginnen.

Das Anschreiben

Den Auftakt des Anschreibens bildet Jonas' ausgeprägtes Interesse an Elektrotechnik. Dass Jonas sich nicht nur gerne damit beschäftigt, sondern auch etwas davon versteht, belegen seine Schulnoten in den relevanten Fächern.

das Erfassen von technischen und physikalischen Zusammenhängen hat mich schon immer begeistert. Die Arbeit mit Stromkreisen, elektrischen Feldern und Energie im Physikunterricht bereitet mir besondere Freude. In Physik und im Fach Technik/Arbeitslehre habe ich zuletzt immer sehr gute Noten erhalten.

Um seine Berufswahl vorzubereiten, hat Jonas in mehreren schulischen Kursen gezielt Arbeitserfahrung gesammelt. Dafür gibt er nun konkrete Beispiele.

Im Rahmen der Berufsorientierung habe ich in der 8. Klasse mehrere Module aus dem Bereich Technik belegt, unter anderem „Technisches Zeichnen" und „Elektromagnetismus". Dabei lernte ich, wie man die stromleitende Verbindung von elektrischen Bauteilen durch Löten fachgerecht durchführt. Außerdem beinhaltete das Modul die Durchführung von Funktionsprüfungen und die Planung von Arbeitsschritten.

Anschließend mündet Jonas' Argumentation in einen kurzen Praktikumsbericht. Er beschreibt einzelne Aufgabenfelder und verweist auf besondere Stärken, die ihm die Praktikumsbeurteilung – eine sehr vertrauenswürdige Quelle – attestiert.

Aufgrund meines großen Interesses für Elektronik und Technik absolvierte ich anschließend ein dreiwöchiges Praktikum bei der Gebäudetechnik Hartmann oHG. Ich habe dort Lampen installiert und repariert, Messarbeiten vorgenommen und den Ausbilder bei der Prüfung von Energieanlagen begleitet. Außerdem sammelte ich erste Erfahrung im Kundenservice. In der Praktikumsbeurteilung habe ich für mein Engagement, meine Fachkenntnisse und meine Teamarbeit sehr gute Bewertungen erhalten.

Heutzutage spielen IT-Themen für Elektroniker aller Fachgebiete eine große Rolle. Daher verdeutlicht Jonas im nächsten Absatz seine Kompetenz im Digitalbereich. Außerdem erwähnt er seine Kenntnisse in Englisch – auch in der modernen Elektrotechnik die Weltsprache Nummer Eins.

Neben der Elektrotechnik liegt mein Interessenschwerpunkt in der Informationstechnik, vor allem in der Installation von Hardwarekomponenten für die private Nutzung. Zusätzlich zu meinen technischen Fertigkeiten bringe ich erweiterte Englischkenntnisse mit, die ich während eines Schüleraustauschs in England vertieft habe.

Der Verweis auf die Schulsituation und eine weitere Motivationsbekundung schließen Jonas' Anschreiben ab.

Im nächsten Jahr werde ich die Schule mit der Mittleren Reife und einem guten Notendurchschnitt abschließen. Anschließend möchte ich gerne meine Ausbildung in dem spannenden Berufsfeld des Elektronikers für Betriebstechnik bei der OTS Deutschland GmbH absolvieren.

Der Lebenslauf

Fachbezogene Angaben, die Jonas' elektrotechnische Begabung illustrieren, finden sich über den gesamten Lebenslauf verstreut. So bietet er dem Leser von Anfang bis Ende – in allen vier Hauptkategorien – eine konstant hohe Informationsdichte. Zusätzlich zu den Pflichtangaben erhält der Personaler einige aufschlussreiche Details, die im Anschreiben nicht erwähnt werden: Hervorzuheben ist insbesondere Jonas' tatkräftige technische Mitwirkung bei der Organisation der Schulfeier.

Fazit

Jonas hat augenscheinlich schon früh viele Chancen genutzt, sein tüftlerisches Talent zu entfalten: Neben guten Noten kann er auch spezielle Technikkurse, ein Praktikum sowie passende Freizeitaktivitäten vorweisen. In seinen Unterlagen ordnet er die Stationen so, dass er vom Schulischen über die Punkte Berufsorientierung und Zusatzkenntnisse zielgerichtet auf die Ausbildung zusteuern kann.

Jonas Schulte

Novalisstraße 77 – 07745 Jena – Tel.: 06121 122 365
Mobil: 0143 564 524 34 – E-Mail: Jonas.Schulte@mail.tld

Jena, 15.10.2013

OTS Deutschland GmbH
Abt. Ausbildung
Herrn Jakob Hirschberger
Ernst-Abbe-Straße 236–252
07750 Jena

Bewerbung Ausbildung zum Elektroniker für Betriebstechnik

Sehr geehrter Herr Hirschberger,

das Erfassen von technischen und physikalischen Zusammenhängen hat mich schon immer begeistert. Die Arbeit mit Stromkreisen, elektrischen Feldern und Energie im Physikunterricht bereitet mir besondere Freude. In Physik und im Fach Technik/Arbeitslehre habe ich zuletzt immer sehr gute Noten erhalten.

Im Rahmen der Berufsorientierung habe ich in der 8. Klasse mehrere Module aus dem Bereich Technik belegt, unter anderem „Technisches Zeichnen" und „Elektromagnetismus". Dabei lernte ich, wie man die stromleitende Verbindung von elektrischen Bauteilen durch Löten fachgerecht durchführt. Außerdem beinhaltete das Modul die Durchführung von Funktionsprüfungen und die Planung von Arbeitsschritten.

Aufgrund meines großen Interesses für Elektronik und Technik absolvierte ich anschließend ein dreiwöchiges Praktikum bei der Gebäudetechnik Hartmann oHG. Ich habe dort Lampen installiert und repariert, Messarbeiten vorgenommen und den Ausbilder bei der Prüfung von Energieanlagen begleitet. Außerdem sammelte ich erste Erfahrung im Kundenservice. In der Praktikumsbeurteilung habe ich für mein Engagement, meine Fachkenntnisse und meine Teamarbeit sehr gute Bewertungen erhalten.

Neben der Elektrotechnik liegt mein Interessenschwerpunkt in der Informationstechnik, vor allem in der Installation von Hardwarekomponenten für die private Nutzung. Zusätzlich zu meinen technischen Fertigkeiten bringe ich erweiterte Englischkenntnisse mit, die ich während eines Schüleraustauschs in England vertieft habe.

Im nächsten Jahr werde ich die Schule mit der Mittleren Reife und einem guten Notendurchschnitt abschließen. Anschließend möchte ich gerne meine Ausbildung in dem spannenden Berufsfeld des Elektronikers für Betriebstechnik bei der OTS Deutschland GmbH absolvieren.

Gerne stelle ich mich persönlich bei Ihnen vor.

Mit freundlichen Grüßen

Jonas Schulte

Jonas Schulte

Jonas Schulte

Novalisstraße 77 – 03641 Jena – Tel.: 06121 122 365
Mobil: 0143 564 524 34 – E-Mail: Jonas.Schulte@mail.tld

Lebenslauf

Persönliche Daten	geboren am 25.11.1996 in Jena, ledig	
Schulausbildung	seit 09.2008	Carl-Zeiss-Schule, Jena Voraussichtlicher Abschluss: Mittlere Reife Lieblingsfächer: Arbeitslehre/Technik (Note: 1), Physik (Note: 1), Sport (Note: 2), Englisch (Note: 3)
	08.2004 – 07.2008	Gemeinschaftsgrundschule Jena-Mitte
Schulaktivitäten	05.2013	Schüleraustausch: zweiwöchiger Aufenthalt in Manchester / England
	12.2012	Mitglied im Organisationsteam für die Weihnachtsfeier an der Carl-Zeiss-Schule: Planung der Räumlichkeiten, Verkabelung der Musikanlage, Anbringen der Scheinwerfer in der Aula
	01.2012 – 03.2012	Berufsorientierung für technische Berufe Teilnahme an den Modulen: Technisches Zeichnen (Zeichnen vierkantiger Körper) Metall (Umformen/Abkanten von Metallen) Elektromagnetismus (Löten elektrotechnischer Bauteile)
Praktikum	09.2012 – 10.2012	Gebäudetechnik Hartmann oHG, Jena Beleuchtungstechnik, Prüfung von Energieanlagen, Kundenservice, Datenerfassung
Zusatzkenntnisse und Interessen	Technik	Elektrotechnik, Informationstechnik
	EDV	Hardware- und Softwareinstallation am eigenen Rechner, Einrichtung von WLAN und Routern
	Sport	Handball (Freizeitsport)
	Sprachen	Englisch (gute mündliche Kenntnisse)

Jena, 15.10.2013

Jonas Schulte
Jonas Schulte

Fachkraft für Lagerlogistik

Der Beruf

Fachkräfte für Lagerlogistik begleiten eine Ware durch sämtliche Bereiche der modernen Lagerwirtschaft. Sie wissen, wie man logistische Prozesse plant, Lieferungen annimmt und Güter fachmännisch lagert; sie kennen alle wichtigen Zollbestimmungen und Transportvorschriften. Die Ausbildung zur Fachkraft für Lagerlogistik erfordert grundsätzlich viel Umsicht und ein hohes Organisationsvermögen. Ebenfalls förderlich: körperliche Belastbarkeit, gute PC-Fähigkeiten, solide Deutsch-, Englisch- und Mathekenntnisse.

Der Bewerber

Vor einem Jahr hat Hanno Schmitz die Realschule mit der Fachoberschulreife abgeschlossen. Seitdem arbeitet er im Betrieb seiner Eltern mit, die ein Geschäft für Heimwerkerbedarf führen und Hannos Unterstützung dringend gebraucht haben. Um für seine eigene berufliche Zukunft möglichst gut gerüstet zu sein, strebt Hanno nun eine Ausbildung zur Fachkraft für Lagerlogistik an.

Das Anschreiben

Weil Hannos Schulzeit schon etwas länger zurückliegt, hat er vorab mit dem Personaler telefoniert, um seine Situation zu erläutern und einen motivierten ersten Eindruck zu hinterlassen. Eingangs des Anschreibens bedankt sich Hanno nun für das Gespräch und unterstreicht noch einmal sein Fachwissen im Heimwerkerbereich, das ihm bei der Ausbildung im Baumarkt sicher helfen wird.

vielen Dank für unser heutiges Telefonat. Wie bereits besprochen verfüge ich über gute Kenntnisse von Baumarktartikeln, da ich seit mehreren Jahren in unserem Familienbetrieb für Heimwerkerbedarf mitarbeite.

Doch Hanno kennt sich nicht nur mit baumarkttypischen Produkten aus: Er hat im elterlichen Betrieb auch in der Lagerlogistik gearbeitet. Seine einschlägigen Erfahrungen beschreibt er sehr ausführlich. Dabei reiht er nicht einfach nur Tätigkeiten aneinander, sondern lässt gleichzeitig einfließen, dass er die zentralen Richtgrößen des Warenversands kennt – den Zeit- und den Kostenfaktor.

Bei meiner Tätigkeit habe ich schon vielfältige Aufgaben in der Lagerlogistik übernommen. Dazu zählen die Warenannahme und Kontrolle von Lieferpapieren sowie die Einlagerung der Artikel. Außerdem führe ich die Bestandspflege mit Excel durch und arbeite bei den jährlichen Inventuren mit. Weiterhin bin ich für den Versand von Waren zuständig. Dabei achte ich besonders auf eine schnelle und kostengünstige Versandart.

Im nächsten Abschnitt schafft es Hanno, den nicht wirklich nahtlosen Übergang von der Schule zur Ausbildung als harmonische Entwicklung darzustellen.

In der Schule habe ich durchgehend zufriedenstellende Noten in Mathematik und Englisch erzielt. Seit dem erfolgreichen Abschluss der Realschule unterstütze ich meine Familie in Vollzeit im Betrieb. Nun möchte ich aber eine qualifizierte Berufsausbildung in einem zukunftsorientierten Großunternehmen absolvieren.

Wie die nächsten Zeilen zeigen, hat sich Hanno in der Zwischenzeit gezielt auf die Ausbildung vorbereitet: In mehreren Kursen konnte er seine PC-Fähigkeiten vertiefen, die heutzutage in fast allen Arbeitsbereichen gefragt sind. Darüber hinaus bekräftigt Hanno, dass er auch alle weiteren beruflichen Grundvoraussetzungen erfüllt.

Um mich noch besser auf eine Ausbildung vorzubereiten, bilde ich mich seit einigen Monaten in den MS-Office-Programmen weiter. In Kürze werde ich die Prüfung für den Europäischen Computerführerschein ablegen. Erste Erfahrung im Kundenkontakt, handwerkliches Geschick und eine gute körperliche Belastbarkeit ergänzen meine Qualifikationen für den Ausbildungsberuf Fachkraft für Lagerlogistik.

Am Ende greift Hanno zu einem beliebten Stilmittel: Er kommt noch einmal auf das Telefonat und die darin getroffenen Absprachen zurück. Das rundet sein Anschreiben nicht nur elegant ab, sondern signalisiert auch Zuverlässigkeit.

Wie vereinbart sende ich Ihnen in der Anlage meine letzten Schulzeugnisse und die Bescheinigungen der PC-Kurse.

Der Lebenslauf

Die Mitarbeit im Familienbetrieb unterteilt Hanno in die Zeit vor und nach dem Schulabschluss. Dadurch entsteht eine chronologische Abfolge, die ihm zweifach zugutekommt: Sie erleichtert dem Personaler das Lesen und deutet an, dass Hanno seine Qualifikationen erweitern und vertiefen konnte. Für seine PC-Kurse reserviert er eine eigene Kategorie, um seine Fähigkeiten und seine Motivation hervorzuheben. Im Bereich „Interessen" platziert er neben den Englischkenntnissen auch sportliche Aktivitäten, die Fitness und Teamfähigkeit andeuten.

Fazit

Hannos Topargument sind seine Praxiskenntnisse: Der langjährigen Tätigkeit im elterlichen Geschäft verdankt er nicht nur ein gutes Produktwissen, sondern auch Lager- und Logistikerfahrung. An zweiter Stelle der Argumentationskette stehen Hannos PC-Kurse, die abgesehen von Computerkompetenzen auch Lernwillen bezeugen. Die Schulausbildung bildet demgegenüber nur einen Rahmenaspekt.

Hanno Schmitz

Hennes-Weisweiler-Straße 12 • 41239 Mönchengladbach
Tel.: 06121 / 230 14 07 • Hanno-Schmitz@mail.tld

Mönchengladbach, 15.10.2013

Baustoffe und Baumarkt Criens und Kulik GmbH
Personalleitung
Herrn Schommen
Pongser Landstraße 278
41236 Mönchengladbach

Ausbildung zur Fachkraft für Lagerlogistik

Sehr geehrter Herr Schommen,

vielen Dank für unser heutiges Telefonat. Wie bereits besprochen verfüge ich über gute Kenntnisse von Baumarktartikeln, da ich seit mehreren Jahren in unserem Familienbetrieb für Heimwerkerbedarf mitarbeite.

Bei meiner Tätigkeit habe ich schon vielfältige Aufgaben in der Lagerlogistik übernommen. Dazu zählen die Warenannahme und Kontrolle von Lieferpapieren sowie die Einlagerung der Artikel. Außerdem führe ich die Bestandspflege mit Excel durch und arbeite bei den jährlichen Inventuren mit. Weiterhin bin ich für den Versand von Waren zuständig. Dabei achte ich besonders auf eine schnelle und kostengünstige Versandart.

In der Schule habe ich durchgehend zufriedenstellende Noten in Mathematik und Englisch erzielt. Seit dem erfolgreichen Abschluss der Realschule unterstütze ich meine Familie in Vollzeit im Betrieb. Nun möchte ich aber eine qualifizierte Berufsausbildung in einem zukunftsorientierten Großunternehmen absolvieren.

Um mich noch besser auf eine Ausbildung vorzubereiten, bilde ich mich seit einigen Monaten in den MS-Office-Programmen weiter. In Kürze werde ich die Prüfung für den Europäischen Computerführerschein ablegen. Erste Erfahrung im Kundenkontakt, handwerkliches Geschick und eine gute körperliche Belastbarkeit ergänzen meine Qualifikationen für den Ausbildungsberuf Fachkraft für Lagerlogistik.

Wie vereinbart sende ich Ihnen in der Anlage meine letzten Schulzeugnisse und die Bescheinigungen der PC-Kurse.

Ich freue mich auf ein Gespräch mit Ihnen.

Mit freundlichen Grüßen

Hanno Schmitz

Hanno Schmitz

Hanno Schmitz
Hennes-Weisweiler-Straße 12 • 41239 Mönchengladbach
Tel.: 06121 / 230 14 07 • Hanno-Schmitz@mail.tld

Lebenslauf

Geburtsdatum:	25. November 1995
Geburtsort:	Korschenbroich
Familienstand:	ledig
Berufsziel:	Fachkraft für Lagerlogistik

Praktische Erfahrungen

seit Aug. 2012	Heimwerkerbedarf Schmitz, Mönchengladbach **Mitarbeiter im Familienbetrieb (Vollzeit)** ▪ Warenlagerung, -eingang und -ausgang ▪ Einräumen der Regale, Führen von Artikellisten, Inventuren ▪ Mithilfe im Verkauf
Jan. 2009 – Jul. 2012	Heimwerkerbedarf Schmitz, Mönchengladbach **Mitarbeiter im Familienbetrieb (Teilzeit – neben dem Schulbesuch)**

Weiterbildung

seit Mai 2013	Volkshochschule, Mönchengladbach **Europäischer Computerführerschein ECDL** ▪ Inhalte: Windows-Betriebssystem, Word, Excel, PowerPoint, Access
Febr. 2013 – Mrz. 2013	Volkshochschule, Mönchengladbach **MS-Word und Excel (Fortgeschrittenenkurs)**

Schulausbildung

Aug. 2006 – Jun. 2012	Heinz-Sielmann-Realschule, Mönchengladbach **Abschluss: Fachoberschulreife** ▪ Notendurchschnitt: 3,0
Sept. 2002 – Jun. 2006	Hugo-Junkers-Grundschule, Mönchengladbach-Rheydt

Zusatzkenntnisse und Interessen

Sprachen	Englisch (gute mündliche Kenntnisse, erweiterte schriftliche Kenntnisse)
IT-Kenntnisse	MS-Word, Excel, PowerPoint (gut), MS-Access (Grundlagen)
Interessen	Fußball (aktiv in der E-,D- und C-Jugend bei Borussia Mönchengladbach) Tischtennis und Badminton (Freizeitsport)

Mönchengladbach, 15.10.2013
Hanno Schmitz
Hanno Schmitz

3

Bewerbungsbeispiele

Friseur/in

Der Beruf

Friseure sind die Spezialisten fürs Hairstyling. Vom „Standardprogramm" aus Waschen, Schneiden, Föhnen über das Legen und Färben bis hin zur Kreation ausgefallener Schnitte – Friseure verstehen ihr Handwerk. Häufig übernehmen sie auch kosmetische Aufgaben, etwa im Nageldesign oder im Make-up. Zu den wesentlichen Voraussetzungen einer Friseurausbildung zählen Kreativität, Kommunikationsfähigkeit, grundlegende Chemiekenntnisse und ein Sinn für Ästhetik.

Die Bewerberin

Jacqueline Siebert wird in wenigen Monaten die Hauptschule abschließen, danach möchte sie eine Friseurlehre aufnehmen. Ihren möglichen zukünftigen Arbeitgeber kennt sie schon ganz gut: Sie bewirbt sich bei demselben Salon, den sie schon öfter als Kundin besucht hat. Mit einem Praktikum in einem Nagelstudio und einem Nebenjob als Eventhostess verfügt Jacqueline über hilfreiche, wenngleich nicht direkt fachbezogene berufliche Vorkenntnisse.

Das Anschreiben

Als zufriedene Kundin des Salons kann Jacqueline gleich zu Beginn des Anschreibens einen persönlichen Bezug zum Betrieb herstellen. Dabei spart sie nicht mit Lob – offenkundig sagt ihr die Arbeitsumgebung sehr zu.

seit einigen Monaten bin ich Kundin im Salon Kopfarbeit. Ihre Beratung und kreative Arbeit sowie die moderne und freundliche Atmosphäre im Salon haben mir sehr gut gefallen. Daher habe ich mich sehr gefreut, als ich erfahren habe, dass Sie für das nächste Jahr eine neue Auszubildende suchen.

Daraufhin geht Jacqueline zum Schulthema über. Ihre Noten sind nicht spektakulär, aber recht ordentlich und daher durchaus erwähnenswert. Mit dem letzten Satz trifft sie voll ins Schwarze: Ihre Leistungsbereitschaft scheint so herausragend zu sein, dass ihre Klassenlehrerin dies sogar bezeugen würde.

Die Schule werde ich im Sommer mit dem qualifizierenden Hauptschulabschluss beenden. Ich habe befriedigende Noten in Deutsch, Mathematik und Chemie und mein gesamter Notendurchschnitt liegt bei 3,0. Gerne bestätigt Ihnen meine Klassenlehrerin, Frau Cramer (elke.cramer@mail.tld), meine absolute Zuverlässigkeit und mein engagiertes Arbeitsverhalten.

Anschließend punktet Jacqueline mit ihren Praxiskenntnissen. Es gelingt ihr, viele Gemeinsamkeiten zwischen ihrem Praktikum im Nagelstudio und dem Friseurberuf herauszuarbeiten. Der Hinweis auf ihr offenes, gewinnendes Auftreten im Kundenkontakt wird durch ihren Ferienjob als Hostess untermauert.

Während eines Praktikums im Nagelstudio Krämer sammelte ich erste Berufspraxis. Ich lernte verschiedene Kosmetikartikel kennen, habe Termine für Kunden vergeben und assistierte bei der Nagelpflege. Im Umgang mit den Kunden zeichne ich mich durch Freundlichkeit, gute Umgangsformen und ein gepflegtes Äußeres aus. Diese Stärken nutzte ich auch bei einer Ferientätigkeit als Hostess auf Großveranstaltungen.

Im nächsten Absatz bekräftigt Jacqueline ihre Ausbildungsentscheidung. Anhand eines Beispiels aus dem Privatbereich kann Jacqueline vermitteln, dass sie die beruflichen Anforderungen kennt und eine fundierte Wahl getroffen hat.

Zu Hause habe ich bereits mehrfach meiner Großmutter bei der Haarpflege geholfen. Dazu gehörte das Waschen und Föhnen der Haare sowie das Kämmen und Formen der Frisur. Dies hat mir viel Spaß gemacht. Daher bin ich überzeugt, dass der Beruf der Friseurin die richtige Berufswahl ist.

Das Angebot zur Probearbeit leitet das Ende des Anschreibens ein. Im letzten Satz fordert Jacqueline die Saloninhaberin sogar freundlich und selbstbewusst zur telefonischen Kontaktaufnahme auf! Dieser forsche Abschluss ist natürlich vor allem deshalb möglich, weil Jacqueline die Angesprochene persönlich kennt.

Ich freue mich, wenn ich Sie an einem der nächsten Samstage im Salon unterstützen darf. Dabei können Sie sich ein Bild von meiner Zuverlässigkeit und Offenheit machen. Rufen Sie mich einfach an!

Der Lebenslauf

Die Einträge im Lebenslauf spiegeln kompakt und überschaubar wider, was im Anschreiben ausgeführt wird. Um ihrem Werdegang die nötige Fülle zu verleihen, stellt Jacqueline ihr Praktikum und ihre Nebentätigkeit in zwei separate Kategorien und reichert die Einträge durch konkrete Aufgabenschwerpunkte an. Dadurch vermittelt sie ein gutes Bild vom Umfang ihrer Arbeit und von dem Kundenkreis, mit dem sie zu tun hatte. Apropos: Bei ihrem Job als Hostess scheint sie an recht namhaften Veranstaltungen teilgenommen zu haben, was auf gute Umgangsformen schließen lässt.

Fazit

Dass Jacqueline den Salon als Kundin kennt, macht sie sich hervorragend zunutze. Im Anschreiben stellt sie sofort eine persönliche Beziehung her, um ihr starkes Interesse am Betrieb überzeugend darzustellen. Ihre berufliche Eignung belegt sie durch schulische Leistungen, Praxiskenntnisse und private Erfahrungen.

Jacqueline Siebert
Bismarckstraße 426
06124 Halle
Tel.: 06121 211 00 78
Mobil: 0147 299 322 87
E-Mail: jacqueline.siebert@mail.tld

Halle, 15.10.2013

Salon Kopfarbeit
Helen Brosinski
Georg-Friedrich-Händel-Straße 54
06103 Halle

Bewerbung um eine Ausbildung als Friseurin

Sehr geehrte Frau Brosinski,

seit einigen Monaten bin ich Kundin im Salon Kopfarbeit. Ihre Beratung und kreative Arbeit sowie die moderne und freundliche Atmosphäre im Salon haben mir sehr gut gefallen. Daher habe ich mich sehr gefreut, als ich erfahren habe, dass Sie für das nächste Jahr eine neue Auszubildende suchen.

Die Schule werde ich im Sommer mit dem qualifizierenden Hauptschulabschluss beenden. Ich habe befriedigende Noten in Deutsch, Mathematik und Chemie und mein gesamter Notendurchschnitt liegt bei 3,0. Gerne bestätigt Ihnen meine Klassenlehrerin, Frau Cramer (elke.cramer@mail.tld), meine absolute Zuverlässigkeit und mein engagiertes Arbeitsverhalten.

Während eines Praktikums im Nagelstudio Krämer sammelte ich erste Berufspraxis. Ich lernte verschiedene Kosmetikartikel kennen, habe Termine für Kunden vergeben und assistierte bei der Nagelpflege. Im Umgang mit den Kunden zeichne ich mich durch Freundlichkeit, gute Umgangsformen und ein gepflegtes Äußeres aus. Diese Stärken nutzte ich auch bei einer Ferientätigkeit als Hostess auf Großveranstaltungen.

Zu Hause habe ich bereits mehrfach meiner Großmutter bei der Haarpflege geholfen. Dazu gehörte das Waschen und Föhnen der Haare sowie das Kämmen und Formen der Frisur. Dies hat mir viel Spaß gemacht. Daher bin ich überzeugt, dass der Beruf der Friseurin die richtige Berufswahl ist.

Ich freue mich, wenn ich Sie an einem der nächsten Samstage im Salon unterstützen darf. Dabei können Sie sich ein Bild von meiner Zuverlässigkeit und Offenheit machen. Rufen Sie mich einfach an!

Mit freundlichen Grüßen

Jacqueline Siebert

Jacqueline Siebert
Bismarckstraße 426
06124 Halle
Tel.: 06121 211 00 78
Mobil: 0147 299 322 87
E-Mail: jacqueline.siebert@mail.tld

Lebenslauf

Persönliche Daten

Jacqueline Siebert
geb. am 12.04.1997 in Halle / Saale

ledig

Berufswunsch: Friseurin

Schulausbildung

seit Aug. 2008	Friedrich-Hesekiel-Hauptschule, Halle Voraussichtlicher Abschluss: Hauptschulabschluss 10 B Notendurchschnitt (letztes Halbjahr): 3,0
Sept. 2004 bis Juni 2008	Gemeinschaftsgrundschule, Hans-Dietrich-Genscher-Allee, Halle

Praktikum

Febr. 2013	Praktikum, Nagelstudio Krämer, Halle Vorbereitung von Kundenterminen, Kundenempfang, Einsortieren von Kosmetikartikeln, Assistenz bei der Nagelpflege

Nebentätigkeit

Juli 2013 bis Aug. 2013	Hostess, EventSolutions GmbH, Halle Kundenempfang auf Veranstaltungen (Hallenser Sommerfestspiele, Open-Air-Konzert, Autoausstellung Sachsen-Anhalt)

Zusatzinformationen

PC-Kenntnisse	MS-Word, Internet, E-Mail
Interessen	Mode, Tanzen

Halle, 15.10.2013

Jacqueline Siebert

3

Bewerbungsbeispiele

Industriemechaniker/in

Der Beruf

Industriemechaniker kümmern sich um alle maschinellen Belange in einem modernen Industriebetrieb. Sie fertigen einzelne Bauteile aus Metall oder Kunststoff, bauen sie zu Baugruppen zusammen und montieren daraus komplette Anlagen, die sie anschließend fachmännisch einrichten. Den laufenden Betrieb kontrollieren sie mit einem wachsamen Auge; sie beheben Störungen und führen Wartungsmaßnahmen durch. Das berufliche Anforderungsprofil vereint handwerkliches Geschick und technischen Sachverstand mit soliden Mathematik-, Physik- und Informatikkenntnissen.

Der Bewerber

Florian Weber besucht zurzeit die 9. Klasse der Hauptschule, die er im nächsten Jahr mit dem qualifizierenden Hauptschulabschluss verlassen möchte. In der jüngeren Vergangenheit hat er sich offenkundig gezielt auf den Berufseinstieg vorbereitet: Dafür sprechen vor allem ein dreiwöchiges Werkstattpraktikum und eine halbjährige Tätigkeit in der Schülerwerkstatt.

Das Anschreiben

Das Wichtigste zuerst – diesem Motto folgt Florians Bewerbungsschreiben. Bereits im ersten Absatz geht er ausführlich auf das Praktikum in einem Metallbaubetrieb ein. Der Hinweis auf die positive Rückmeldung des Vorgesetzten soll den Personaler dazu animieren, das Praktikumszeugnis in die Hand zu nehmen und noch mehr über Florians Stärken zu erfahren.

gute Grundlagen im Feilen, Bohren und Fräsen habe ich mir im Rahmen eines dreiwöchigen Werkstattpraktikums bei der Firma Metallbau Kühne angeeignet. Zu meinen weiteren Aufgaben zählten das Ausrichten und die Wartung der Werkzeuge. Ich habe außerdem Maß- und Volumenberechnungen durchgeführt und Fertigungsdaten am PC eingegeben. Vom Werkstattleiter erhielt ich eine sehr positive Beurteilung über mein Zahlenverständnis und meine technischen Fähigkeiten.

Der zweite Hauptbaustein in Florians Bewerbung ist seine Teilnahme an der Schülerwerkstatt. Dabei hat er viele Aufgaben übernommen, die auch in der Ausbildung auf ihn zukommen könnten. Das Lob des Leiters beweist, dass Florian eine gute Arbeitseinstellung an den Tag gelegt hat: eine sinnvolle Ergänzung zum eingangs erwähnten Praktikumsfeedback, das eher Florians fachliche Qualifikationen betont.

Weitere Fertigkeiten in der Metallbearbeitung sammelte ich während des 5-monatigen Projekts „Schülerwerkstatt". Mit einem Team von Mitschülern habe ich eine Sitzgruppe für den Pausenhof erstellt. Ich habe Bohr- und Sägearbeiten übernommen, Maße erstellt und bei der Fertigung des Metallrahmens mitgewirkt. Der Leiter der Schülerwerkstatt bestätigte mir ein außerordentlich genaues und zuverlässiges Arbeiten.

Anschließend liefert Florian die Kerninformationen zu seinem schulischen Status. Dabei nutzt er die Gelegenheit, seine guten Leistungen in drei wichtigen Fächern hervorzuheben.

Im Sommer werde ich den qualifizierenden Hauptschulabschluss erhalten. In den Fächern Physik, Technik und Informatik habe ich in den beiden letzten Halbjahren immer gute Noten erzielt.

Im vierten Absatz führt Florian Freizeitaktivitäten ins Feld, die sein Interesse an der handwerklich-technischen Arbeit zusätzlich betonen.

Auch in meiner Freizeit beschäftige ich mich gerne mit handwerklich-technischen Arbeiten. Ich helfe bei Haushaltsreparaturen und interessiere mich sehr für PC-Technik, beispielsweise die Installation von Programmen und den Zusammenbau von Rechnern.

Abschließend bietet Florian selbstbewusst und zielstrebig ein Praktikum an.

Gerne überzeuge ich Sie in einem Praktikum von meiner hohen Lern- und Leistungsbereitschaft.

Der Lebenslauf

Mit der Kategorie „Praktikum und Berufswahl" schmiedet Florian einen sehr aussagekräftigen Informationsblock. Darin finden sich nicht nur die im Anschreiben erwähnten Praxisaktivitäten: Genannt wird auch eine Betriebsbesichtigung bei einem Automobilhersteller – das lässt auf die grundlegende Kenntnis industrieller Produktionsabläufe schließen. Jeder wichtige Eintrag enthält ergänzende Angaben zu einzelnen Schwerpunkten. Die Zusatzqualifikationen unterstreichen relevante Fähigkeiten und Interessen.

Fazit

Florian überzeugt mit Fakten und Fachkenntnissen. Dem Praktikum und der Schülerwerkstatt verdankt er neben wertvollen Praxiserfahrungen auch gute Beurteilungen, die seine Stärken eindrücklich untermauern. Die übrigen Angaben – schulische Lieblingsfächer, Freizeitaktivitäten – sind genau auf die Anforderungen des gewählten Berufs abgestimmt.

Florian Weber

Philipp-Apian-Straße 44 • 85055 Ingolstadt • Telefon: 06121 / 19 65 43 • Fl.Weber@mail.tld

Ingolstadt, 15.10.2013

Metallbau Hinterseer GmbH
Betriebsleitung
Herrn August Winter
Mittelstraße 22
85051 Ingolstadt

Bewerbung um eine Ausbildung als Industriemechaniker

Sehr geehrter Herr Winter,

gute Grundlagen im Feilen, Bohren und Fräsen habe ich mir im Rahmen eines dreiwöchigen Werkstattpraktikums bei der Firma Metallbau Kühne angeeignet. Zu meinen weiteren Aufgaben zählten das Ausrichten und die Wartung der Werkzeuge. Ich habe außerdem Maß- und Volumenberechnungen durchgeführt und Fertigungsdaten am PC eingegeben. Vom Werkstattleiter erhielt ich eine sehr positive Beurteilung über mein Zahlenverständnis und meine technischen Fähigkeiten.

Weitere Fertigkeiten in der Metallbearbeitung sammelte ich während des 6-monatigen Projekts „Schülerwerkstatt". Mit einem Team von Mitschülern habe ich eine Sitzgruppe für den Pausenhof erstellt. Ich habe Bohr- und Sägearbeiten übernommen, Maße erstellt und bei der Fertigung des Metallrahmens mitgewirkt. Der Leiter der Schülerwerkstatt bestätigte mir ein außerordentlich genaues und zuverlässiges Arbeiten.

Im Sommer werde ich den qualifizierenden Hauptschulabschluss erhalten. In den Fächern Physik, Technik und Informatik habe ich in den beiden letzten Halbjahren immer gute Noten erzielt.

Auch in meiner Freizeit beschäftige ich mich gerne mit handwerklich-technischen Arbeiten. Ich helfe bei Haushaltsreparaturen und interessiere mich sehr für PC-Technik, beispielsweise die Installation von Programmen und den Zusammenbau von Rechnern.

Gerne überzeuge ich Sie in einem Praktikum von meiner hohen Lern- und Leistungsbereitschaft. Ich freue mich auf ein Gespräch mit Ihnen.

Mit freundlichen Grüßen

Florian Weber

Florian Weber

Philipp-Apian-Straße 44 • 85055 Ingolstadt • Telefon: 06121 / 19 65 43 • Fl.Weber@mail.tld

Lebenslauf

Persönliche Daten

Geburtsdatum:	17.09.1996
Geburtsort:	Ingolstadt
Familienstand:	ledig

Praktikum und Berufswahl

03/2013	Metallbau Kühne, Ingolstadt **3-wöchiges Werkstattpraktikum** Feilen, Bohren, Fräsen, Ausrichten und Spannen von Werkzeugen, Maße erstellen, Eingabe von Fertigungsdaten
11/2012	Audi-Werk, Ingolstadt **Betriebserkundung**
01/2012 – 06/2012	Christoph-Scheiner-Hauptschule **Schülerwerkstatt** Anfertigung einer Sitzgruppe für den Pausenhof

Schule

seit 08/2008	Christoph-Scheiner-Hauptschule, Ingolstadt **Voraussichtlicher Abschluss: Qualifizierender Hauptschulabschluss** Lieblingsfächer: Technik, Physik, Informatik
08/2004 – 06/2008	Grundschule Kleiner Weg, Ingolstadt

Zusatzkenntnisse

Computer	Zusammenbau von Rechnern, Anwendung MS-Word, Internet
Sprachen	Englisch (6 Jahre Schulunterricht, 1 Jahr Englisch-AG)
Interessen	Handwerkliche Arbeiten im Haushalt, PC-Technik

Ingolstadt, 15.10.2013

Florian Weber

Kfz-Mechatroniker/in

Der Beruf

Kfz-Mechatroniker reparieren und warten Kraftfahrzeuge. Getreu der Berufsbezeichnung geht es dabei heute längst nicht mehr nur um Mechanikfragen: In modernen Automobilen finden sich auch diverse elektronische und digitaltechnische Komponenten. Kfz-Mechatroniker wissen, wie man die verschiedenen Bauteile und Systeme installiert, instand hält und austauscht. Darüber hinaus übernehmen sie Aufgaben im Kundendienst. Grundsätzlich geeignet ist, wer ein ausgeprägtes Faible für Fahrzeuge und Fahrzeugtechnik mit handwerklicher Fingerfertigkeit verbinden kann.

Der Bewerber

Torsten Sobotzik interessiert sich sehr für Automobile und hat während der Schulzeit bereits ein Praktikum in einer Kfz-Werkstatt absolviert. Trotz guter Voraussetzungen führten seine bisherigen Bewerbungsaktivitäten allerdings noch nicht zur ersehnten Stellenzusage. Seit seinem Realschulabschluss vor einigen Monaten arbeitet er zur Überbrückung als Paketsortierer. Nach der gründlichen Überarbeitung seiner Bewerbungsmappe startet er nun einen neuen Versuch.

Das Anschreiben

Torsten hat sich reiflich überlegt, womit er am wirkungsvollsten für sich werben kann: mit seinem Praktikum und seiner Begeisterung für Autos. Diese Punkte stellt er an den Anfang seines Anschreibens.

bereits mit 18 Jahren habe ich den Führerschein gemacht, da ich ein großes Interesse für Autos und Automobiltechnik mitbringe. Während der Schulzeit absolvierte ich ein Praktikum in einer Autowerkstatt, weil für mich schon lange feststeht, dass ich eine Ausbildung zum Kfz-Mechatroniker in der Fachrichtung Pkw-Technik machen möchte.

Der nächste Absatz verbindet Torstens Praktikumsaktivitäten – inklusive der Teilnahme an einer Schulung – mit seinen handwerklich-technischen Talenten. Dadurch sieht der Personaler genau, welche Vorerfahrungen Torsten für die Ausbildung zum Kfz-Mechatroniker mitbringt.

Ich verfüge über ein gutes handwerkliches Geschick, technisches Verständnis und räumliches Vorstellungsvermögen. Darauf konnte ich bei einem Betriebspraktikum in der Kfz-Werkstatt Henselmann zurückgreifen. Dort assistierte ich bei Wartungsarbeiten, zum Beispiel beim Prüfen und Austauschen von Filtern und Zündkerzen. Ich habe den Mitarbeitern zudem bei der Installation und Verbindung von Kommunikationssystemen im Fahrzeug geholfen. Außerdem nahm ich an der Schulung der Auszubildenden zum Thema „Lesen von Schaltplänen" teil.

Den Schulabschluss streift Torsten danach nur kurz. Schnell geht er auf andere Schulthemen über, die für die Ausbildung bedeutender sind: Seine Kernfächer und seine Tätigkeiten in der Elektrotechnik-AG haben direkten Berufsbezug.

In diesem Sommer schloss ich die Johannes-Gutenberg-Schule mit dem Realschulabschluss ab. Zu meinen Kernfächern gehörten Werken und Technik, Mathematik und Physik. Besonderen Spaß machte mir die Teilnahme an der Elektrotechnik-AG. Hier haben wir praktische Übungen zu Parallelschaltungen und Stromkreisen durchgeführt.

Daraufhin nutzt Torsten seine Freizeitaktivitäten, um zwei wesentliche persönliche Qualifikationen zu unterstreichen: Dass er viel Zeit für sein Auto aufwendet, spricht für seine Fahrzeugleidenschaft, der Mannschaftssport Fußball suggeriert soziale Kompetenzen.

In meiner Freizeit beschäftige ich mich gerne mit meinem Auto, vor allem mit der Fahrzeugpflege und der regelmäßigen Wartung. Außerdem bin ich Vereinsmitglied beim TSV 1913 Mainz. Als aktiver Fußballer weiß ich, wie wichtig es ist, ein Teamplayer zu sein und mit anderen gemeinsam auf ein Ziel hinzuarbeiten.

Zum Schluss geht Torsten sachlich-neutral auf seine derzeitige Überbrückungstätigkeit ein. Dass seine Lehrstellensuche bislang erfolglos verlief, erwähnt er mit keinem Wort. Stattdessen macht er sich die Situation sogar zunutze: Schließlich könnte er die Ausbildung im Prinzip ja sofort beginnen.

Momentan überbrücke ich die Zeit bis zum Ausbildungsbeginn mit einer Tätigkeit als Paketsortierer im Postzentrum. Daher kann ich bereits kurzfristig bei Ihnen beginnen.

Der Lebenslauf

Damit keine zeitliche Lücke entsteht, muss Torsten seine Überbrückungstätigkeit im Lebenslauf nennen. Allerdings macht er dazu nur die nötigsten Angaben. Viel wichtiger sind die Kategorien „Schulbildung" und „Praktikum": Hier wird jeder Eintrag durch Stichpunkte illustriert, die dem Personaler einen guten Überblick über Torstens Fähigkeiten geben. Im Bereich „Zusatzkenntnisse" erwähnt Torsten den für die Ausbildung vorteilhaften Führerscheinbesitz und besondere technische Kompetenzen. Die Kategorie „Interessen" untermauert seine persönliche Eignung als Teamplayer und Autoliebhaber.

Fazit

Dass Torsten noch keine Lehrstelle gefunden hat, verblüfft angesichts seiner Bewerbungsunterlagen. Die schulischen Qualifikationen, die Praktikumserfahrungen, die Zusatzkenntnisse und seine Freizeitinteressen vermitteln: Torsten verfügt sowohl über das sprichwörtliche „Benzin im Blut" als auch über fachliche Vorerfahrung. Den Überbrückungsjob als Paketsortierer handelt er souverän in der gebotenen Kürze ab.

Torsten Sobotzik

Torsten Sobotzik - Jockel-Fuchs-Straße 123 - 55116 Mainz

Mainz, 15.10.2013

Autoservice Kramer GmbH
Herrn Günter Kramer
Rheinhessenstraße 88
55119 Mainz

Bewerbung um eine Ausbildung als Kfz-Mechatroniker

Sehr geehrter Herr Kramer,

bereits mit 18 Jahren habe ich den Führerschein gemacht, da ich ein großes Interesse für Autos und Automobiltechnik mitbringe. Während der Schulzeit absolvierte ich ein Praktikum in einer Autowerkstatt, weil für mich schon lange feststeht, dass ich eine Ausbildung zum Kfz-Mechatroniker in der Fachrichtung Pkw-Technik machen möchte.

Ich verfüge über ein gutes handwerkliches Geschick, technisches Verständnis und räumliches Vorstellungsvermögen. Darauf konnte ich bei einem Betriebspraktikum in der Kfz-Werkstatt Henselmann zurückgreifen. Dort assistierte ich bei Wartungsarbeiten, zum Beispiel beim Prüfen und Austauschen von Filtern und Zündkerzen. Ich habe den Mitarbeitern zudem bei der Installation und Verbindung von Kommunikationssystemen im Fahrzeug geholfen. Außerdem nahm ich an der Schulung der Auszubildenden zum Thema „Lesen von Schaltplänen" teil.

In diesem Sommer schloss ich die Johannes-Gutenberg-Schule mit dem Realschulabschluss ab. Zu meinen Kernfächern gehörten Werken und Technik, Mathematik und Physik. Besonderen Spaß machte mir die Teilnahme an der Elektrotechnik-AG. Hier haben wir praktische Übungen zu Parallelschaltungen und Stromkreisen durchgeführt.

In meiner Freizeit beschäftige ich mich gerne mit meinem Auto, vor allem mit der Fahrzeugpflege und der regelmäßigen Wartung. Außerdem bin ich Vereinsmitglied beim TSV 1913 Mainz. Als aktiver Fußballer weiß ich, wie wichtig es ist, ein Teamplayer zu sein und mit anderen gemeinsam auf ein Ziel hinzuarbeiten.

Momentan überbrücke ich die Zeit bis zum Ausbildungsbeginn mit einer Tätigkeit als Paketsortierer im Postzentrum. Daher kann ich bereits kurzfristig bei Ihnen beginnen.

Gerne stelle ich mich persönlich bei Ihnen vor.

Mit freundlichen Grüßen

Mainz, 15.10.2013

Torsten Sobotzik
Torsten Sobotzik

Torsten Sobotzik

Zur Person

Anschrift:	Jockel-Fuchs-Straße 123 55116 Mainz Tel.: 06121 – 876 239 Mobil: 0142 – 674 32 00 Torsten.Sobotzik@mail.tld
Geburtsdatum und -ort:	31.12.1994 in Mainz

Aktuelle Tätigkeit

seit 08.2013	**Paketsortierer**, Postzentrum II, Mainz

Schulbildung

08.2010 – 06.2013	**Realschulabschluss**, Johannes-Gutenberg-Schule, Mainz Lieblingsfächer: Werken / Technik, Physik, Mathematik, Sport Arbeitsgemeinschaft Elektrotechnik
08.2006 – 06.2010	Curt-Goetz-Gesamtschule, Mainz

Praktikum

10.2012	**Praktikum in der Kfz-Werkstatt**, Henselmann GmbH, Mainz Fahrzeugtechnische Systeme, Schaltpläne, Wartung und Instandhaltung, Montage und Demontage

Zusatzkenntnisse

Führerschein	Klasse B
Technik	Elektrotechnik, Lesen von Schaltplänen, Prüfen von Bauteilen und Sicherungen, kleinere Reparaturarbeiten am Motorroller und Auto
Computer	MS-Word und Excel, Bildbearbeitung mit Photoshop

Interessen

Fußball	Aktiv beim TSV 1913 Mainz e. V.
Autos	Auto fahren, Technik, Fahrzeugpflege

Mainz, 15.10.2013

Torsten Sobotzik

Torsten Sobotzik

Maler/in und Lackierer/in

Der Beruf

Maler und Lackierer kümmern sich um die Innen- und Außengestaltung von Bauwerken. Sie bearbeiten Wände, Decken und Fassaden – immer mit Blick darauf, welche Putze, Anstriche und Dämmstoffe für den jeweiligen Zweck am geeignetsten sind. Die Ausbildung wird in den Fachbereichen Bauten- und Korrosionsschutz, Gestaltung und Instandhaltung sowie Kirchenmalerei und Denkmalpflege angeboten. Im Allgemeinen setzt der Beruf ein gutes gestalterisches Gespür voraus, verbunden mit handwerklichem Geschick und Mathe- und Chemiekenntnissen.

Der Bewerber

Holger Breuer hatte nach seinem Hauptschulabschluss eine Ausbildung zum Fliesen-, Platten- und Mosaikleger begonnen. Leider entpuppte sich diese Wahl schon nach wenigen Monaten als Fehlentscheidung. Seit dem Abbruch der Lehre vor neun Monaten besucht er die Berufsschule, jetzt möchte er einen neuen Anlauf in einem anderen Beruf wagen.

Das Anschreiben

Eine abgebrochene Ausbildung – eine heikle Angelegenheit, auf die man in vielen Betrieben skeptisch reagiert. Das weiß auch Holger. Deshalb hat er schon vor der Bewerbung das Gespräch mit dem Personaler gesucht, um sich vorzustellen, den Sachverhalt zu erklären und seine Ausbildungsmotivation zu verdeutlichen. Im Anschreiben bedankt er sich nun zuerst für das offensichtlich positiv verlaufene Telefonat.

vielen Dank für unser Gespräch über die Möglichkeiten einer Ausbildung in Ihrem Betrieb.

Um die abgebrochene Lehre in den Hintergrund zu rücken, macht Holger erst einmal deutlich, wie gut er für die Maler- und Lackiererlehre geeignet ist. Dazu schildert er anschaulich, welche einschlägigen beruflichen Erfahrungen er im privaten Umfeld gesammelt hat.

Erste Erfahrung in der Durchführung von Maler- und Tapezierarbeiten sammelte ich vor einem Jahr, als ich in den Sommerferien meinen Onkel bei der Renovierung seines Hauses unterstützte. Ich habe dort Wände und Decken grundiert und gestrichen, Fenster- und Türrahmen abgeklebt sowie Spachtelarbeiten übernommen. Außerdem habe ich beim Verlegen von Fliesen geholfen.

Natürlich muss Holger auch auf seine frühzeitig beendete vorherige Ausbildung eingehen. Diese Klippe umschifft er vorbildlich! Ohne viel Aufhebens leitet er den betreffenden Absatz ein, wobei er sein Interesse an der Malerarbeit sogar noch einmal unterstreicht. Danach schildert er den Abbruch ehrlich und ohne negative Untertöne. Der abschließende Verweis auf das positive Vorgesetztenfeedback ist besonders wichtig: Dadurch betont Holger seine Stärken und signalisiert, dass er nicht im Streit oder aufgrund mangelnder Leistungen ausgeschieden ist.

Zu dieser Zeit hatte ich mich bereits für eine Ausbildung zum Fliesenleger entschieden, die ich im letzten Herbst begonnen habe. Jedoch habe ich schnell festgestellt, dass dies doch nicht mein Traumberuf ist. Daher habe ich mich gemeinsam mit dem Ausbildungsbetrieb geeinigt, die Ausbildung vorzeitig zu beenden. Der Meister, Herr Baumann, hat mir aber eine jederzeit sehr gute Lern- und Leistungsbereitschaft bestätigt und mich für meine saubere und zuverlässige Arbeit gelobt.

Anschließend gelingt es Holger, mehrere Praxiserfahrungen seiner Fliesenlegerlehre herauszuarbeiten, die auch für den Malerberuf nützlich sind.

Nun möchte ich gerne eine Ausbildung zum Maler und Lackierer absolvieren. Dabei werden mir meine Kenntnisse im Bereich von Dämmmaterialien und Wandputz sowie im Umgang mit Werkzeugen hilfreich sein, die ich während der begonnenen Ausbildung erworben habe. Außerdem bringe ich für den Beruf des Malers und Lackierers ein gutes Gespür für Raum- und Farbgestaltung mit.

Der folgende Absatz steht im Zeichen schulischer Qualifikationen. Holger nennt seinen Hauptschulabschluss, seine Lieblingsfächer und den Berufsschulbesuch, den er um wichtige Lehrinhalte ergänzt. Da er momentan auf keine beruflichen Verpflichtungen Rücksicht nehmen muss, steht er für die Ausbildung kurzfristig zur Verfügung. Das könnte ihm Vorteile gegenüber Bewerbern bringen, die auf bestimmte Einstiegstermine festgelegt sind.

Ich habe die Schule mit dem Hauptschulabschluss beendet. Meine Lieblingsfächer waren Technik und Chemie. Zurzeit besuche ich die Berufsschule. Dort vertiefe ich meine Kenntnisse unter anderem in berufsbezogener Mathematik sowie in Werken und Gestaltung. Die Ausbildung kann ich ab sofort beginnen.

Um seinen Leistungswillen und sein handwerkliches Geschick unter Beweis zu stellen, erklärt sich Holger zu einigen Tagen Probearbeit bereit.

Ich freue mich, wenn ich Sie im Rahmen einiger Probearbeitstage von meiner Motivation und meinen handwerklichen Fähigkeiten überzeugen kann.

Der Lebenslauf

Beim Aufbau des Lebenslaufs stellen sich für Holger einige knifflige Fragen: Soll er seine aktuelle Station, die Berufsschule, besser unter „Ausbildung“ oder unter „Schule“ angeben? Und wie vermittelt er am geschicktesten, dass er bei der Renovierung im Haus seines Onkels mitgeholfen hat – eine Tätigkeit, die für seine Berufswahl entscheidend war? Holger findet eine intelligente Lösung, indem er die erste Rubrik einfach „Praktische Erfahrungen und Ausbildung“ nennt: Hier passen neben der Berufsschule auch die Renovierungsarbeiten, die erste Ausbildung und das Schulpraktikum hinein. Bei jedem Eintrag umreißt Holger die jeweiligen inhaltlichen Schwerpunkte. Angesichts der geballten Informationen fällt der Ausbildungsabbruch kaum noch ins Gewicht, der wie im Anschreiben knapp begründet wird.

Fazit

Ein schwieriges Thema souverän gemeistert – so kann man Holgers Bewerbung zusammenfassen. Der Ausbildungsabbruch wirft kein schlechtes Licht auf Holger, weil er ihn ehrlich wiedergibt, plausibel begründet und eventuelle Bedenken vorwegnehmend zerstreut. Im Gegenzug stellt er seine Berufsmotivation, seine handwerklichen Fähigkeiten und sein berufsschulisches Wissen geschickt in den Vordergrund.

Holger Breuer Selma-Meyer-Straße 9 – 45123 Essen – Tel.: 06121 – 432 12 01 – Ho.Breuer@mail.tld

Essen, 15.10.2013

Malerfachbetrieb Heinrich Wilms
Duisburger Straße 228
45129 Essen

Bewerbung um eine Ausbildung als Maler und Lackierer
Unser heutiges Telefonat

Sehr geehrter Herr Wilms,

vielen Dank für unser Gespräch über die Möglichkeiten einer Ausbildung in Ihrem Betrieb.

Erste Erfahrung in der Durchführung von Maler- und Tapezierarbeiten sammelte ich vor einem Jahr, als ich in den Sommerferien meinen Onkel bei der Renovierung seines Hauses unterstützte. Ich habe dort Wände und Decken grundiert und gestrichen, Fenster- und Türrahmen abgeklebt sowie Spachtelarbeiten übernommen. Außerdem habe ich beim Verlegen von Fliesen geholfen.

Zu dieser Zeit hatte ich mich bereits für eine Ausbildung zum Fliesenleger entschieden, die ich im letzten Herbst begonnen habe. Jedoch habe ich schnell festgestellt, dass dies doch nicht mein Traumberuf ist. Daher habe ich mich gemeinsam mit dem Ausbildungsbetrieb geeinigt, die Ausbildung vorzeitig zu beenden. Der Meister, Herr Baumann, hat mir aber eine jederzeit sehr gute Lern- und Leistungsbereitschaft bestätigt und mich für meine saubere und zuverlässige Arbeit gelobt.

Nun möchte ich gerne eine Ausbildung zum Maler und Lackierer absolvieren. Dabei werden mir meine Kenntnisse im Bereich von Dämmmaterialien und Wandputz sowie im Umgang mit Werkzeugen hilfreich sein, die ich während der begonnenen Ausbildung erworben habe. Außerdem bringe ich für den Beruf des Malers und Lackierers ein gutes Gespür für Raum- und Farbgestaltung mit.

Ich habe die Schule mit dem Hauptschulabschluss beendet. Meine Lieblingsfächer waren Technik und Chemie. Zurzeit besuche ich die Berufsschule. Dort vertiefe ich meine Kenntnisse unter anderem in berufsbezogener Mathematik sowie in Werken und Gestaltung. Die Ausbildung kann ich ab sofort beginnen.

Ich freue mich, wenn ich Sie im Rahmen einiger Probearbeitstage von meiner Motivation und meinen handwerklichen Fähigkeiten überzeugen kann.

Mit freundlichen Grüßen

Holger Breuer

Anlagen

Holger Breuer Selma-Meyer-Straße 9 – 45123 Essen – Tel.: 06121 – 432 12 01 – Ho.Breuer@mail.tld

Lebenslauf

Persönliche Daten

Geburtsdatum: 15.05.1997

Geburtsort: Essen

Familienstand: ledig

Praktische Erfahrungen und Ausbildung

seit 02.2013 — **Berufsschule** Folkwang-Straße, Essen
Fächer: u. a. Deutsch, Mathematik, Englisch, Gestaltung und Werken, Berufskunde

09.2012 – 01.2013 — **Ausbildung zum Fliesen-, Platten- und Mosaikleger**, Fliesen Baumann GmbH, Essen
Verlegen von Bodenfliesen, Arbeit mit Dämmmaterialien, Wartung und Lagerung der Werkzeuge
Beendigung aufgrund falscher Berufswahl

07.2012 – 08.2012 — **Renovierungsarbeiten** im Hause meines Onkels
Fliesen verlegen, Maler- und Tapezierarbeiten

09.2011 – 10.2011 — **Praktikum im Baustoffgroßhandel**, Hemmersdorf GmbH, Essen
Kennenlernen verschiedener Baustoffarten, Bausteine, Bindemittel und Dämmstoffe
Kommissionieren von Waren, Be- und Entladearbeiten

Schulbildung

08.2007 – 07.2012 — **Hauptschulabschluss**, Hauptschule Karl-Baedeker-Weg, Essen

08.2003 – 06.2007 — Franz-Dinnendahl-Grundschule, Essen

Zusatzkenntnisse

Sprachen: Englisch (5 Jahre Schulunterricht)

PC-Kenntnisse: Microsoft Word und Outlook

Essen, 15.10.2013

Holger Breuer

Mechatroniker/in

Der Beruf

Alle möglichen Systeme funktionieren heute „mechatronisch", das heißt: Sie vereinen Mechanik, Elektronik und Digitaltechnik. Um solche Anlagen zu montieren, zu installieren und zu warten, braucht man ausgewiesene Spezialisten – nämlich Mechatroniker. Ihr Know-how ist in diversen Branchen gefragt, von der Fahrzeugindustrie bis zum Handwerk. Bei der Bewerberauswahl achten die Personaler besonders auf technisch-praktisches Verständnis und die Schulleistungen in Mathematik, Physik und Informatik.

Die Bewerberin

Lisa Jung begeistert sich von Kindesbeinen an für Technik. Seit ihrem 13. Lebensjahr nutzt sie den alljährlichen Girls' Day, um in entsprechende Arbeitsfelder hineinzuschnuppern. Ihre technische Vielseitigkeit könnte sie als Mechatronikerin hervorragend einbringen. Die Lehre allein genügt ihr aber nicht: Sie strebt eine Doppelqualifikation an und möchte die Ausbildung mit einem Bachelorstudium in Maschinenbau kombinieren.

Das Anschreiben

Vorurteile über Frauen in Technikberufen sind in manchen Köpfen leider immer noch präsent. Lisa lässt solch angestaubte Vermutungen gar nicht erst aufkommen: Sie präsentiert sich als passionierte Tüftlerin und macht sofort klar, dass sie ihr Handwerk schon ganz gut versteht.

bereits als Kind habe ich mit großer Begeisterung Handwerkern und Technikern bei Arbeiten in unserem Haus über die Schultern gesehen. Ich habe gerne gebaut, montiert und mich für Technik interessiert. Seit der 7. Klasse nutzte ich regelmäßig die Gelegenheit, am Girls' Day teilzunehmen und Arbeiten in der Montage, im elektrotechnischen Bereich und in der Instandhaltung kennen zu lernen.

Danach untermauert Lisa ihre Qualifikationen mit harten Fakten: mit breit gestreuten schulischen Stärken, die eindrucksvoll belegen, dass sie für die Doppelqualifikation aus Ausbildung und Studium geeignet ist. Vor allem der markante Einstiegssatz wird seine Wirkung nicht verfehlen.

Auf dem Max-Planck-Gymnasium bin ich Klassenbeste in Physik (Note: sehr gut). Meine weiteren Stärken liegen in Mathematik, Informatik und Englisch. Nach dem Abitur im nächsten Jahr möchte ich eine Doppelqualifikation mit Ausbildung und Studium erhalten, bei der ich theoretische und praktische Inhalte aus Mechatronik und Maschinenbau miteinander verbinden kann.

Lisas Entscheidung für die Autobranche ist offenkundig kein Zufall: Im Folgeabsatz informiert sie die Personalerin über ihre beiden automobiltechnischen Praktika, die ihr ein vertieftes fachspezifisches Vorwissen beschert haben. Darüber hinaus merkt sie an, dass sie auch körperlich anpacken kann, wenn es nötig ist.

In zwei Praktika bei Automobilzulieferern half ich bei der Verkabelung von Maschinen, dem Bau von Komponenten und der Installation von Baugruppen mit. Ich habe Schaltgeräte zusammengebaut, Einblicke in die Software IRC5 und SolidCam erhalten sowie Messergebnisse ausgewertet. Auch das Tragen von schweren Blechen und die Arbeit mit Bohr- und Fräsmaschinen gehörten zu meinen Aufgaben.

Daraufhin führt Lisa der Personalerin ihre guten Praktikumsleistungen vor Augen. Sie stützt ihre Auskünfte auf glaubwürdige Quellen – nämlich auf Beurteilungen der damaligen Vorgesetzten.

Meine Praktikumszeugnisse belegen, dass ich mich sehr schnell in die Teams integriert habe und immer sehr lernbereit und aufgeschlossen für neue Aufgaben war. Die Ausbilder bestätigten mir zudem sehr gute mathematische Fähigkeiten und ein ausgeprägtes Verständnis für Zusammenhänge von Produktionsabläufen.

Nicht jeder Vorgesetzte möchte in einer Bewerbung namentlich als Referenz genannt werden. Auch Lisas Praktikumsbetreuer haben es lieber etwas diskreter. Wenn die Personalerin allerdings gezielt nachhaken möchte, stehen sie gerne zur Verfügung. In Ihrem Anschreiben bietet Lisa an, die Kontaktdaten bei Interesse weiterzugeben.

Auf Anfrage nenne ich Ihnen gerne Referenzpersonen, mit denen Sie Kontakt aufnehmen können.

Der Lebenslauf

An den Anfang stellt Lisa ihre breiten beruflichen Vorkenntnisse: Die stichpunktartig illustrierten Praktikums- und Girls'-Day-Aktivitäten zeigen der Personalerin sofort, dass Lisa viel Leistungsbereitschaft und gute fachliche Voraussetzungen mitbringt. In die gleiche Richtung zielt die mittlere Rubrik „Schulausbildung" – hier gibt Lisa sowohl ihre Noten in den Abiturfächern als auch ihr schulisches Technikengagement wieder. In der Kategorie „IT- und Sprachkenntnisse" nennt sie zunächst professionelle Spezialsoftware, mit der sie in ihren Praktika bereits gearbeitet hat. Darunter finden sich ihre Französisch- und Englischkenntnisse, untermauert durch Auslandsaufenthalte. Alles in allem ergibt sich der Eindruck, dass Lisa beruflich sehr motiviert und in allen relevanten Qualifikationsbereichen hervorragend vorbereitet ist.

Fazit

Lisas Bewerbung verbindet Ehrgeiz mit Talent. Im Rahmen des Girls' Day erkundet sie die Welt der Technikberufe schon seit Jahren, was auf ein hohes Maß an Zielstrebigkeit und Motivation schließen lässt. Selbstbewusst vermittelt sie gleichermaßen fachliche Kenntnisse, persönliche Stärken, schulische Qualifikationen und ihre allgemeine Technikbegeisterung.

Lisa Jung

Thorvaldsenstraße 248 • 70289 Stuttgart • 06121 – 125 14 01 • Lisa.Jung@mail.tld

Stuttgart, 15.10.2013

Korte International Automotive GmbH & Co. KG
Personalwesen
Frau Althans
Cannstatter Straße 67–71
70423 Stuttgart

Bewerbung um ein duales Studium: Mechatroniker / Bachelor of Engineering Maschinenbau

Sehr geehrte Frau Althans,

bereits als Kind habe ich mit großer Begeisterung Handwerkern und Technikern bei Arbeiten in unserem Haus über die Schultern gesehen. Ich habe gerne gebaut, montiert und mich für Technik interessiert. Seit der 7. Klasse nutzte ich regelmäßig die Gelegenheit, am Girls' Day teilzunehmen und Arbeiten in der Montage, im elektrotechnischen Bereich und in der Instandhaltung kennen zu lernen.

Auf dem Max-Planck-Gymnasium bin ich Klassenbeste in Physik (Note: sehr gut). Meine weiteren Stärken liegen in Mathematik, Informatik und Englisch. Nach dem Abitur im nächsten Jahr möchte ich eine Doppelqualifikation mit Ausbildung und Studium erhalten, bei der ich theoretische und praktische Inhalte aus Mechatronik und Maschinenbau miteinander verbinden kann.

In zwei Praktika bei Automobilzulieferern half ich bei der Verkabelung von Maschinen, dem Bau von Komponenten und der Installation von Baugruppen mit. Ich habe Schaltgeräte zusammengebaut, Einblicke in die Software IRC5 und SolidCam erhalten sowie Messergebnisse ausgewertet. Auch das Tragen von schweren Blechen und die Arbeit mit Bohr- und Fräsmaschinen gehörten zu meinen Aufgaben.

Meine Praktikumszeugnisse belegen, dass ich mich sehr schnell in die Teams integriert habe und immer sehr lernbereit und aufgeschlossen für neue Aufgaben war. Die Ausbilder bestätigten mir zudem sehr gute mathematische Fähigkeiten und ein ausgeprägtes Verständnis für Zusammenhänge von Produktionsabläufen. Auf Anfrage nenne ich Ihnen gerne Referenzpersonen, mit denen Sie Kontakt aufnehmen können.

Gerne stelle ich mich bei Ihnen vor. Ich freue mich auf Ihre Einladung.

Mit freundlichen Grüßen

Lisa Jung

Lisa Jung
Thorvaldsenstraße 248 • 70289 Stuttgart • 06121 – 125 14 01 • Lisa.Jung@mail.tld

Lebenslauf

Lisa Jung
geb. am 2.1.1995
in Stuttgart
ledig

	Praktische Erfahrungen
06.2013	Herringer Automotive Supply GmbH, Stuttgart Praktikum in der Montage von Fahrzeugsitzen Komponentenbau, Steuerung IRC5, Zusammenbau von Gehäusen und Schaltgeräten
08.2012 – 09.2012	Magna Engineering KG, Esslingen Praktikum als Mechatronikerin Bohren, Fräsen, Blechbearbeitung, Erfassen und Auswerten von Messdaten
2008 – 2011	Teilnahme am Girls' Day Vier eintägige Hospitationen, Betriebsbesichtigungen, Berufsfelderkundungen: Mechatronik, Instandhaltung, Anlagenbau, Kfz-Werkstatt

	Schulausbildung
seit 09.2008	Max-Planck-Gymnasium, Stuttgart Abiturfächer: Physik (1,3), Mathematik (2,0), Englisch (2,3), Deutsch (3,0) Engagement bei Schulveranstaltungen und Projekten (Technik-Wochen, Software AG, Tag der offenen Tür)
08.2006 – 07.2008	Gesamtschule am Neckar, Stuttgart

	IT- und Sprachkenntnisse
IT-Kenntnisse	MS-Office: Word, Excel Betriebssysteme Windows 7 und 8 Steuerungssoftware IRC5 SolidCAM (CNC-Fräsen)
Sprachen	Englisch (seit Klasse 5, mehrere private Aufenthalte in England und Irland) Französisch (seit Klasse 7, Schüleraustausch Lyon in der 9. Klasse)

Stuttgart, 15.10.2013

Lisa Jung

Tischler/in

Der Beruf

Im Mittelpunkt der Tischlerarbeit steht eines der ältesten Baumaterialien der Menschheit: Holz. Aus diesem und anderen Rohstoffen stellen Tischler mithilfe spezieller Geräte und Verfahren maßgeschneiderte Produkte her. Im Bereich der Bautischlerei versehen Tischler Räumlichkeiten unter anderem mit Fenstern, Türen und Treppen. In der Möbeltischlerei beschäftigen sie sich mit der Innenausstattung und fertigen beispielsweise Regale, Tische, Schränke, Parkettböden oder Einbauküchen. Förderlich sind Mathematik- und Chemiekenntnisse, Interesse am Tischlerhandwerk und praktisches Geschick.

Die Bewerberin

Anna Santani hat die Hauptschule nach der 9. Klasse verlassen und durch ein anschließendes Berufsgrundschuljahr (BGJ) im Bereich Holztechnik den Hauptschulabschluss Typ 10 A erworben. Dem darin integrierten Praktikum verdankt Anna wertvolle Praxiserfahrungen im Holz- und Möbelbau. Das BGJ ging vor drei Monaten zu Ende; jetzt sucht Anna dringend eine Lehrstelle.

Das Anschreiben

In ihrer Bewerbung kann Anna vor allem auf das BGJ im Holztechnikbereich bauen. Daher erwähnt sie diesen Punkt zuerst, wobei sie gleichzeitig ihre momentane Situation in ein vorteilhaftes Licht rückt.

nach erfolgreichem Abschluss des Berufsgrundschuljahrs Holztechnik mit dem Hauptschulabschluss 10 A möchte ich gerne als Auszubildende das Team Ihrer Schreinerei verstärken.

Anschließend kommt Anna auf konkrete BGJ-Inhalte zu sprechen. Um ihre unvorteilhaften Hauptschulnoten zu überspielen, weist sie auf Fortschritte in bestimmten Unterrichtsfächern hin.

Im BGJ eignete ich mir gute Grundlagen in der Holzbe- und -verarbeitung, in der CNC-Technik und im Möbelbau an. Außerdem lernte ich, Arbeitsabläufe und Instandhaltungen zu planen. Im berufsbezogenen Unterricht verbesserte ich meine Mathematikkenntnisse, vor allem im Dreisatz und in der Flächen- und Körperberechnung.

Danach folgt ein besonders bedeutender Aspekt des BGJ: das integrierte Praktikum bei einem Holz- und Möbelbaubetrieb. Anna beschreibt ihre Tätigkeit ausführlich, wobei sie auch aufzeigt, welche Entwicklung sie durchlaufen hat – nach und nach wurden ihr immer anspruchsvollere Aufgaben anvertraut.

In einem integrierten Praktikum bei einem Holz- und Möbelbaubetrieb habe ich zunächst Holzplatten zugeschnitten und Oberflächen für die Weiterverarbeitung behandelt. Außerdem erwarb ich Kenntnisse über die Verarbeitung von verschiedenen Materialien und Werkstoffen. Im Anschluss arbeitete ich bei der Erstellung von Skizzen für die Maßanfertigung eines Tischs mit. Anhand dieser Zeichnungen habe ich einen Massivholztisch angefertigt.

Das im Folgenden zitierte Feedback ihres Chefs belegt, dass Annas Leistungen offensichtlich recht überzeugend waren. Und da Bilder bekanntlich mehr sagen als Worte, hat Anna ihrer Bewerbung gleich noch ein paar Aufnahmen ihres „Meisterstücks" beigelegt, auf die sie im Anschreiben hinweist.

Für meine saubere und genaue Arbeit nach Maß erhielt ich ein großes Lob des Inhabers. Damit Sie sich ein besseres Bild von meiner Arbeit machen können, sende ich Ihnen in der Anlage mehrere Fotos des Werkstücks.

Drei Monate nach Ende des BGJ hat Anna immer noch keine Lehrstelle. Den Eindruck, die Tischlerausbildung aus reiner Verzweiflung anzustreben, möchte sie unbedingt vermeiden! Deswegen formuliert sie ihre Lage positiv und bekräftigt ihre Motivation, indem sie einige Probearbeitstage anbietet.

Eine Ausbildung in Ihrem Betrieb kann ich bereits kurzfristig beginnen. Gerne absolviere ich einige Probearbeitstage, um Sie von meiner Lernbereitschaft zu überzeugen.

Der Lebenslauf

Anna hat bereits zwei berufsrelevante Praktika absolviert: eines zu Schulzeiten, das andere im Rahmen des BGJ. Keine der beiden Etappen möchte Anna im Lebenslauf vernachlässigen. Daher bündelt sie die Einträge mitsamt ihren schulischen Stationen in einer sehr umfassenden Rubrik namens „Schulausbildung und Praktika". Diese Kategorie bildet nicht nur den optischen, sondern mit allen relevanten Informationen auch den inhaltlichen Schwerpunkt des Dokuments. Ihren ausbildungsfremden aktuellen Nebenjob erwähnt Anna nur der Vollständigkeit halber. Auch ihre weiteren Qualifikationen geben nicht viel her und werden daher als reine Formalität abgehandelt.

Fazit

Anna thematisiert weder ihren frühen Schulabgang noch ihre momentane Arbeitslosigkeit. Den roten Faden ihrer Bewerbung bildet ihre fachliche und persönliche Entwicklung. Annas Fortschritte lassen sich nicht nur an ihrem Lernprozess während des BGJ-Praktikums ablesen: Sie treten auch in der Gegenüberstellung von Hauptschulwissen und BGJ-Erfahrungen hervor.

Anna Santani
Gerhardt-Katsch-Straße 12 ▪ 17489 Greifswald ▪ Tel.: 06121 / 743 256 90 ▪ Anna.Santani@mail.tld

Greifswald, 15.10.2013

Schreinerei und Werkstatt
Wilhelm Herberger
Breite Straße 54
17309 Pasewalk

Bewerbung um eine Ausbildungsstelle als Tischlerin

Sehr geehrter Herr Herberger,

nach erfolgreichem Abschluss des Berufsgrundschuljahrs Holztechnik mit dem Hauptschulabschluss 10 A möchte ich gerne als Auszubildende das Team Ihrer Schreinerei verstärken.

Im BGJ eignete ich mir gute Grundlagen in der Holzbe- und -verarbeitung, in der CNC-Technik und im Möbelbau an. Außerdem lernte ich, Arbeitsabläufe und Instandhaltungen zu planen. Im berufsbezogenen Unterricht verbesserte ich meine Mathematikkenntnisse, vor allem im Dreisatz und in der Flächen- und Körperberechnung.

In einem integrierten Praktikum bei einem Holz- und Möbelbaubetrieb habe ich zunächst Holzplatten zugeschnitten und Oberflächen für die Weiterverarbeitung behandelt. Außerdem erwarb ich Kenntnisse über die Verarbeitung von verschiedenen Materialien und Werkstoffen. Im Anschluss arbeitete ich bei der Erstellung von Skizzen für die Maßanfertigung eines Tischs mit. Anhand dieser Zeichnungen habe ich einen Massivholztisch angefertigt.

Für meine saubere und genaue Arbeit nach Maß erhielt ich ein großes Lob des Inhabers. Damit Sie sich ein besseres Bild von meiner Arbeit machen können, sende ich Ihnen in der Anlage mehrere Fotos des Werkstücks.

Eine Ausbildung in Ihrem Betrieb kann ich bereits kurzfristig beginnen. Gerne absolviere ich einige Probearbeitstage, um Sie von meiner Lernbereitschaft zu überzeugen. Ich freue mich auf eine Einladung zu einem Gespräch mit Ihnen.

Mit freundlichen Grüßen

Anna Santani

Anna Santani

Anlagen

Anna Santani
Gerhardt-Katsch-Straße 12 ▪ 17489 Greifswald ▪ Tel.: 06121 / 743 256 90 ▪ Anna.Santani@mail.tld

Lebenslauf

Anna Santani

geboren am 02.01.1996 in Pescara/Italien

deutsche Staatsangehörigkeit

Schulausbildung und Praktika

08/2012 – 07/2013	Gewerbliche Schulen Greifswald **Berufsgrundschuljahr Holztechnik** **Hauptschulabschluss Klasse 10 A** Be- und Verarbeiten von Holz und Kunststoff, Bauteilmontage, Steuerungstechnik (CNC-Grundlagen), Planung von Arbeitsabläufen, Deutsch, Mathematik, Englisch
03/2013 – 04/2013	Integriertes Praktikum **Holz- und Möbelbau Schiffer GmbH, Stralsund** Anfertigung eines Tischs nach Skizze, Zuschneiden von Holzstücken, Schleifarbeiten, Bearbeiten von Plattenwerkstoffen
08/2007 – 06/2012	Hans-Fallada-Hauptschule, Greifswald **Hauptschulabschluss Klasse 9**
12/2011	Schulpraktikum **Meier & Söhne GmbH, Anklam** Holz- und Metallbearbeitung, Zusammensetzen von Bauteilen
08/2003 – 06/2007	Caspar-David-Friedrich-Grundschule, Greifswald
08/2002 – 06/2003	Grundschule in Pescara/Italien

Nebentätigkeit

seit 09/2012	Werbeverlag Gustermann GmbH, Greifswald **Austragen von Werbeprospekten und Anzeigenblättern**

Weitere Qualifikationen

Sprachen	Italienisch (Muttersprache) Deutsch (fließend) Englisch (Schulkenntnisse)
EDV	Grundkenntnisse Word und Internet

Greifswald, 15.10.2013
Anna Santani
Anna Santani

Zerspanungsmechaniker/in

Der Beruf

Zerspanungsmechaniker stellen Komponenten für unterschiedliche Stahl- und Metallprodukte her, beispielsweise Zahnräder, Uhrengehäuse, Motorenteile oder Radnaben. Dazu bearbeiten sie Werkstückteile mithilfe spanender Bearbeitungsverfahren wie Drehen, Fräsen oder Schleifen, wobei heutzutage oft computergesteuerte CNC-Maschinen zum Einsatz kommen. Die Betriebe erwarten technisch-praktisches Verständnis, Präzision, physikalisches Vorwissen und gute Mathekenntnisse, auch in Geometrie.

Der Bewerber

Malte Vogel wird die Hauptschule in knapp acht Monaten abschließen. Er hat bereits mehrere Klassenstufen wiederholt, auch seine aktuellen Noten sind nicht gerade berauschend. In seiner Bewerbung möchte Malte nun seine handwerklich-praktischen Stärken hervorheben. Zugute kommen ihm dabei ein Praktikum in der Fertigung und ein aktuelles technisches Schulprojekt, in dem er sich mit großem Elan einbringt.

Das Anschreiben

Wie könnte Malte das Interesse des Personalers wecken? Am ehesten durch seine breiten Vorkenntnisse im Bereich der Metall- und Kunststoffverarbeitung, die er folgerichtig direkt zu Beginn erwähnt.

die Verarbeitung von Metallen und Kunststoffen mit spanenden Verfahren hat mir in meinem Praktikum und einem Schulprojekt besonders gefallen.

Im Anschluss geht Malte ins Detail. Zunächst beschreibt er seine hilfreichen Praktikumserfahrungen – darunter eine kurze Einführung in die CNC-Programmierung.

Bei der Heinrich Krause GmbH lernte ich, wie man Metallteile und Werkzeuge in die Fertigungsmaschinen einspannt. Außerdem habe ich die Maße und Oberflächen der gefertigten Teile anhand der technischen Zeichnungen überprüft. Der Fertigungsleiter hat mir zudem die Einrichtung der Drehmaschinen und die Erstellung der CNC-Programme erklärt.

Danach widmet sich Malte dem Schulprojekt. Die ausführliche, anschauliche Beschreibung vermittelt ein vielfältiges praktisches Know-how. Die gute Bewertung des Abschlussprojekts unterstreicht, dass Malte etwas von fachmännischer Arbeit versteht.

Seit zwei Jahren nehme ich an einem Schulprojekt an der Gustav-Schübler-Hauptschule teil. Hier eignete ich mir gute Fertigkeiten im Flächen- und Radiusfeilen und in der Arbeit mit Gewindebohrern an. Im Abschlussprojekt der 9. Klasse habe ich eine Kleinschraubzwinge gefertigt. Dazu gehörten das Erstellen einer maßgenauen Zeichnung, Feil- und Bohrarbeiten und das passgenaue Schneiden des Innengewindes. Die Arbeit wurde mit der Note 2+ bewertet.

Um Maltes Schulsituation dreht sich der folgende Absatz. Maltes mittelprächtige Noten sind wenig eindrucksvoll, daher betont er lieber seine Stärken in den für die Ausbildung relevanten Fächern.

Im nächsten Sommer schließe ich die Schule mit dem Hauptschulabschluss ab. Meine Stärken liegen vor allem in den praktischen Übungen, zum Beispiel in Physik und Werken. Dabei bin ich sehr konzentriert und ausdauernd. Ich kann gut Skizzen erstellen, Berechnungen durchführen und habe großen Spaß an der Metallbearbeitung.

Am Ende gibt Malte dem Personaler die Gelegenheit, ihn im Rahmen eines Praktikums näher kennen zu lernen.

Falls Sie Interesse an einem motivierten Auszubildenden haben, stelle ich mich gerne bei Ihnen vor. In den Schulferien absolviere ich gerne ein Praktikum in Ihrem Betrieb.

Der Lebenslauf

Die ersten beiden Lebenslaufkategorien spiegeln die Schwerpunkte des Anschreibens wider: Malte nennt seine Lieblingsfächer, zählt die Schwerpunkte des Schulprojekts auf und illustriert seine Praktikumstätigkeiten. Die Rubrik „Interessen und Zusatzqualifikationen" liefert schließlich aussagekräftige Zusatzinformationen, die nicht im Bewerbungsschreiben stehen. Dass Malte geholfen hat, einen Dachstuhl zu renovieren, spricht für seine Fähigkeit zum handwerklichen Anpacken. Die vierjährige Mitgliedschaft im Tischtennisverein deutet auf Teamfähigkeit hin. Und von seinen IT-Vorkenntnissen kann Malte beim Umgang mit computergesteuerten CNC-Werkzeugmaschinen sicherlich profitieren.

Fazit

Malte möchte den Personaler mit praktischen Erfahrungen überzeugen. Ins Zentrum der Bewerbung stellt er daher das Praktikum in der Fertigung und das technische Schulprojekt, für das er sogar eine gute Bewertung vorweisen kann. Ergänzend platziert Malte in jedem Dokument noch weitere Argumente: Im Anschreiben erwähnt er seine Stärken in wichtigen Schulfächern, im Lebenslauf passende Interessen und Zusatzqualifikationen.

Malte Vogel
Horkheimer Straße 33 ▪ 74076 Heilbronn
Tel.: 06121 / 23 52 62 ▪ Mobil: 0145 / 369 852 147
E-Mail: Malte.Vogel@mail.tld

Heilbronn, 15.10.2013

WeCo GmbH
Herrn Kraus
Erlenbacher Straße 9
74074 Heilbronn

Bewerbung um eine Ausbildung zum Zerspanungsmechaniker

Sehr geehrter Herr Kraus,

die Verarbeitung von Metallen und Kunststoffen mit spanenden Verfahren hat mir in meinem Praktikum und einem Schulprojekt besonders gefallen.

Bei der Heinrich Krause GmbH lernte ich, wie man Metallteile und Werkzeuge in die Fertigungsmaschinen einspannt. Außerdem habe ich die Maße und Oberflächen der gefertigten Teile anhand der technischen Zeichnungen überprüft. Der Fertigungsleiter hat mir zudem die Einrichtung der Drehmaschinen und die Erstellung der CNC-Programme erklärt.

Seit zwei Jahren nehme ich an einem Schulprojekt an der Gustav-Schübler-Hauptschule teil. Hier eignete ich mir gute Fertigkeiten im Flächen- und Radiusfeilen und in der Arbeit mit Gewindebohrern an. Im Abschlussprojekt der 9. Klasse habe ich eine Kleinschraubzwinge gefertigt. Dazu gehörten das Erstellen einer maßgenauen Zeichnung, Feil- und Bohrarbeiten und das passgenaue Schneiden des Innengewindes. Die Arbeit wurde mit der Note 2+ bewertet.

Im nächsten Sommer schließe ich die Schule mit dem Hauptschulabschluss ab. Meine Stärken liegen vor allem in den praktischen Übungen, zum Beispiel in Physik und Werken. Dabei bin ich sehr konzentriert und ausdauernd. Ich kann gut Skizzen erstellen, Berechnungen durchführen und habe großen Spaß an der Metallbearbeitung.

Falls Sie Interesse an einem motivierten Auszubildenden haben, stelle ich mich gerne bei Ihnen vor. In den Schulferien absolviere ich gerne ein Praktikum in Ihrem Betrieb.

Ich freue mich auf ein Gespräch mit Ihnen.

Mit freundlichen Grüßen

Malte Vogel

Malte Vogel

Anlagen

Malte Vogel
Horkheimer Straße 33 ▪ 74076 Heilbronn
Tel.: 06121 / 23 52 62 ▪ Mobil: 0145 / 369 852 147
E-Mail: Malte.Vogel@mail.tld

Lebenslauf

Persönliche Daten

Geburtsdatum: 31. Januar 1995

Geburtsort: Neckarsulm

Familienstand: ledig

Ausbildungswunsch: Zerspanungsmechaniker

Schulausbildung

Aug. 2006 bis heute
Gustav-Schübler-Hauptschule, Heilbronn
Voraussichtlicher Abschluss: Hauptschulabschluss
Lieblingsfächer: Werken, Physik, Sport
Schulprojekt (seit der 9. Klasse): Metall- und Kunststoffbearbeitung, Elektronik, Werkzeugkunde, Herstellung einer Kleinschraubzwinge (Note: 2+) und einer Briefwaage (laufendes Projekt)

Aug. 2001 bis Juni 2006
Grundschule am Eisentor, Heilbronn

Praktikum

Febr. 2013
Heinrich Krause GmbH, Heilbronn
Praktikum in der Fertigung
Maschineneinrichtung, Endkontrolle, Einweisung in die Erstellung von CNC-Programmen

Interessen und Zusatzqualifikationen

Handwerkliche Arbeiten, vor allem mit Metall und Holz, Mithilfe bei der Renovierung des Dachstuhls in der Nachbarschaft
Tischtennis (2008 bis 2012 aktiv beim TTC Heilbronn)

Englisch (Schulkenntnisse)

IT-Technik (Installation von Programmen und Betriebssystemen), Fotobearbeitung

Heilbronn, 15.10.2013

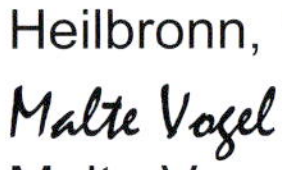

Malte Vogel

Über den Autor

Thomas Bähren, Jahrgang 1966, ist seit 1999 in der Bewerbungsberatung tätig. Er betreibt seit 2006 einen eigenen Bewerbungsservice, erstellt professionelle Bewerbungsunterlagen und bietet vielfältige Dienstleistungen rund um die Jobsuche und Bewerbung an. Bisher hat er rund 3.000 Kunden – Schüler, Schulabgänger, Studenten, Fach- und Führungskräfte – beraten und erfolgreich bei Bewerbungen unterstützt.

Im Internet finden Sie ihn unter: www.besser-bewerben.com

Ausbildungspark Verlag

Lübecker Straße 4 • 63073 Offenbach
Tel. 069-40 56 49 73 • Fax 069-43 05 86 02
www.ausbildungspark.com
E-Mail: kontakt@ausbildungspark.com

Mit Ausbildungspark erfolgreich bewerben

Der Eignungstest / Einstellungstest zur Ausbildung

Sicher durch den Einstellungstest: Originale Prüfungsmappen speziell für Ihren Ausbildungsberuf ermöglichen die optimale Testvorbereitung. Inklusive Musterprüfungen und ausführlich erklärten Lösungswegen.

Polizei, Feuerwehr, Zoll und Bundeswehr
ISBN 978-3-941356-34-4
39,90 €

Polizei und Zoll
ISBN 978-3-941356-25-2
39,90 €

Öffentlicher Dienst (Verwaltung)
ISBN 978-3-941356-21-4
39,90 €

Technischer öffentlicher Dienst
ISBN 978-3-941356-14-6
39,90 €

Kaufmann im Einzelhandel, Verkäufer, Fachverkäufer, Kaufmann im Groß- und Außenhandel, Handelsassistent
ISBN 978-3-941356-01-6
39,90 €

Bürokaufmann und Kaufmann für Bürokommunikation
ISBN 978-3-941356-46-7
39,90 €

Bankkaufmann und Kaufmann für Versicherungen und Finanzen
ISBN 978-3-941356-47-4
39,90 €

Fachinformatiker, Informatikkaufmann und IT-System-Kaufmann
ISBN 978-3-941356-66-5
39,90 €

Kaufmann für Spedition und Logistikdienstleistung, Fachkraft für Lagerlogistik und Fachlagerist
ISBN 978-3-941356-69-6
39,90 €

Industriekaufmann / Industriekauffrau
ISBN 978-3-941356-67-2
39,90 €

Erfolgreich bewerben

Wie überzeugen Sie mit Anschreiben, Lebenslauf & Co.? Worauf kommt es an im Vorstellungsgespräch und im Assessment-Center? Die Ausbildungspark Bewerbungshandbücher verraten es.

Die Bewerbung zur Ausbildung bei Polizei, Feuerwehr, Zoll und Bundeswehr

ISBN 978-3-941356-29-0

29,90 €

Die Bewerbung zur Ausbildung im öffentlichen Dienst (Verwaltung)

ISBN 978-3-941356-11-5

29,90 €

Die Bewerbung zur Ausbildung im technischen öffentlichen Dienst

ISBN 978-3-941356-15-3

29,90 €

Die Bewerbung zur Ausbildung zum Bankkaufmann und Kaufmann für Versicherungen und Finanzen

ISBN 978-3-95624-018-8

24,90 €

Die Bewerbung zum Studium

ISBN 978-3-941356-02-3

24,90 €

So bestehen Sie Ihren Sporttest

Alle Disziplinen und Anforderungen, die besten Übungen zum Kraft- und Ausdauertraining, maßgeschneiderte persönliche Trainingspläne und Test-Countdown.

Der Sporttest zur Ausbildung bei Polizei und Zoll

+ Extraheft Trainingspläne

ISBN 978-3-941356-35-1

24,90 €

Der Sporttest zur Ausbildung bei Feuerwehr und Bundeswehr

+ Extraheft Trainingspläne

ISBN 978-3-941356-37-5

24,90 €